中华译学馆立馆宗旨

以中华为根 译与学并重

弘扬优秀文化 促进中外交流

拓展精神疆域 驱动思想创新

丁酉年冬月 许钧撰 罗卫东书

中華譯學館·汉外翻译工具书系列

总主编◎郭国良　许　钧

汉法餐饮美食词典

孙　越◎著

Dictionnaire culinaire et gastronomique chinois-français

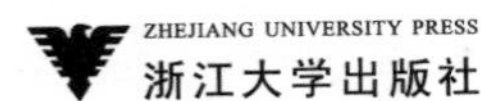

ZHEJIANG UNIVERSITY PRESS
浙江大学出版社

Préface

J'ai toujours eu une affection particulière pour les dictionnaires, car il me donnait le sentiment qu'en les feuilletant j'aurais accès à la Connaissance. Que l'on puisse enfermer dans un livre le savoir de l'humanité me paraissait merveilleux. C'est pourquoi dès mon plus jeune âge je rêvais d'exercer un métier qui m'obligerait à consulter encyclopédies et dictionnaires.

Mon désir fut exaucé puisque mon premier emploi fut celui de lexicographe. Pour le commun des mortels, ce métier de lexicographe ne signifiait pas grand-chose. Lexi… quoi ? Pour moi il représentait l'aboutissement d'un rêve, d'autant que je fus intégrée dans une équipe de compilation d'un dictionnaire chinois-français de langue moderne, alors que j'avais à peine terminé mes études. Ce fut un heureux hasard qui me conduisit dans cet espace de travail où l'on passait son temps à s'interroger sur le sens des mots et à consulter dictionnaires et encyclopédies. J'y suis restée 14 ans.

Le corpus sur lequel nous travaillions était essentiellement littéraire et la première nomenclature de notre dictionnaire n'incluait guère d'entrées relevant de la nourriture et de la cuisine. C'est pourquoi j'ai alors décidé de l'enrichir en me spécialisant sur ce vocabulaire spécifique.

Comme j'aurais aimé avoir à ma disposition le dictionnaire 汉法餐饮美食词典 de M. Sun Yue 孙越 ! Il m'aurait aidé à résoudre tant de problèmes. À l'époque—les années 1970—nous ne pouvions nous rendre en Chine pour effectuer la moindre vérification, ni bien sûr consulter l'Internet, qui n'existait pas encore ! Et pour nous aider à identifier la signification de certains mots, nous devions nous fier aux souvenirs de nos collègues chinois qui, coupés de leurs racines depuis longtemps avaient parfois oublié les détails concrets d'une vie alimentaire et quotidienne, alors perdue dans les brumes de leur mémoire.

Je me souviens d'un mot qui m'avait donné beaucoup de mal et que je ne parvenais pas à traduire : 驴打滚 lǘ dǎ gǔn. Après maintes recherches, j'ai finalement réussi à identifier son référent : un gâteau. Mais quelle forme avait-il, et de quels ingrédients était-il fait ? Nul n'en avait la moindre idée. Et pourquoi ce nom bizarre associant un âne au verbe « battre » et à l'idée de rouleau ? S'il est encore difficile de comprendre les raisons d'une telle appellation, plus d'hésitation possible désormais il suffit d'ouvrir le dictionnaire de M. Sun Yue pour savoir que ces gâteaux sont des « Rouleaux à (base) de riz glutineux, purée de haricot azuki et farine de soja ».

Ce dictionnaire avec ses 4300 entrées offre bien d'autres avantages pour tous ceux qui travaillent dans le secteur de la restauration, pour les traducteurs et les guides en charge de voyageurs francophones souvent découragés par la complexité des menus chinois et les subtilités des noms de plats, ainsi que pour les élèves et les étudiants apprenant soit le français soit le chinois. À travers son lexique, il permet la compréhension de l'univers alimentaire et culinaire chinois. Il contient en outre le lexique des métiers de la cuisine, le vocabulaire de la chimie afférent aux substances alimentaires, ainsi que de nombreuses références historiques et culturelles dans les gloses proposées pour certaines entrées. On peut ainsi retrouver par exemple le nom d'un certain nombre de restaurants de grande renommée qui avaient disparu et ont été restaurés après la Réforme de 1980. Enfin il intègre une annexe des plus utiles consacrée à la classification des aliments chinois selon leur nature et leurs usages.

Voilà un beau dictionnaire bilingue chinois-français que je ne manquerai jamais d'emporter à chacun de mes voyages en Chine !

Françoise SABBAN,
École des Hautes Études en Sciences Sociales,
Paris, France

序言
Préface

对于词典我一直怀有特殊的情感，因为它常给我一种感觉，即“翻着翻着就获得了知识”。若能将人间的学问锁在书本里，在我看来十分美妙。因此，我自幼就梦想从事一种能逼迫自己查阅词典和百科全书的职业。

如愿以偿，我的第一份工作就是编纂词典。对于一般人来说，编词典这差事没啥意思。“编词……啥？”但于我而言，此乃梦想成真——刚完成学业，就被分配到一部现代汉法词典的编纂小组里。正是这种机缘巧合将我带入了一个全新的工作阶段，彼时大家都要花时间考证词义并查阅词典和百科全书。这一编就是 14 年。

我们当时参照的语料主要是文学作品，最初为词典编写的词条目录没有包含多少与食物和烹饪的相关的词项。因此，我从那时起就决心为了充实词典内容而去钻研这一特殊的词汇领域。

当时我手头要有孙越先生的《汉法餐饮美食词典》就好啦！那可会帮我解决许多问题。在 20 世纪 70 年代，我们无法去中国做哪怕是最简单的核实工作，当然更不可能求助于网络，那会还没有互联网呢！为了搞清楚某些词的语义，我们只能相信中国同事们的记忆；而由于漂泊在外多年，他们有时已经忘记了日常饮食生活中的各种细节，于是我便迷失在了他们云雾般的记忆之中。

我记得有一个词曾让我很伤脑筋，也没有成功译出——“驴打滚”。查了很多次资料以后，我终于能确定该词的指示物——一种点心。但它是什么形状的？用什么原料做的？当时没人有一点点印象。而且，为什么这个奇怪的名称将驴和动词“打”以及“卷”的概念联系在一起？如果现在仍然很难理解这种命名法的理据，那么从今以后只要翻开孙越先生的词典就能知道，这种点心是“用糯米、红豆泥和黄豆粉做成的卷卷”。

这本词典用 4300 多个词条为那些在餐饮、翻译和法语导游领域工作的人以及学习中文或法文的学生提供不少便利。拿导游来说，他们对复杂的中餐菜单和精妙的菜名望而生畏。通过这部词典里的各条词汇，可以帮助我们了解饮食世界和中餐文化。此外，它还包括烹饪行业相关的词汇、与食物成分相关的化学词汇以及某些词条的注释中提到的许多历史、文化背景。我们还能在词典里重新找到某些已经消失，或在 20 世纪 80 年代中国改革开放后重新开张的知名餐馆的名字。最后，它还包括一篇相当实用的附录，根据属性和用途对中国的饮食进行了分类。

以上就是一部漂亮的汉法双语词典。每一次去华旅行归来，我都不会忘记将它带给大家。

弗朗索瓦兹·萨班

法国高等社科研究院

巴黎，法国

（序言原文用法文撰写，中文版由孙越翻译）

前言
Avant-propos

中国餐饮文化源远流长，博大精深，乃中国数千年农耕文明发展之菁华，业已成为东方乃至全世界的伟大财富。同样，法国的美食和美酒也具有悠久历史和深厚底蕴，集西方餐饮文化之大成。一个多世纪以来，随着华人不断移民海外，中国的餐饮文化开始被包括法语世界在内的西方世界所接纳和借鉴。同时，法餐作为西餐中的佼佼者，也迅速占领了全世界的高级餐厅；尤其是近些年来，渐趋富有的中国人对法餐的痴迷与日俱增。

然而，包括法国在内的西方世界对中国餐饮文化的认识虽历经百余年却仍可谓“冰山一角”，对中餐的印象无外乎“宫保鸡丁”“麻婆豆腐”“北京烤鸭”等区区几个文化符号，以及种种混合着米、面、肉、蔬的模糊感知。这其中有中餐在海外流传过程中自身畸变失真的原因，但更重要的是中餐的词汇和话语体系未能有效地与西餐的词汇和话语体系展开对话；究其根本原因，是中餐的相关词汇未能在功能对等基础上与西餐的相关词汇完美对译。

基于法餐在西餐中的显著优势，法语自然是西方餐饮界的强势语言和通用语言。世界各地高级西餐厅的厨师及助手在工作中时常使用来自法语的术语，菜单中也常见法语（或源自法语的）词汇，甚至整个菜单完全以法语呈现——连英文中的“烹饪”（cuisine）一词本身也是借自法语的。因此，从宏观角度看，对于中华餐饮文化在西方世界的传播而言，系统性地搜集中文餐饮词汇并译成法语所体现的价值，丝毫不亚于其英译所体现的价值。所谓“名正则言顺，言顺则事成”——有了清晰、准确的词汇基础，就能建构丰富多彩的话语体系，进而能将中餐文化在法国乃至整个西方世界发扬光大。

从微观角度看，法语国家友人来华就餐时常抱怨没有法语菜单，或无法理解法语菜单上的描述；即便有译员陪同，译员本身也常常在中餐复杂精妙的辞藻面前惊慌失措，不知所译，造成沟通困难。在各种笔译实践中，译者在遇到中餐相关术语时也往往力不从心，只能凭“直觉”或“经验”勉强为之；就连许多大型、权威的词典，收录餐饮相关词汇的数量也非常有限，能查找到的许多条目的释义也不太经得起推敲。所以，编纂一部饮食领域的汉法词典，对于外国友人的生活和我国译者（译员）的工作都能够带来不少便利。

就语言和翻译本身而论，饮食相关词汇属于“文化负载词”范畴，近年来对于这一细分领域的研究方兴未艾。中餐词汇（尤其是菜名）中，许多包含能引起语义联想的成分，如颜色、数字、动植物名；还有些成分本身就携带文化信息，如人名、地名、典故等。就这些成分的翻译进行探索，对于其他领域词汇或语篇（如中国古代典籍、古典诗词、节日节气、中医药、服饰等）的外译具有一定的指导意义，对我国中译外的理论与实践探索也是一个很好的补充和完善，从而能更好地服务于“中华文化走出去”战略。

本词典就是在上述理论与现实动机的推动之下开始编纂的。共收录饮食相关词条 4300 余条，正文部分按汉字拼音—部首顺序排列；文后按谷物、蔬菜、肉禽蛋、野味、水产、水果、零食、调味、饮品、餐厨用具、技法、主食、菜式、老字号、评价、营养成分和添加剂、杂项共 17 个大类，100 个小类编制词条索引，在方便查阅的同时也让中外读者更加系统地了解中国饮食文化。

饮食相关词汇涉及大量动植物名和生物、化学、食品工程等学科的术语，需要丰富的知识储备和大量的考察、核实工作。平心而论，对于中国菜名（包括冷盘、热菜、汤羹、主食、甜点、小吃等）的翻译，先哲时贤做得不够全面、详细和深入，国际友人也未必能搞得一清二楚；想要在翻译实践上有所突破，不能完全走前人的老路，而需要在翻译策略和技巧上有所创新。基于此，编者深感任重道远，诚惶诚恐；但终究水平有限，时间仓促，仅凭对中国餐饮文化的热爱和将其发扬光大的使命感方才草草完成本词典的编纂工作。所以，本词典一定有不少瑕疵和值得商榷之处，望专家学者和国内外读者多提宝贵意见，以利今后的修订，携手促进中餐词汇法译的合理化、规范化、典雅化。

最后，向拨冗作序的法国高等社科研究院弗朗索瓦·萨班（Françoise SABBAN）教授，审阅书稿并提出宝贵修改意见的法国友人那塞拉·萨希德（Nacéra SAHED）女士、奥利维耶·让贝尔（Olivier JAMBERT）先生，以及为词典的出版给予大力支持的各位领导、同仁和朋友致以由衷的谢意！

孙 越

2018年8月26日

使用说明
Mode d'emploi

1. 本词典收录的条目按首字的汉语拼音顺序排列；首字同音异调的按“阴平—阳平—上声—去声—轻声”的顺序排列；首字同声同调的按笔画数排列；首字同声同调且笔画数相同的按部首笔画数排列；若仍等同，则再按上述原则考察次字。

   Les entrées de ce dictionnaire se rangent par l'ordre alphabétique du pinyin du premier caractère; les entrées aux premiers caractères homophones de tons différents, par l'ordre des accents « macron (ā) > aigu (á) > antiflexe (ǎ) > grave (à) > nul (a) » du premier caractère; les entrées aux premiers caractères homophones du même ton, par le nombre des traits du premier caractère entier; les entrées aux premiers caractères homophones du même ton ayant le même nombre des traits du premier caractère entier, par celui de l'élément clé du premier caractère; si tous égaux, considérons le deuxième caractère de la vedette par les critères ci-dessus.

2. 首字为多音字的条目分列于不同的索引拼音之后。
Les entrées ayant le premier caractère hétéronyme se dispersent sous les index de pinyin différents.

3. 以拉丁字母开头的词条直接置于索引首字母之后。
Les entrées commençant par la lettre latine se placent juste après la lettre index générale.

4. 每个条目后均以汉语拼音注音并标注声调，以字为单位逐一空格，专有名词注音的首字母不大写。
Chaque entrée est marquée par le pinyin correspondant à ton, une espace entre deux caractères transcrits, la première lettre du nom propre transcrit restée en minuscule.

5. 每个条目后均加注词条分类代码（单个拉丁字母或拉丁字母+数字，外加“[ ]”）；对于跨两个或两个以上类别的条目，其对应分类代码之间用“ / ”隔开；词条分类索引详见正文后。
Chaque entrée est suivie d’un code (soit une seule lettre ou une lettre plus un chiffre entre crochets) indiquant sa catégorisation dans l’index par les champs sémantiques; les entrées chevauchant entre deux ou plusieurs catégories sont suivies à la fois de différents codes séparés par barron de fraction; l’index des entrées par les champs sémantiques s’installe en détaille suivant le texte.

6. 条目的义项划分以所指（le signifié）上的不同为依据，每个义项前加阿拉伯数字，相互之间以分号隔开；诸义项内的不同译名——同一所指对应的不同能指（le signifiant，如常用语、俗语、术语、古称等）——之间亦用分号隔开。
La subdivision sémantique des entrées se fait en fonction de

l'identification des signifiés qui sont précédés respectivement d'un chiffre arabe et qui se séparent l'un de l'autre par point-virgule; les termes traduits dans la même subdivision sémantique d'une entrée (soit les signifiants différents correspondant à un seul et même signifié) se séparent eux aussi l'un de l'autre par point-virgule.

7. 对于释义中有拉丁文名、法文名、中文音译名、外来语借词等多种形式并存的，原则上按“法文名—中文音译名—外来语借词—拉丁文名”的顺序排列；释义中数个法文名并存的，原则上按“常用语—俗语 / 俚语—术语 / 行话—古称”的顺序排列；对于常见的法文名称，其拉丁文名从略。

   Si coexsitent nom(s) latin(s), nom(s) français, nom(s) emprunt(s) et nom(s) transcrit(s) du chinois, etc., l'ordre sera en règle générale comme suit: nom(s) français > nom(s) transcrit(s) du chinois > nom(s) emprunt(s) > nom(s) latin(s); si coexistent plusieurs noms français, l'ordre sera prescrit en règle générale d'après leur registre: langue courante > langue familière ou populaire > terminologie ou argot > archaïsme; le(s) nom(s) français bien reconnaissable(s) est/sont exempté(s) de nom latin correspondant.

8. 对于释义完全相同的诸条目，以一个条目为“主条目”，其余条目（或有关条目中的某能指）标注为“Voir 主条目”；若后二者与主条目中的某义项完全相符，则注为“Voir 主条目 + 阿拉伯数字”。

   Pour les entrées sémantiquement équivalentes, prenons-en une pour « vedette principale », et l'(es) autre(s), ainsi que certain(s) signifiant(s) d'une entrée concernée, pour « vedette de renvoi » qui sera marquée comme « Voir (vedette principale) »; la vedette (ou signifiant) de renvoi correspondant parfaitement à certaine subdivision sémantique d'une entrée principale sera marquée comme « Voir (vedette principale + chiffre arabe) ».

9. 对于释义中部分难理解、易混淆或有歧义的法文对应词一般在其后给出简短解释，法文中无对应词的一般亦给出简短解释。
Une brève explication sera introduite pour les noms traduits en français susceptibles de l'incompréhension, de la confusion ou de l'ambiguïté, et aussi pour les entrées dépourvues de terme français en règle générale.

10. 对于地域特征较明显的中餐菜肴（含小吃、汤羹、主食等）名，在最后注明其产地；对于“中华老字号”名录中的餐饮、食品、酿造类企业，原则上先直译其店名或商标名，再作简要介绍。
On marque l'origine géographique pour les plats (ainsi que snack, potages, aliments de base, etc.) qui manifestent les traits originaires; pour les entreprises de la restauration, de l'alimentation et de l'alimentation figurant sur la liste des « Anciennes marques de Chine », on traduit mot-à-mot le nom de l'entreprise ou de la marque avant d'en faire une brève introduction.

免责声明

Déni de responsabilité

1. 本词典力求但不保证所有词条的准确性，亦不保证读者 / 消费者在品尝或消费相关食材、制品或菜肴等过程中的体验与自身预期相符；本词典编者对于因参考本词典所进行的品尝或消费活动可能引起的身心不适乃至生命、财产损失不负担任何责任。

   Cherchant mais n'assurant pas l'exactitude linguistique, scientifique, sociale ou commerciale de toutes les entrées, ce dictionnaire ne garantit pas que l'expérience du lecteur/consommateur soit conforme à sa perspective personnelle au cours de la dégustation ou de la consommation de tous les ingrédients ou plats mentionnés dans le dictionnaire; le rédacteur, de surcroît, n'assume pas la responsabilité de la malaise physique et/ou psychique voire des pertes matérielles et/ou humaines à l'égard de la dégustation ou de la consommation de tous les ingrédients ou plats par le lecteur/consommateur faisant référence à ce dictionnaire.

2. 本词典中的个别条目包含部分过去存在但当今国家法律、法规等可能禁止的食材、制品或菜肴，对于上述条目的收录不代表编者认可读者 / 消费者相关品尝或消费行为的合法性。本词典中的个别条目亦包含可能有违某些宗教禁忌或某些国家文化传统的食材、制品或菜肴，敬请相关人士在参考本词典进行品尝或消费活动时多加留意；本词典编者对于相关条目可能引起的反感和不安深表歉意。
Certaines entrées de ce dictionnaire contiennent des ingrédients ou plats qui existaient dans le passé mais peuvent être interdits selon certains lois ou règlements administratifs promulgués par l'État chinois, l'enregistrement de ces entrées ne signifie donc pas que le rédacteur appreuve la légitimité de la dégustation ou de la consommation de tous les ingrédients ou plats concernés. Certaines entrées de ce dictionnaire comprennent aussi des ingrédients ou plats qui ne respectent pas les tambous religieux ou les traditions culturelles de certaines nations; les personnes concernées sont priées d'y prêter attention au cours de la dégustation ou de la consommation. Ainsi, le rédacteur du dictionnaire s'excuse-t-il pour le dégoût et l'inquiétude suscités par les entrées susmentionnées.

3. 本词典会标注某些食材、制品或菜肴的地理信息，但不保证其准确性、唯一性和权威性；本词典编者对于食材、制品或菜肴中存在（或可能存在）的地理信息相关争议保持局外中立，对于产地归属有主张的自然人、法人或其他组织应通过合适途径予以解决。
Pour certains ingrédients ou plats mentionnés dans ce ditionnaire, on n'assure pas que leur information géographique soit exact, exclusif ou autorisé; le rédacteur reste neutre et se tient à l'écart dans la dispute (actuelle ou virtuelle) sur l'information géographique des ingrédients ou

plats mentionnés dans ce ditionnaire, en espérant qu'elle serait résolue par la voie appropriée entre personnes physiques ou morales ou d'autres associations sociales qui prétendent l'origine géographique d'un ingrédient ou d'un plat.

4. 本词典编者与词典中涉及的相关饮食企业（基本为中华人民共和国商务部历次公布的“中华老字号”名录中餐饮、食品等行业内的企业）无任何商业利益关联，对于相关企业或品牌的简介亦非广告行为，不承担任何赔偿责任；对于个别归属尚存争议（或可能引起争议）的品牌，本词典词条内的相关解释（或解释缺失）均不代表编者立场，对于品牌归属有主张的自然人、法人或其他组织应通过合适途径予以解决。
Le rédacteur n'a aucun lien commercial avec les entreprises mentionnées dans le dictionnaire (en règle générale sélectionnées selon la liste des « Anciennes marques de Chine » publiée par le Ministère du Commerce de la République populaire de Chine); la brève introduction donnée pour telle ou telle entreprise (ou marque) n'étant pas égale à la publicité commerciale, le rédacteur n'en assume aucune responsabilité vis-à-vis du dégât du lecteur/consommateur. Pour certaines marques en dispute (actuelle ou virtuelle), l'explication (ou l'absence de l'explication) ne représente pas l'avis du rédacteur qui souhaite une résolution paisible de la dispute par la voie appropriée entre personnes physiques ou morales ou d'autres associations sociales prétendantes.

目录

Sommaire

a

阿拉斯加帝王蟹 ā lā sī jiā dì wáng xiè [E3] Voir 帝王蟹 dì wáng xiè.

阿月浑子 ā yuè hún zǐ [G1] Voir 开心果 kāi xīn guǒ.

ai

矮瓜 ǎi guā [B3] Voir 茄子 qié zi.

艾菊 ài jú [B10] Voir 迷迭香 mí dié xiāng.

艾窝窝 ài wō wo [N16] Boulette de riz gluant farci de matières sucrées (p. ex., sésame, noix, igname de Chine, raisins secs).

爱尔兰咖啡 ài ěr lán kā fēi [J3] Café irlandais (cocktail à base de café, de sucre, de whisky et de crème).

an

安南瓜 ān nán guā [B5] Voir 佛手瓜 fó shǒu guā.

安石榴 ān shí liu [F5] Voir 石榴 shí liu.

安溪铁观音 ān xī tiě guān yīn [J5] Littéralement « Bodhisattva Guanyin de fer » d'Anxi, thé Oolong originaire du Fujian.

鹌鹑 ān chún [C2] Caille; caille des blés; *Coturnix coturnix*.

鹌鹑蛋 ān chún dàn [C4] Œuf de caille.

鹌鹑茄子 ān chún qié zi [N26] Blanc de caille émincé sauté puis cuit à la vapeur avec aubergine émincée.

案板 àn bǎn [K1] Hachoir; billot; planche à hacher.

ang

昂刺鱼 áng cì yú [E1] Voir 黄颡鱼 huáng sǎng yú.

ao

熬 áo [L2] Mijoter; faire mijoter; cuire à l'eau.

奥灶馆 ào zào guǎn [P2] Littéralement « le restaurant au fourneau magique » selon l'interprétation officielle, ou bien « la cuisine pas très propre » d'après l'explication patoise, snack-restaurant fondé en 1853 à Kunshan 昆山 (près de Suzhou 苏州), réputé pour les nouilles à la Suzhou.

澳洲胡桃 ào zhōu hú táo [G1] Voir 夏威夷果 xià wēi yí guǒ.

澳洲巨蟹 ào zhōu jù xiè [E3] Voir 皇帝蟹 huáng dì xiè.

鏊子 ào zi [K2] Tôle circulaire sur laquelle on cuit des galettes.

B

ba

八宝红鲟饭 bā bǎo hóng xún fàn [N7] Riz gluant cuit à la vapeur avec crabes des palétuviers (*Scylla serrata*), jambon chinois, canard, gésier de canard, tripes de porc, etc.

八宝莲子粥 bā bǎo lián zǐ zhōu [G7] Bouillie de riz à graines de lotus et à divers noix et fruits confits.

八大菜系 bā dà cài xì [N] Les huit originalités culinaires provinciales de Chine: Chuan (Sichuan), Lu (Shandong), Yue (Guangdong), Su (Jiangsu), Zhe (Zhejiang), Min (Fujian), Xiang (Hunan), Hui (Anhui).

八大碗 bā dà wǎn [N34] Les huit plats principaux mis dans de gros bols, très variables selon les traditions régionales.

八角 bā jiǎo [B10] Anis étoilé; badiane chinoise; anis de Sibérie; fenouil de Chine; *Illicium verum*.

八角茴香 bā jiǎo huí xiāng [B10] Voir 八角 bā jiǎo.

八爪鱼 bā zhuǎ yú [E5] Voir 章鱼 zhāng yú.

巴旦木 bā dàn mù [G1] Amande (noyau de fruit d'amandier). (À comparer avec 杏仁 xìng rén, 桃仁 táo rén.)

巴沙鱼 bā shā yú [E2] *Pangasius bocourti*.

巴西果 bā xī guǒ [F5] Voir 西番莲 xī fān lián.

巴西利 bā xī lì [B10] Voir 欧芹 ōu qín.

扒 bā [L2] 1. Frire puis braiser (du poulet); 2. cuire à la vapeur (ou rapidement à l'eau bouillonnante) puis saucer (du bœuf, du jambonneau de porc).

扒方肉 bā fāng ròu [N10] Cube de porc entrelardé braisé à la sauce de soja et au candi.

扒糕 bā gāo [N16] Gel de farine de sarrasin arrosée de vinaigre, de sauce de soja et de sauce de sésame.

扒广肚 bā guǎng dǔ [N19] Tranches de colle de poisson braisées au lait.

扒海羊 bā hǎi yáng [N17/N26/N16/N1] Abattis de mouton cuits aux épices puis saucés et couverts d'ailerons de requin cuits eux-mêmes au bouillon.

扒三白 bā sān bái [N13] Blanc de poulet, asperges et choux braisés, saucés de fécule au lait et arrosés de graisse de poule.

扒虾 bā xiā [E3] Voir 皮皮虾 pí pi xiā.

扒原壳鲍鱼 bā yuán ké bào yú [N1] Chair d'ormeau cuite à la vapeur, saucée et remise en coquille.

扒肘子 bā zhǒu zi [N1] Jarret de porc braisé et cuit à la vapeur avant d'être saucé de fécule.

芭乐 bā lè [F5] Voir 番石榴 fān shí liu.

峇拉煎 bā lā jiān [H4] Belachan; pâte de crevette salée, fermentée puis épicée.

粑粑 bā ba [G4] Voir 糍粑 cí bā.

拔丝地瓜 bá sī dì guā [N13] Patate douce caramélisée dans un wok chaud, dégustée avant d'être rafraîchie dans l'eau froide.

拔丝山药 bá sī shān yào [N34] Igname de Chine caramélisée dans un wok chaud, dégustée avant d'être rafraîchie dans l'eau froide.

拔鱼儿 bá yúr [N26] Petits morceaux tirés d'une pâte et jetés dans un wok à bouillon.

拔子 bá zǐ [F5] Voir 番石榴 fān shí liu.

鲅鱼 bà yú [E2] Thazard oriental; *Scomberomorus niphonius*.

霸王别姬 bà wáng bié jī [N20] Trionyx de Chine et poulet cuits à la vapeur.

bai

白案 bái àn [S] Littéralement « hachoir blanc » : chef chargé de la préparation de pâte (nouilles, ravioli, pâtisserie, etc.) et de riz.

白扒四宝 bái bā sì bǎo [N1] Blanc de poulet et colle de poisson rapidement ébouillantés avec ormeaux et jets d'asperge cuits à la vapeur avant d'être saucés à la graisse de poule.

白鼻狗 bái bí gǒu [D1] Voir 果子狸 guǒ zi lí.

白菜 bái cài [B1] Voir 大白菜 dà bái cài.

白茶 bái chá [J5] Thé blanc.

白炒三七花田鸡 bái chǎo sān qī huā tián jī [N2] Grenouilles sautées avec fleurs de pseudo-ginseng.

白醋 bái cù [H2] Vinaigre blanc.

白蒂梅 bái dì méi [F2] Voir 杨梅 yáng méi.

白对虾 bái duì xiā [E3] Voir 白虾 1 bái xiā 1.

白饭鱼 bái fàn yú [E1] Voir 银鱼 yín yú.

白瓜 bái guā [B5] Voir 西葫芦 xī hú lu.

白果 bái guǒ [G1] Fruit de ginkgo.

白果甜芋泥 bái guǒ tián yù ní [N12] Purée de taro cuite à la vapeur puis sucrée avec fruit de ginkgo.

白鲩 bái huàn [E1] Voir 草鱼 cǎo yú.

白戟鱼 bái jǐ yú [E4] Voir 鲍鱼 1 bào yú 1.

白姜 bái jiāng [B10] Voir 姜 jiāng.

白鲦 bái jiǎo [E1] Voir 白条鱼 bái tiáo yú.

白酒 bái jiǔ [J1] Eau-de-vie chinoise; littéralement « alcool blanc ».

白酒杯 bái jiǔ bēi [K6] Petite coupe pour l'eau-de-vie chinoise.

白酒香型 bái jiǔ xiāng xíng [Q4] Types d'arôme des eaux-de-vie chinoises ; coupelle.

白咖啡 bái kā fēi [J5] Café blanc, une espèce de café d'origine malaisienne.

白兰地 bái lán dì [J1] Brandy; cognac.

白兰瓜 bái lán guā [F4] Voir 蜜瓜 mì guā.

白力鱼 bái lì yú [E2] Voir 鳓鱼 lè yú.

白鲢 bái lián [E1] Voir 鲢鱼 lián yú.

白鳞鱼 bái lín yú [E2] Voir 鳓鱼 lè yú.

白芦笋 bái lú sǔn [B4] Asperge blanche.

白萝卜 bái luó bo [B4] Radis blanc; radis d'hiver; radis chinois; daikon; *Raphanus sativus* var. *longipinnatus*.

白鳗 bái mán [E1] Voir 鳗鱼 mán yú.

白茅根 bái máo gēn [B9] Voir 茅根 máo gēn.

白眉子 bái méi zi [D1] Voir 果子狸 guǒ zi lí.

白米 bái mǐ [A] Riz blanc; riz décortiqué et poli.

白米饭 bái mǐ fàn [M2] Voir 米饭 mǐ fàn.

白米虾 bái mǐ xiā [E3] *Exopalaemon modestus*.

白蘑菇 bái mó gu [B7] Voir 口蘑 2 kǒu mó 2.

白木耳 bái mù ěr [B7] Voir 银耳 yín ěr.

白牛肝菌 bái niú gān jūn [B7] *Boletus edulis*; *Boletus albus* Peck.

白牛头 bái niú tóu [B7] Voir 白牛肝菌 bái niú gān jūn.

白啤酒 bái pí jiǔ [J2] Bière blanche; Witbier; Weizenbier; Weißbier.

白葡萄酒 bái pú tao jiǔ [J2] Vin blanc.

白切 bái qiē [N8] Biscuit blanc sucré au sésame, spécialité de Hefei.

白切鸡 bái qiē jī [N5] Poulet bouilli ou cuit à la vapeur à point, refroidi dans l'eau glacée, dégusté avec diverses sauces et épices.

白肉血肠 bái ròu xuè cháng [N13] Porc entrelardé braisé avec boudin noir et choucroute à la mandchoue.

白砂糖 bái shā táng [H1] Voir 白糖 bái táng.

白鳝 bái shàn [E1] Voir 鳗鱼 mán yú.

白薯 bái shǔ [B4] 1. Voir 红薯 hóng shǔ; 2. voir 马铃薯 mǎ líng shǔ.

白水羊头 bái shuǐ yáng tóu [N16] Tête de mouton cuite à l'eau parsemée de poudre mélangé à du sel et à du poivre du Sichuan.

白松露 bái sōng lù [B7] Truffe blanche; *Tuber magnatum* Pico.

白糖 bái táng [H1] Sucre; sucre granulé.

白条鸡 bái tiáo jī [C2] Poulet abattu et habillé.

白条鱼 bái tiáo yú [E1] *Hemiculter leucisculus*.

白脱 bái tuō [H3] Voir 黄油 huáng yóu.

白虾 bái xiā [E3] 1. Crevette à pattes blanches; *Penaeus vannamei*; 2. voir 白米虾 bái mǐ xiā.

白苋 bái xiàn [B1] Voir 青苋 qīng xiàn.

白鲞 bái xiǎng [E6] Voir 黄鱼鲞 huáng yú xiǎng.

白哑肥 bái yǎ féi [E1] Voir 鮰鱼 huí yú.

白油 bái yóu [H3] Voir 起酥油 qǐ sū yóu.

白鱼 bái yú [E1] *Anabarilius*.

白羽鸡 bái yǔ jī [C2] Poulet à plumes blanches, une espèce hybride.

白玉菇 bái yù gū [B7] Voir 海鲜菇 hǎi xiān gū.

白芋 bái yù [B4] 1. Voir 红薯 hóng shǔ; 2. voir 芋头 yù tóu.

白斩河田鸡 bái zhǎn hé tián jī [N21] Poulet de Hetian (Fujian) braisé à l'eau, morcelé puis dégusté froid à la sauce à ciboulette et à gingembre.

白斩鸡 bái zhǎn jī [N5] Voir 白切鸡 bái qiē jī.

白肢虾 bái zhī xiā [E3] Voir 白虾 1 bái xiā 1.

白粥 bái zhōu [M2] Bouillie neutre.

白灼 bái zhuó [L2] Blanchir (dans l'eau bouillante); pocher.

白子 bái zǐ [E6] Spermatozoïdes de diodon, littéralement « œufs blancs ».

百合 bǎi hé [B9] Bulbes de lis.

百花 bǎi huā [P1] Littéralement « Cent fleurs », marque fameuse du miel.

百脚 bǎi jiǎo [D4] Voir 蜈蚣 wú gōng.

百里香 bǎi lǐ xiāng [B10] Farigoule; thym.
百香果 bǎi xiāng guǒ [F5] Voir 西番莲 xī fān lián.
百叶 bǎi yè [C1/B6] 1. Voir 牛百叶 niú bǎi yè; 2. voir 千张 qiān zhāng.

ban

扳指干贝 bān zhǐ gān bèi [N7] Petites colonnes de radis blanc farcies de coquilles Saint-Jacques séchées, cuites à la vapeur.
扳子 bān zi [K1] Décapsuleur; ouvre-bouteille.
班加吉 bān jiā jí [E2] Voir 真鲷 zhēn diāo.
斑节虾 bān jié xiā [E3] Crevette géante tigrée; *Penaeus monodon*.
斑鸠 bān jiū [D2] Tourterelle; *Streptopelia* sp.
斑玉蕈 bān yù xùn [B7] Voir 海鲜菇 hǎi xiān gū.
板鲅 bǎn bà [E2] Voir 鲅鱼 bà yú.
板栗 bǎn lì [G1] Châtaigne; marron.
板栗烧鸡 bǎn lì shāo jī [N2/N6/N13] Poulet braisé avec marrons à la sauce de soja.
板油 bǎn yóu [H3] Gros morceaux de saindoux.
半干葡萄酒 bàn gān pú tao jiǔ [J2] Vin demi-sec.
半甜葡萄酒 bàn tián pú tao jiǔ [J2] Vin mœlleux.
拌 bàn [L1] Préparer à la sauce; faire la salade.
拌萝卜丝 bàn luó bo sī [N33] Salade de juliennes de rave de fruit (ou de radis blanc); salade de rave de fruit râpée.
拌面 bàn miàn [M1] Nouilles refroidies à la sauce (sans bouillon).

bang

蚌壳 bàng ké [E4] Voir 河蚌 hé bàng.

棒棒冰 bàng bàng bīng [G8] Baguette au sirop glacé.

棒棒鸡 bàng bàng jī [N2] Blanc de poulet tranché (en frappant un rouleau sur le dos de couteau) puis mariné dans la sauce épicée et pimentée.

棒棒糖 bàng bàng táng [G6] Sucette.

棒冰 bàng bīng [G8] Voir 冰棍 bīng gùn.

棒槌 bàng chui [B4] Voir 人参 rén shēn.

棒子面 bàng zi miàn [A] Voir 玉米面 yù mǐ miàn.

棒子糁 bàng zi shēn [A] Voir 粗玉米粉 cū yù mǐ fěn.

bao

包菜 bāo cài [B1] Voir 卷心菜 juǎn xīn cài.

包面 bāo miàn [M1] Voir 云吞 yún tūn.

包头鱼 bāo tóu yú [E1] Voir 鳙鱼 yōng yú.

包子 bāo zi [M1] Pain farci cuit à la vapeur; baozi.

苞谷 bāo gǔ [A] Voir 玉米 yù mǐ.

苞谷粑 bāo gǔ bā [N23] Triangle de purée de maïs enveloppé de feuille de maïs et cuit à la vapeur.

苞芦 bāo lú [A] Voir 玉米 yù mǐ.

苞萝 bāo luó [F6] Voir 波罗蜜 bō luó mì.

苞米 bāo mǐ [A] Voir 玉米 yù mǐ.

剥皮 bāo pí [L1] Peler; éplucher.

煲仔 bāo zǎi [K2] Petite terrine; petite marmite en/de terre.

煲仔饭 bāo zǎi fàn [M2] Riz cuit dans une petite terrine avec viande ou volaille salée, fumée et séchée.

薄饼 báo bǐng [N34] Crêpe enveloppant divers ingrédients.

薄煎饼 báo jiān bǐng [M1] Chapatti.

薄烤饼 báo kǎo bǐng [G4] Pancake.

薄皮椒 báo pí jiāo [B3] Poivre vert à l'écorce mince.

宝塔菜 bǎo tǎ cài [H5] (Tubercules du) crosne (du Japon) salé fermenté.

保温杯 bǎo wēn bēi [K6] Petit thermos.

保温瓶 bǎo wēn píng [K6] Voir 热水瓶 rè shuǐ píng.

刨冰 bào bīng [G8] Purée de glace aux sirops et aux fruits frais ou confits.

抱子甘蓝 bào zǐ gān lán [B1] Chou de Bruxelles.

鲍鱼 bào yú [E4/E6] 1. Ormeau; oreille de mer; haliotide; abalone; *Haliotis*; 2. poisson salé puant.

鲍汁 bào zhī [H2] Sauce issue du bouillon de différents viandes et fruits de mer, pour l'assaisonnement des ormeaux.

鲍汁鹅掌 bào zhī é zhǎng [N5] Patte d'oie braisée à la sauce pour l'assaisonnement des ormeaux (voir 鲍汁 bào zhī), souvent accompagnée d'une ramée de brocoli ou d'un cœur de bok choy.

鲍汁瑶柱扒生菜胆 bào zhī yáo zhù bā shēng cài dǎn [N5] Cœurs de laitues batavia mijotés avec chair séchée de pétoncle à la sauce pour l'assaisonnement des ormeaux (voir 鲍汁 bào zhī).

爆 bào [L2] Frire en un peu de temps.

爆肚 bào dǔ [N29] Juliennes de tripes de bovins (ou d'ovins) rapidement ébouillantées, puis dégustées avec sauce de sésame.

爆米花 bào mǐ huā [G5] Popcorn; maïs soufflé.

爆鱼 bào yú [N10] Voir 熏鱼 xūn yú.

bei

北虫草 běi chóng cǎo [B7] Voir 虫草花 chóng cǎo huā.

北风菌 běi fēng jūn [B7] Voir 平菇 píng gū.

北瓜 běi guā [B5] 1. Voir 西葫芦 xī hú lu; 2. voir 节瓜 jié guā; 3. voir 南瓜 nán guā.

北瓜子 běi guā zǐ [G1] Voir 南瓜子 nán guā zǐ.

北极甜虾 běi jí tián xiā [E3] Voir 甜虾 tián xiā.

鲍鱼火锅
Fondue chinoise aux ormeaux

烤鸭
Canard laqué

北京稻香村 běi jīng dào xiāng cūn [P1] Littéralement « Village au parfum de riz », pâtisserie pékinoise fondée en 1895 (qui dispute la marque « Daoxiang Cun » à la pâtisserie de Suzhou du même nom), réputée pour les gâteaux traditionnels chinois.

北京烤鸭 běi jīng kǎo yā [N16] Canard laqué à la pékinoise.

北京油茶 běi jīng yóu chá [N16] Bouillie de riz poivrée et pimentée, spécialité de Beijing (Pékin).

北杏仁 běi xìng rén [G1] Voir 苦杏仁 kǔ xìng rén.

贝类 bèi lèi [E4] Coquillage; testacés.

贝母 bèi mǔ [B4] Voir 川贝 chuān bèi.

背角无齿蚌 bèi jiǎo wú chǐ bàng [E4] Voir 河蚌 hé bàng.

ben

奔鹑 bēn chún [C2] Voir 鹌鹑 ān chún.

本帮菜 běn bāng cài [N11] Les spécialités de Shanghai.

本岛莴苣 běn dǎo wō jù [B1] Voir 莜麦菜 yóu mài cài.

本芹 běn qín [B4] Voir 土芹 tǔ qín.

bi

比利时菊苣 bǐ lì shí jú jù [B1] Voir 菊苣 jú jù.

比目鱼 bǐ mù yú [E2] Poisson plat; *Pleuronectiformes*; *Heterosomata*.

比萨饼 bǐ sà bǐng [N34] Pizza.

比特酒 bǐ tè jiǔ [J3] Amer (liqueur).

必思答 bì sī dá [G1] Voir 开心果 kāi xīn guǒ.

毕豆 bì dòu [B6] Voir 豌豆 wān dòu.

滗 bì [L1] Décanter.

碧根果 bì gēn guǒ [G1] Pacane; noix de pécan.

碧螺春 bì luó chūn [J5] Littéralement « escargot d'eau douce vert », thé vert originaire du Jiangsu.

碧螺虾仁 bì luó xiā rén [N10] Crevettes d'eau douce décortiquées et sautées avec du thé Biluochun.

避风塘炒虾 bì fēng táng chǎo xiā [N5] Crevettes frites et sautées aux miettes de pain frites et épicées.

避风塘炒蟹 bì fēng táng chǎo xiè [N5] Crabes des palétuviers (*Scylla serrata*) mâles frits et sautés aux miettes de pain frites et épicées.

bian

编笠菌 biān lì jūn [B7] Voir 羊肚菌 yáng dǔ jūn.

鳊花 biān huā [E1] Voir 鳊鱼 biān yú.

鳊鱼 biān yú [E1] Brème chinoise; *Parabramis pekinensis*.

鞭笋 biān sǔn [B4] Pousse de bambou par le rhizome.

鞭笋老鸭汤 biān sǔn lǎo yā tāng [N33] Canard mijoté avec pousses de bambou par le rhizome.

扁菜 biǎn cài [B1] Voir 韭菜 jiǔ cài.

扁豆 biǎn dòu [B6] Lablab; dolique d'Égypte; pois nourrice; *Lablab purpureus* (L.) Sweet; *Dolichos lablab* L.

扁蒲 biǎn pú [B5] Voir 瓠子 hù zi.

扁桃 biǎn táo [F2] Voir 蟠桃 pán táo.

扁桃仁 biǎn táo rén [G1] Voir 巴旦木 bā dàn mù.

汴京烤鸭 biàn jīng kǎo yā [N19] Canard laqué à la Kaifeng (Henan).

变蛋 biàn dàn [C4] Voir 皮蛋 pí dàn.

便宜坊 biàn yí fāng [P1] Littéralement « Restaurant pratique et agréable », fondé en 1552 à Beijing (Pékin), réputé pour le canard laqué.

biang

𰻞𰻞面 biáng biáng miàn [N27] Nouilles en lanière à l'huile pimentée à la Shaanxi.

biao

鳔胶 biào jiāo [E6] Voir 鱼肚 yú dǔ.

bie

鳖 biē [E5] Voir 甲鱼 jiǎ yú.

bin

宾门 bīn mén [F2] Voir 槟榔 bīn láng.

槟榔 bīn láng [F2] Noix de bétel.

bing

冰棒 bīng bàng [G8] Voir 冰棍 bīng gùn.

冰菜 bīng cài [B1] Voir 冰草 bīng cǎo.

冰草 bīng cǎo [B1] Ficoïde glaciale; *Mesembryanthemum crystallinum*.

冰粉 bīng fěn [N2] Gelée de faux coqueret (nicandre, ou *Nicandra physaloides*) au sucre brun.

冰棍 bīng gùn [G8] Glace à l'eau; glace au sirop; pop glacé; glaçon.

冰激凌 bīng jī líng [G8] 1. Crème glacée; glace; 2. sorbet.

冰激淋杯 bīng jī lín bēi [K6] Coupe à glace.

冰激淋桶 bīng jī lín tǒng [K3] Sorbetière.

冰浆 bīng jiāng [N23] Purée de glace sucrée aux fruits.

冰酒 bīng jiǔ [J2] Voir 冰葡萄酒 bīng pú tao jiǔ.

冰葡萄酒 bīng pú tao jiǔ [J2] Vin de glace.

冰淇淋 bīng qí lín [G8] Voir 冰激淋 bīng jī lín.

冰沙 bīng shā [G8] 1. Smoothie; 2. voir 刨冰 bào bīng.

冰霜酒 bīng shuāng jiǔ [J2] Voir 冰葡萄酒 bīng pú tao jiǔ.

冰糖 bīng táng [H1] Candi; sucre candi,

冰糖炖雪梨 bīng táng dùn xuě lí [G7] Bouillon de poire au candi.

冰糖甲鱼 bīng táng jiǎ yú [N4/N11] Trionyx de Chine braisé à la sauce de soja et au sucre candi.

冰糖湘莲 bīng táng xiāng lián [N6] Graines de lotus du Hunan, cuites à la vapeur et bouillies au candi.

冰糖燕窝 bīng táng yàn wō [G7] Bouillon de nid de salanganes au candi.

冰桶 bīng tǒng [K6] Seau à glace; seau à rafraîchir; rafraîchissoir.

冰叶日中花 bīng yè rì zhōng huā [B1] Voir 冰草 bīng cǎo.

冰砖 bīng zhuān [G8] Crème glacée en forme de brique.

饼 bǐng [M1] Appellation générale des galettes ou crêpes chinoises.

饼铛 bǐng chēng [K2] Crêpière; poêle sans manche; moule de cuisson.

bo

波尔图酒 bō ěr tú jiǔ [J3] Porto.

波罗蜜 bō luó mì [F6] Jacque; fruit du jacquier; *Artocarpus heterophyllus* Lam.

波斯枣 bō sī zǎo [F2] Voir 椰枣 yē zǎo.

玻璃杯 bō li bēi [K6] Verre.

钵钵鸡 bō bō jī [N2] Lamelles de poulet ébouillanté, mises à brochettes et marinées à la sauce pimentée et poivrée (du poivre du Sichuan) dans un pot de terre cuite.

菠菜猪肝汤 bō cài zhū gān tāng [N33] Soupe de rognon de porc émincé aux épinards.

菠萝 bō luó [F6] Ananas.

菠萝蜜 bō luó mì [F6] Voir 波罗蜜 bō luó mì.

薄荷 bò he [B10] Menthe.

薄荷茶 bò he chá [J5] Tisane à base de menthe.

薄荷乳酒 bò he rǔ jiǔ [J3] Crème de menthe (boisson alcoolique).

薄荷糖 bò he táng [G6] Bonbon à la menthe; pastille de menthe; berlingot.

擘蓝 bò lán [B4] Voir 苤蓝 piě lán.

bu

卜留克 bǔ liú kè [B4] Voir 芜菁甘蓝 wú jīng gān lán.

不含汽饮用水 bù hán qì yǐn yòng shuǐ [J4] Eau plate.

不留客 bù liú kè [B4] Voir 芜菁甘蓝 wú jīng gān lán.

不粘锅 bù zhān guō [K2] Poêle antiadhésive; poêle en téflon.

不知火 bù zhī huǒ [F3] Voir 丑橘 chǒu jú.

布袋鸡 bù dài jī [N1] Poule farcie de fruits de mer, de porc, de champignons séchés et de pousses de bambou, cuite à la friture puis à la vapeur.

布丁豆花 bù dīng dòu huā [N32] Voir 豆花布丁 dòu huā bù dīng.

布拉肠 bù lā cháng [N5] Voir 肠粉 cháng fěn.

布霖 bù lín [F2] Voir 李子 lǐ zi.

布留克 bù liú kè [B4] Voir 芜菁甘蓝 wú jīng gān lán.

步步糕 bù bù gāo [G4] Voir 方片糕 fāng piàn gāo.

C

ca

擦手巾 cā shǒu jīn [K5] Oshibori; petite serviette chaude pour s'essuyer les mains.

cai

财鱼 cái yú [E1] Voir 黑鱼 hēi yú.

菜板 cài bǎn [K1] Voir 案板 àn bǎn.

菜单 cài dān [S] 1. Carte; 2. menu.

菜刀 cài dāo [K1] Couteau de cuisine.

菜碟 cài dié [K4] Voir 餐盘 cān pán.

菜豆 cài dòu [B6] Voir 芸豆 yún dòu.

菜脯 cài fǔ [H5] Voir 萝卜干 luó bo gān.

菜瓜 cài guā [B5] 1. Melon serpent; *Cucumis melo* L. var. *flexuosus* Naud.; 2. voir 西葫芦 xī hú lu; 3. voir 丝瓜 sī guā.

菜花 cài huā [B2] 1. Voir 油菜花 yóu cài huā; 2. voir 花菜 huā cài.

菜蓟 cài jì [B2] Voir 洋蓟 yáng jì.

菜椒 cài jiāo [B3] Poivron; *Capsicum annuum* var. *grossum*.

菜码 cài mǎ [M1] Viande (ou volaille, poisson, etc.) et légumes servis avec les nouilles refroidies à la sauce (sans bouillon).

菜泡饭 cài pào fàn [M2] Riz au bouillon et aux légumes émincés.

菜式 cài shì [N] Les plats provinciaux ou régionaux; les spécialités provinciales ou régionales.

菜薹 cài tái [B1] 1. Choy (choi) sum; bok choy à tige longue; *Brassica parachinensis*; 2. tige de colza.

菜蛙 cài wā [D3] Voir 牛蛙 niú wā.

菜心 cài xīn [B1] Voir 菜薹 1 cài tái 1.

菜子花 cài zǐ huā [B1/B9] 1. Voir 油菜花 yóu cài huā; 2. voir 二月兰 èr yuè lán.

菜籽油 cài zǐ yóu [H3] Huile de colza.

can

餐叉 cān chā [K5] Fourchette.

餐厨用具 cān chú yòng jù [K] Les ustensiles de cuisine et la vaisselle.

餐刀 cān dāo [K5] Couteau.

餐馆 cān guǎn [S] Restaurant.

餐盒 cān hé [K4] Gamelle.

餐后酒 cān hòu jiǔ [J3] Digestif.

餐巾 cān jīn [K5] Serviette (de table).

餐巾环 cān jīn huán [K5] Rond de serviette.

餐巾纸 cān jīn zhǐ [K5] Serviette en papier.

餐具滤干架 cān jù lù gān jià [K4] Égouttoir.

餐盘 cān pán [K4] Assiette.

餐前酒 cān qián jiǔ [J3] Voir 开胃酒 kāi wèi jiǔ.

餐条 cān tiáo [E1] Voir 白条鱼 bái tiáo yú.

鰵鱼 cān yú [E1] Voir 白条鱼 bái tiáo yú.

蚕菜 cán cài [B1] Voir 木耳菜 mù ěr cài.

蚕豆 cán dòu [B6] Fève.

蚕茧 cán jiǎn [D4] Voir 蚕蛹 cán yǒng.

蚕蛹 cán yǒng [D4] Chrysalide de ver à soie.

cang

苍告 cāng gào [B1] Voir 藿香 huò xiāng.

沧浪亭 cāng làng tíng [P2] Littéralement « pavillon dans l'onde grise », snack de nouilles à la Suzhou, fondé en 1950 à Shanghai; le nom de la marque renvoie à un fameux jardin de Suzhou.

cao

糙米 cāo mǐ [A] Riz brun; riz complet; riz grossièrement (partiellement) décortiqué.

曹白鱼 cáo bái yú [E2] Voir 鳓鱼 lè yú.

草菇 cǎo gū [B7] Volvaire; volvaire volvacée; *Volvariella volvacea* (Bull.:Fr.) Sing.

草菇老抽 cǎo gū lǎo chōu [H2] Sauce (de) soja épaisse à volvaire.

草鲩 cǎo huàn [E1] Voir 草鱼 cǎo yú.

草鸡 cǎo jī [C2] Voir 土鸡 tǔ jī.

草鸡蛋 cǎo jī dàn [C4] Voir 土鸡蛋 tǔ jī dàn.

草龙珠 cǎo lóng zhū [F5] Voir 葡萄 pú tao.

草莓 cǎo méi [F5] Fraise.

草莓酱 cǎo méi jiàng [H4] Confiture de fraise.

草黍子 cǎo shǔ zi [A] Voir 薏仁 yì rén.

草头 cǎo tóu [B9] Jets de luzerne; jets de *Medicago*.

草虾 cǎo xiā [E3] Voir 斑节虾 bān jié xiā.

草鱼 cǎo yú [E1] Carpe herbivore; carpe de roseau; *Ctenopharyngodon idella*.

草钟乳 cǎo zhōng rǔ [B1] Voir 韭菜 jiǔ cài.

草珠子 cǎo zhū zi [A] Voir 薏仁 yì rén.

ce

侧耳 cè ěr [B7] Voir 平菇 píng gū.

cha

叉烧 chā shāo [N5] Nuque ou filet de porc ou porc entrelardé mariné(e) et rôti(e) à la broche; porc rôti à la cantonaise.

叉烧包 chā shāo bāo [N5] Pain farci de porc rôti cantonais, cuit à la vapeur.

叉烧肠粉 chā shāo cháng fěn [N5] Rouleau de farine de riz enveloppant du porc rôti cantonais, cuit à la vapeur puis arrosé de sauce de soja, tronçonné avant le service.

茶杯 chá bēi [K6] 1. Tasse à thé; 2. coupe à thé.

茶餐厅 chá cān tīng [S] Café-restaurant à la cantonaise.

茶船 chá chuán [K6] Voir 工夫茶具 gōng fu chá jù.

茶道 chá dào [S] Rite (japonais) du thé; l'art du thé.

茶干 chá gān [B6] Tablette de fromage de soja salée et saucée, prête à manger quand on boit du thé.

茶缸 chá gāng [K6] Tasse à thé émaillée.

茶膏糖 chá gāo táng [G6] Voir 药糖 yào táng.

茶馆 chá guǎn [S] Maison de thé.

茶罐 chá guàn [K6] Voir 工夫茶具 gōng fu chá jù.

茶海 chá hǎi [K6] Voir 工夫茶具 gōng fu chá jù.

茶壶 chá hú [K6] Théière.

茶具 chá jù [K6] Service à thé; ustensile à thé.

茶楼 chá lóu [S] Voir 茶馆 chá guǎn.

茶漏 chá lòu [K6] Voir 工夫茶具 gōng fu chá jù.

茶滤 chá lǜ [K6] Voir 滤茶器 lǜ chá qì.

茶盘 chá pán [K6] Voir 工夫茶具 gōng fu chá jù.

茶瓶 chá píng [K6] Voir 热水瓶 rè shuǐ píng.

茶室四宝 chá shì sì bǎo [K6] Les quatre outils précieux du salon de thé chinois: bouilloire (玉书煨), petit fourneau (潮汕炉), théière (孟臣罐), coupe à thé (若琛瓯).

茶匙 chá chí [K5] 1. Cuiller à thé; 2. voir 工夫茶具 gōng fu chá jù.

茶碟 chá dié [K6] Voir 茶托 chá tuō.

茶糖 chá táng [G6] Voir 药糖 yào táng.

茶托 chá tuō [K6] Soucoupe.

茶油 chá yóu [H3] Huile de camélia; huile de *Camellia oleifera*.

茶盂 chá yú [K6] Voir 工夫茶具 gōng fu chá jù.

茶则 chá zé [K6] Voir 工夫茶具 gōng fu chá jù.

茶籽油 chá zǐ yóu [H3] Voir 茶油 chá yóu.

查尔特勒酒 chá ěr tè lè jiǔ [J3] Voir 修道院酒 xiū dào yuàn jiǔ.

chai

拆 chāi [L1] Désosser (surtout des crabes).

拆骨肉 chāi gǔ ròu [C1] Porc désossé.

拆烩鸡 chāi huì jī [N17] Poulet cuit et déchiré puis sauté au lait et à la fécule avec lamelles de pousse de bambou.

柴鱼 chái yú [E2] 1. Voir 鲣鱼 jiān yú; 2. colin séché.

chan

潺菜 chán cài [B1] Voir 木耳菜 mù ěr cài.

潺茄 chán qié [B3] Voir 秋葵 chán kuí.

chang

鲳鱼 chāng yú [E2] Stromatées; *Stromateidae*; *Pampus*.

长柄斧 cháng bǐng fǔ [K5] Voir 蟹八件 xiè bā jiàn.

长柄勺 cháng bǐng sháo [K5] Voir 蟹八件 xiè bā jiàn.

长颌鲚 cháng hé jì [E1] Voir 刀鱼 1 dāo yú 1.

长瓠 cháng hù [B5] Voir 瓠子 hù zi.

长江刀鱼 cháng jiāng dāo yú [E1] Voir 刀鱼 1 dāo yú 1.

长江四大名旦 cháng jiāng sì dà míng dàn [N9] Les quatre fameux poissons nankinois (littéralement « les quatre fameuses cantatrices de l'opéra de Beijing (Pékin) ») : *Tenualosa reevesii* (鲥鱼 shí yú), *Leiocassis longirostris* (鮰鱼 huí yú), *Coilia ectenes* (刀鱼 1 dāo yú 1), thazard oriental (鲅鱼 bà yú).

长豇豆 cháng jiāng dòu [B6] Voir 豇豆 jiāng dòu.

长命菜 cháng mìng cài [B9] Voir 马齿苋 mǎ chǐ xiàn.

长茄 cháng qié [B3] Voir 杭茄 háng qié.

长裙竹荪 cháng qún zhú sūn [B7] Voir 竹荪 zhú sūn.

长身鳊 cháng shēn biān [E1] Voir 鳊鱼 biān yú.

长生果 cháng shēng guǒ [G1] Voir 花生 huā shēng.

长生韭 cháng shēng jiǔ [B1] Voir 韭菜 jiǔ cài.

长寿果 cháng shòu guǒ [G1] Voir 碧根果 bì gēn guǒ.

长汀泡猪腰 cháng tīng pào zhū yāo [N21] Lamelles de rognon de porc cuites rapidement dans le bouillon.

长吻鮠 cháng wěn wéi [E1] Voir 鮰鱼 huí yú.

长竹蛏 cháng zhú chēng [E4] Voir 竹蛏 zhú chēng.

肠粉 cháng fěn [N5] Rouleau de farine de riz enveloppant diverses matières, cuit à la vapeur puis arrosé de sauce de soja, tronçonné avant le service.

肠旺面 cháng wàng miàn [N23] Nouilles pimentées aux tripes de porc et aux fromages de sang de porc.

肠衣 cháng yī [C3] Boyau (naturel ou synthétique).

chao

抄手 chāo shǒu [N2] Ravioli wonton à l'huile pimentée.

超凡子 chāo fán zǐ [F1] Voir 苹果 píng guǒ.

焯 chāo [L2] Ébouillanter pour que les matières soient dépourvues de mauvais goûts; blanchir.

朝天椒 cháo tiān jiāo [B3] Petit piment rouge d'origine de Chongqing; *Capsicum annuum* L. var. *conoides* (Mill.).

朝鲜蓟 cháo xiǎn jì [B2] Voir 洋蓟 yáng jì.

潮菜 cháo cài [N12] Les spécialités de la région Chaozhou-Shantou.

潮式打冷 cháo shì dǎ lěng [N12] 1. Les hors-d'œuvre spéciaux de Chaozhou (Guangdong); 2. plats aux stands de nourriture de Chaozhou (Guangdong).

潮州冻肉 cháo zhōu dòng ròu [N12] Gel de porc à la Chaozhou; gel de porc au nuocmâm (« sauce de poisson ») et à la coriandre.

炒 chǎo [L2] Sauter (à l'huile ou à la graisse); faire sauter.

炒苞谷 chǎo bāo gǔ [N22] Grains de maïs sautés avec hachis de porc.

炒饭 chǎo fàn [M2] Riz sauté dans un wok (avec divers ingrédients).

炒粉 chǎo fěn [M2] Vermicelle de riz sauté dans un wok (avec divers ingrédients).

炒锅 chǎo guō [K2] Wok.

炒米 chǎo mǐ [M2] 1. Riz sauté; 2. millet sauté à la mongolienne.

炒面 chǎo miàn [M1] Nouilles sautées dans un wok (avec divers ingrédients).

炒肉芽 chǎo ròu yá [N34] Larves de mouche sautées.

炒双冬 chǎo shuāng dōng [N1] Voir 烧二冬 shāo èr dōng.

炒虾仁 chǎo xiā rén [N10] Voir 清炒虾仁 qīng chǎo xiā rén.

炒鸭胰 chǎo yā yí [N9] Pancréas de canard sauté à la graisse de canard avec blanc de poulet émincé, littéralement « foie d'une belle dame ».

che

车扁鱼 chē biǎn yú [E2] Voir 鲳鱼 chāng yú.

车蛤 chē gé [E4] Voir 西施舌 xī shī shé.

车厘子 chē lí zǐ [F2] Voir 樱桃 yīng tao.

车虾 chē xiā [E3] Voir 竹节虾 zhú jié xiā.

砗螯 chē áo [E4] Voir 义河蚶 yì hé hān.

扯皮薯 chě pí shǔ [B4] Voir 豆薯 dòu shǔ.

chen

陈酿黄酒 chén niàng huáng jiǔ [J3] La chartreuse V.E.P. jaune.

陈酿绿酒 chén niàng lǜ jiǔ [J3] La chartreuse V.E.P. verte.

陈皮 chén pí [G2] Zeste d'orange séché; peau d'orange séchée.

陈有香 chén yǒu xiāng [P2] Littéralement « Chen l'aromatique », marque qui peut remonter aux années 30 du siècle dernier, réputée pour les condiments, surtout les divers satés.

cheng

蛏子 chēng zi [E4] Couteau (coquille); *Sinonovacula constricta*.

成套瓷质餐具 chéng tào cí zhì cān jù [K4] Un service en porcelaine.

橙 chéng [F3] Orange.

橙汁 chéng zhī [J4] Jus d'orange.

橙子酱 chéng zi jiàng [H4] Confiture d'orange.

盛具 chéng jù [K4] Récipients.

chi

驰酒 chí jiǔ [J3] Élixir.

池盐 chí yán [H1] Voir 湖盐 hú yán.

迟鱼 chí yú [E1] Voir 鲥鱼 shí yú.

豉油 chǐ yóu [H2] Sauce (de) soja (terme en cantonais).

豉汁 chǐ zhī [H2] Sauce au soja salé fermenté.

赤膊麦 chì bó mài [A] Voir 大麦 dà mài.

赤豆 chì dòu [B6] Haricot rouge/azuki; *Vigna angularis*(Willd.) Ohwi et Ohashi.

赤芝 chì zhī [B7] Voir 灵芝 líng zhī.

chong

虫草 chóng cǎo [B7] Voir 冬虫夏草 dōng chóng xià cǎo.

虫草炖海狗鱼 chóng cǎo dùn hǎi gǒu yú [N24] Salamandre géante braisée avec champignon chenille.

虫草炖乳鸽 chóng cǎo dùn rǔ gē [N34] Jeune pigeon braisé avec champignon chenille (en fait, très souvent on emploie la fructification de *Cordyceps militaris* (L. ex Fr.) Link (虫草花 chóng cǎo huā) pour remplacer champignon chenille (冬虫夏草 dōng chóng xià cǎo).

虫草花 chóng cǎo huā [B7] Fructification de *Cordyceps militaris* (L. ex Fr.) Link.

重迈 chóng mài [B9] Voir 百合 bǎi hé.

chou

丑八怪 chǒu bā guài [F3] Voir 丑橘 chǒu jú.

丑柑 chǒu gān [F3] Voir 丑橘 chǒu jú.

丑橘 chǒu jú [F3] Ugli; *Citrus ×tangelo*.

臭草 chòu cǎo [B10] Voir 芸香 yún xiāng.

臭豆腐 chòu dòu fu [B6/H4] 1. Tofu puant (prêt à manger); 2. tofu puant frit; 3. voir 腐乳 fǔ rǔ.

臭鲱鱼 chòu fēi yú [E6] Surströmming (conserve d'hareng suédois fermenté trop puant).

臭桂鱼 chòu guì yú [N8] Voir 臭鳜鱼 chòu guì yú.

臭鳜鱼 chòu guì yú [N8] Poisson mandarin puant (fermenté traditionnellement dans un tonneau), cuit à la sauce de soja.

臭味相投 chòu wèi xiāng tóu [N4] Voir 蒸双臭 zhēng shuāng chòu.

chu

厨电 chú diàn [K3] Les électroménagers de cuisine.

厨用剪刀 chú yòng jiǎn dāo [K1] Ciseaux de cuisine.

楚菜 chǔ cài [N15] Voir 鄂菜 è cài.

楚河鱼面 chǔ hé yú miàn [P3] Littéralement « Rivière Chu », marque de « nouilles au pâté de poisson », datant de 1835 à Yunmeng (Hubei).

楚葵 chǔ kuí [B8] Voir 水芹 shuǐ qín.

chuan

川贝 chuān bèi [B4] Bulbe de fritillaire à feuille vrillée; *Fritillaria cirrhosa*.

川菜 chuān cài [N2] Les spécialités du Sichuan.

川大丸子 chuān dà wán zi [N17] Boulettes de radis blanc frites.

川姜 chuān jiāng [B10] Voir 姜 jiāng.

川条子 chuān tiáo zi [E1] Voir 白条鱼 bái tiáo yú.

chui

吹肚鱼 chuī dù yú [E1] Voir 河豚 hé tún.

吹肝 chuī gān [N22] Foie de cochon gonflé (avec le soufflement artificiel), cuit à la vapeur, refroidi puis épicé.

棰子 chuí zi [G1] Voir 榛子 zhēn zi.

chun

春不老 chūn bu lǎo [B1] Voir 芥菜 jiè cài.

春菜 chūn cài [B1] 1. Voir 生菜 2 shēng cài 2; 2. voir 芥菜 jiè cài.

春卷 chūn juǎn [M1/M2] 1. Pâté impérial; rouleau de printemps; 2. voir 越南春卷 yuè nán chūn juǎn.

春笋 chūn sǔn [B4] Pousse de bambou printanière.

椿天 chūn tiān [B9] Voir 香椿 xiāng chūn.

纯碱 chún jiǎn [H1] Soude; carbonate neutre de sodium.

纯净水 chún jìng shuǐ [J4] Eau purifiée.

莼菜 chún cài [B8] *Brasenia schreberi*.

醇 chún [Q1] 1. Moelleux; (vin, liqueur) généreux; 2. (sirop) épais.

ci

粢饭 cī fàn [M2] Rouleau de riz glutineux.

茨菰 cí gu [B8] Voir 慈姑 cí gu.

慈姑 cí gu [B8] Sagittaire; *Sagittaria trifolia* var.*sinensis*.

糍粑 cí bā [G4] Pâte de riz glutineux cuit à la vapeur.

糍饭团 cí fàn tuán [M2] Voir 粢饭 cī fàn.

刺瓜 cì guā [B5] 1. Voir 黄瓜 huáng guā; 2. *Cynanchum corymbosum*.

刺角瓜 cì jiǎo guā [F4] Melon à cornes; kiwano; concombre cornu d'Afrique; *Cucumis metulifer*.

刺莲蓬实 cì lián péng shí [B8] Voir 芡实 qiàn shí.

刺毛菇 cì máo gū [B7] Voir 鸡腿菇 jī tuǐ gū.

刺芹菇 cì qín gū [B7] Voir 杏鲍菇 xìng bào gū.

刺猬菌 cì wei jūn [B7] Voir 猴头菇 hóu tóu gū.

赐紫樱桃 cì zǐ yīng tao [F5] Voir 葡萄 pú tao.

cong

葱 cōng [B10] Ciboule; ciboulette.

葱扒羊肉 cōng bā yáng ròu [N19] Mouton sauté et braisé aux poireaux et à la sauce de soja.

葱扒整鸡 cōng bā zhěng jī [N16] Poulet entier frit et cuit à la vapeur avant d'être saucé de fécule et d'huile de poireau.

葱白 cōng bái [B10] Racine de poireau.

葱包桧儿 cōng bāo huìr [N4] Crêpe enveloppant des ciboulettes et deux moitiés de long beignet frit, rôtie et trempée dans la pâte de soja sucrée.

葱爆柏籽羊肉 cōng bào bǎi zǐ yáng ròu [N26] Lamelles de mouton sautées à feu vif aux poireaux et au gingembre.

葱爆羊肉 cōng bào yáng ròu [N29] Mouton émincé sauté à feu vif aux poireaux.

葱黄 cōng huáng [B1] Ciboule conservée et jaunie dans l'obscurité artificielle.

葱椒鱼 cōng jiāo yú [N1] Carpe tranchée cuite à la vapeur, parsemée de poivre du Sichuan et arrosée d'huile réchauffée aux racines de poireau.

葱烧海参 cōng shāo hǎi shēn [N1] Concombres de mer braisés à la sauce de soja avec tronçons de poireau frits.

葱头 cōng tóu [B4] Voir 洋葱 yáng cōng.

葱油饼 cōng yóu bǐng [M1] Galette à l'huile de ciboulette cuite dans un four ou une poêle.

cu

粗米粉 cū mǐ fěn [A] Semoule de riz.

粗小麦粉 cū xiǎo mài fěn [A] Semoule.

粗盐 cū yán [H1] Gros sel; sel gris.

粗燕麦粉 cū yàn mài fěn [A] Couscous.

粗玉米粉 cū yù mǐ fěn [A] Semoule de maïs.

促织 cù zhī [D4] Voir 蟋蟀 xī shuài.

醋 cù [H2] Vinaigre.

醋椒鱼 cù jiāo yú [N1] Poisson mijoté au bouillon avant d'être épicé et vinaigré.

醋栗 cù lì [F5] Groseille.

醋栗酱 cù lì jiàng [H4] Confiture de groseille.

醋熘白菜 cù liū bái cài [N33] Chou chinois sauté au vinaigre.

醋柳果 cù liǔ guǒ [F5] Voir 沙棘 shā jí.

醋泡 cù pào [L1] Confire dans le vinaigre.

醋饮 cù yǐn [J4] Boissons vinaigrées.

cuan

汆 cuān [L2] Ébouillanter rapidement; cuire rapidement à l'eau bouillante.

汆芙蓉黄管 cuān fú róng huáng guǎn [N1] Tronçons d'artère de porc farcis de poulet braisés et baignés dans le blanc d'œuf puis cuits à la vapeur.

汆灌肠 cuān guàn cháng [N31] 1. Boudin de sang de chèvre, saucisse de chèvre, saucisse à la pâte (spécialité du Tibet); 2. s'y ajoutant andouillette de foie de chèvre et celle de graisse de chèvre.

撺双丞 cuān shuāng chéng [N27] Voir 口蘑桃仁汆双脆 kǒu mó táo rén cuān shuāng cuì.

cui

脆 cuì [Q2] Croquant.

cun

寸金 cùn jīn [N8] Gâteau au sésame en forme de cigare, spécialité de Hefei.

D

da

打糕 dǎ gāo [G4] Gâteau de riz glutineux à la coréenne; riz glutineux à la vapeur et frappé en pâte.

打卤面 dǎ lǔ miàn [N26/N16] Nouilles à la sauce avec viande, œuf ou légumes assortis.

打油茶 dǎ yóu chá [N24] Voir 桂北油茶 guì běi yóu chá.

大白菜 dà bái cài [B1] Chou chinois; pe-tsaï (pé-tsai); chou de Beijing (Pékin); chou de Shanton; *Brassica rapa* L. ssp. *pekinensis* (Lour.) Hanelt.

大拌菜 dà bàn cài [N33] Salade de légumes à la chinoise.

大饼包小饼 dà bǐng bāo xiǎo bǐng [N32] Crêpe enveloppant une galette frite.

大肠包小肠 dà cháng bāo xiǎo cháng [N32] Hot-dog de riz glutineux enveloppant une saucisse taïwanaise.

大肠蚵仔面线 dà cháng hé zǎi miàn xiàn [N32] Vermicelle aux boyaux émincés de porc et/ou au chair d'huître.

大葱 dà cōng [B10] Poireau.

大葱炒蛋 dà cōng chǎo dàn [N33] Omelette aux poireaux.

大地鱼 dà dì yú [E2] Voir 比目鱼 bǐ mù yú.

大雕烧 dà diāo shāo [N32] Saucisse enrobée de pâte à l'œuf, cuite dans une moule en forme de pénis.

大豆 dà dòu [B6] Voir 黄豆 huáng dòu.

大豆角 dà dòu jiǎo [B5] Voir 蛇瓜 shé guā.

大豆油 dà dòu yóu [H3] Huile de soja.

大方臭豆腐 dà fāng chòu dòu fu [N23] Tofu puant rôti pimenté et poivré, spécialité de Dafang (Guizhou).

大腹子 dà fù zǐ [F2] Voir 槟榔 bīn láng.

大柑 dà gān [F3] Voir 柚子 yòu zi.

大糕 dà gāo [G4] Voir 方片糕 fāng piàn gāo.

大根 dà gēn [B4] Voir 白萝卜 bái luó bo.

大锅饭 dà guō fàn [S] Littéralement « nourriture préparée dans une grosse marmite » : mets banaux aux cantines des entreprises ou des universités.

大核桃 dà hé tao [G1] Noix.

大褐菇 dà hè gū [B7] Portobello.

大红腿鸭 dà hóng tuǐ yā [D2] Voir 野鸭 yě yā.

大虎虾 dà hǔ xiā [E3] Voir 斑节虾 bān jié xiā.

大黄花鱼 dà huáng huā yú [E2] Voir 大黄鱼 dà huáng yú.

大黄鱼 dà huáng yú [E2] Sciène; *Larimichthys crocea*.

大酱 dà jiàng [H4] Voir 黄豆酱 huáng dòu jiàng.

大椒 dà jiāo [B3/B10] 1. Voir 辣椒 là jiāo; 2. voir 花椒 huā jiāo.

大脚菇 dà jiǎo gū [B7] Voir 白牛肝菌 bái niú gān jūn.

大金钩 dà jīn gōu [E6] Voir 虾米 xiā mǐ.

大口鱼 dà kǒu yú [E2] Voir 鳕鱼 xuě yú.

大料 dà liào [B10] Voir 八角 bā jiǎo.

大菱鲆 dà líng píng [E2] Voir 多宝鱼 duō bǎo yú.

大绿头 dà lù tóu [D2] Voir 野鸭 yě yā.

大麻鸭 dà má yā [D2] Voir 野鸭 yě yā.

大马尼尔酒 dà mǎ ní ěr jiǔ [J3] Grand Manier.

大麦 dà mài [A] Orge.

大麦茶 dà mài chá [J5] Tisane à base d'orge sautée.

大米 dà mǐ [A] Riz.

大米饭 dà mǐ fàn [M2] Voir 米饭 mǐ fàn.

大鲵 dà ní [E1] Voir 娃娃鱼 wá wa yú.

大排 dà pái [C1] Entrecôte de porc.

大排档 dà pái dàng [S] Stands de nourriture; baraques de nourriture.

大肉 dà ròu [C1] Voir 猪肉 zhū ròu.

大树菠萝 dà shù bō luó [F6] Voir 波罗蜜 bō luó mì.

大甜虾 dà tián xiā [E3] Voir 牡丹虾 mǔ dān xiā.

大头菜 dà tóu cài [B4/H5] 1. Voir 芜菁 wú jīng; 2. navet salé fermenté.

大头鲢子dà tóu lián zi [E1] Voir 鲢鱼 lián yú.

大头青 dà tóu qīng [B1/E2] 1. Voir 上海青 shàng hǎi qīng; 2. voir 鳕鱼 xuě yú.

大头腥 dà tóu xīng [E2] Voir 鳕鱼 xuě yú.

大头鱼 dà tóu yú [E1/E2] 1. Voir 鳙鱼 yōng yú; 2. voir 鳕鱼 xuě yú.

大腿蘑 dà tuǐ mó [B7] Voir 白牛肝菌 bái niú gān jūn.

大王鱼 dà wáng yú [E2] Voir 大黄鱼 dà huáng yú.

大虾 dà xiā [E3] Appellation ambiguë pour désigner quelques crevettes, écrevisses ou hommards de grande taille.

大鲜 dà xiān [E2] Voir 大黄鱼 dà huáng yú.

大洋瓜 dà yáng guā [B5] Voir 西葫芦 xī hú lu.

大叶韭 dà yè jiǔ [B1] Voir 宽叶韭 kuān yè jiǔ.

大油 dà yóu [H3] Voir 猪油 zhū yóu.

大枣 dà zǎo [F2] 1. Jujube; 2. jujube séché.

大枣茶 dà zǎo chá [J5] Boisson au jujube confit.

大闸蟹 dà zhá xiè [E3] Crabe chinois; crabe poilu de Shanghai; *Eriocheir sinensis*.

大众肉联 dà zhòng ròu lián [P1] Littéralement « Charcuterie pour tout le monde », marque de charcuterie de Harbin (Heilongjiang), réputée pour le sauciflard.

大煮干丝 dà zhǔ gān sī [N3] Juliennes de tablettes de tofu salées et séchées, braisées au bouillon supérieur.

dai

带把肘子 dài bǎ zhǒu zi [N27] Jarret (à os) cuit à la vapeur à la sauce de soja.

带豆 dài dòu [B6] Voir 豇豆 jiāng dòu.

带荚豌豆 dài jiá wān dòu [B6] Voir 荷兰豆 hé lán dòu.

带鱼 dài yú [E2] Poisson-sabre; *Trichiuridae*; trichiure.

带子 dài zi [E4] *Pinna* (*Atrina*) *pectinata*.

dan

丹若 dān ruò [F5] Voir 石榴 shí liu.

丹芝 dān zhī [B7] Voir 灵芝 líng zhī.

单点 dān diǎn [S] À la carte.

担担面 dàn dàn miàn [N2] Nouilles à l'huile pimentée et à la sauce de sésame.

担仔面 dàn zǎi miàn [N32] Nouilles au hachis de porc braisé à la sauce de soja et au bouillon de crevette.

淡包 dàn bāo [M1] Voir 馒头 1 mán tou 1.

淡菜 dàn cài [E4] *Mytilus coruscus* (un genre de moule du Pacifique).

淡咖啡 dàn kā fēi [J5] Café allongé.

淡水虾 dàn shuǐ xiā [E3] Crevettes d'eau douce.

淡水鱼 dàn shuǐ yú [E1] Poissons d'eau douce.

淡水长臂大虾 dàn shuǐ cháng bì dà xiā [E3] Voir 泰国虾 tài guó xiā.

蛋白质 dàn bái zhì [R] Protéine; protéide.

蛋饼 dàn bǐng [M1] Galette ou crêpe aux œufs cuite dans un four ou une poêle.

蛋羹 dàn gēng [N33] Œufs battus cuits à la vapeur.

蛋黄饼 dàn huáng bǐng [G4] Cookie aux jaunes d'œuf.

蛋黄酱 dàn huáng jiàng [H4] Mayonnaise.

蛋饺 dàn jiǎo [N33] Ravioli jiaozi d'œuf (remplaçant la pâte).

蛋挞 dàn tǎ [G4] Tarte aux œufs.

蛋制品 dàn zhì pǐn [C4] Produits d'œuf.

dang

当归 dāng guī [B4] Angélique de Chine; *Angelica sinensis*.

当泥 duō ní [F5] Voir 桃金娘 táo jīn niáng.

党参 dǎng shēn [B4] *Radix Codonopsis*; *Codonopsis pilosula* (Franch.) Nannf.

dao

刀板香 dāo bǎn xiāng [N8] Porc salé braisé puis coupé en tranches minces sur une planche de camphrier.

刀豆 dāo dòu [B6] Voir 芸豆 yún dòu.

刀额新对虾 dāo é xīn duì xiā [E3] Voir 基围虾 jī wéi xiā.

刀法 dāo fǎ [L1] Voir 刀工 dāo gōng.

刀工 dāo gōng [L1] Maîtrise de la lame.

刀鲚 dāo jì [E1] Voir 刀鱼 1 dāo yú 1.

刀芹 dāo qín [B8] Voir 水芹 shuǐ qín.

刀削面 dāo xiāo miàn [M1] Pâte pelée en lanières par couteau.

刀鱼 dāo yú [E1/E2] 1. *Coilia ectenes* Jordan et Seal; 2. voir 带鱼 dài yú.

倒捻子 dǎo niǎn zǐ [F1] Voir 山竹 shān zhú.

捣碎 dǎo suì [L1] Concasser; écraser.

盗汗鸡 dào hàn jī [N23] Poulet mijoté dans un tagine chinois.

de

德州 dé zhōu [P2] Marque de « poulet frit et braisé aux épices », fondée dans la dynastie des Qing à Dezhou (Shandong).

德州扒鸡 dé zhōu pá jī [N1] Poulet frit et braisé aux épices, spécialité de Dezhou (Shandong).

得月楼 dé yuè lóu [P2] Littéralement « pavillon de l'accès à la lune », restaurant fondé à Suzhou dans la dynastie des Ming (il y a plus de 400 années), fréquenté par l'Empereur Qianlong (1711–1799), réputé pour les spécialités (plats et snacks) de Suzhou.

deng

灯笼果 dēng long guǒ [F5] Voir 醋栗 cù lì.

灯笼椒 dēng long jiāo [B3] Voir 菜椒 cài jiāo.

灯影牛肉 dēng yǐng niú ròu [N2] Fibres de bœuf cuites à la vapeur et frites avant d'être épicées et arrosées d'huile de sésame.

di

低咖啡因咖啡 dī kā fēi yīn kā fēi [J5] Café décaféiné.

荻笋 dí sǔn [B8] Voir 芦苇笋 lú wěi sǔn.

地豆 dì dòu [G1] Voir 花生 huā shēng.

地骨子 dì gǔ zǐ [F5] Voir 枸杞 gǒu qǐ.

地瓜 dì guā [B4] 1. Voir 红薯 hóng shǔ; 2. voir 豆薯 dòu shǔ.

地瓜粉 dì guā fěn [B4] Fécule de patate douce.

地瓜叶 dì guā yè [B4] Voir 山芋藤 shān yù téng.

地椒 dì jiāo [B10] Voir 百里香 bǎi lǐ xiāng.

地喇叭 dì lǎ ba [D4] Voir 蟋蟀 xī shuài.

地雷子 dì léi zǐ [B8] Voir 马蹄 mǎ tí.

地厘蛇果 dì lí shé guǒ [F1] Voir 蛇果 shé guǒ.

地梨子 dì lí zǐ [B8] Voir 马蹄 mǎ tí.

地栗 dì lì [B8] Voir 马蹄 mǎ tí.

地萝卜 dì luó bo [B4] Voir 豆薯 dòu shǔ.

地毛菜 dì máo cài [B9] Voir 发菜 fà cài.

地木耳 dì mù ěr [B7] Voir 地皮 dì pí.

地皮 dì pí [B7] *Nostoc commune*.

地皮菜烩丝丝 dì pí cài huì sī si [N26] Juliennes de pomme de terre braisées avec nostoc.

地软 dì ruǎn [B7] Voir 地皮 dì pí.

地三鲜 dì sān xiān [N13] Aubergines et pommes de terre frites puis sautées avec poivrons, littéralement « trois produits délicieux de la terre ».

地踏菜 dì tà cài [B7] Voir 地皮 dì pí.

地中海贻贝 dì zhōng hǎi yí bèi [E4] Voir 海虹 hǎi hóng.

帝王蟹 dì wáng xiè [E3] Crabe (royal) du Kamtchatka; *Paralithodes camtschaticus*.

dian

滇菜 diān cài [N22] Les spécialités du Yunnan.

滇红 diān hóng [J5] Thé noir du Yunnan.

滇味炒面 diān wèi chǎo miàn [N22] Nouilles sautées avec juliennes de porc, celles de jambon et légumes.

电磁炉 diàn cí lú [K3] Plaque à induction.

电炖锅 diàn dùn guō [K3] Mijoteuse électrique.

电饭煲 diàn fàn bāo [K3] Voir 电饭锅 diàn fàn guō.

电饭锅 diàn fàn guō [K3] Cuiseur de riz.

电火锅 diàn huǒ guō [K3] Marmite à réchaud électrique.

电搅拌器 diàn jiǎo bàn qì [K3] Batteur électrique.

电热水壶 diàn rè shuǐ hú [K6] Bouilloire électrique.

电焐煲 diàn wù bāo [K3] Voir 电炖锅 diàn dùn guō.

甸果 diàn guǒ [F5] Voir 蓝莓 lán méi.

淀粉 diàn fěn [H1] Voir 生粉 shēng fěn.

diao

鲷鱼 diāo yú [E2] Daurade; dorade; *Sparidae*.

吊菜子 diào cài zǐ [B3] Voir 茄子 qié zi.

铫子 diào zi [K2] Bouilloire à manche.

die

鲽鱼 dié yú [E2] Carrelet; plie commune; *Pleuronectes platessa*.

ding

丁骨牛排 dīng gǔ niú pái [C1] Côtelette filet; T-bone.

丁香 dīng xiāng [B10] Clou de girofle; *Syzygium aromaticum*.

定襄蒸肉 dìng xiāng zhēng ròu [N26] Hachis de porc mélangé à de la purée de pomme de terre cuit à la vapeur, spécialité de Dingxiang (Shanxi).

dong

东安仔鸡 dōng ān zǐ jī [N6] Poulet sauté et braisé aux épices, spécialité de Dong'an (Hunan).

东北菜 dōng běi cài [N13] Les spécialités de la Mandchourie.

东北林蛙 dōng běi lín wā [D3] Voir 雪蛤 1 xuě há 1.

东北乱炖 dōng běi luàn dùn [N13] Assortiment de viande et de légumes braisé à la mandchoue.

东风螺 dōng fēng luó [E4] Voir 花螺 huā luó.

东京烤鸭 dōng jīng kǎo yā [N19] Voir 汴京烤鸭 biàn jīng kǎo yā.

东来顺 dōng lái shùn [P1] Littéralement « Venu de Beijing (Pékin) de l'est, tout va bien », restaurant fondé en 1903 à Beijing (Pékin), réputé pour la fondue mongole et les plats chauds halal.

东南瓜 dōng nán guā [B5] Voir 西葫芦 xī hú lú.

东坡饼 dōng pō bǐng [N15] Galette aux lanières spirales de pâte.

东坡肉 dōng pō ròu [N4/N2] Cubes de porc entrelardé braisés à la sauce de soja. Ce plat fut initié par Su Dongpo (Sou Che), lettré et homme politique de la dynastie des Song.

东坡肘子 dōng pō zhǒu zi [N2] Jarret de porc braisé et arrosé de sauce de soja épicée, spécialité de Meizhou (Sichuan), pays natal de Su Dongpo (Sou Che).

东山羊 dōng shān yáng [N25] Chèvre de Dongshan (Hainan), façon de préparer: braisé ou étuvé à la sauce de soja.

东星斑 dōng xīng bān [E2] Mérou rouge tacheté; *Plectropomus leopardus*.

冬虫夏草 dōng chóng xià cǎo [B7] Champignon chenille; *Ophiocordyceps sinensis*; *Cordyceps sinensis*.

冬葱 dōng cōng [B10] Voir 分葱 fēn cōng.

冬菇 dōng gū [B7] Shiitake(é); lentin des (du) chêne(s); lentin comestible;

Lentinula edodes.

冬菰 dōng gū [B7] Voir 冬菇 dōng gū.

冬瓜 dōng guā [B5] Courge cireuse; melon d'hiver chinois; *Benincasa hispida*.

冬瓜海带汤 dōng guā hǎi dài tāng [N33] Soupe de courge cireuse à la laminaire.

冬笋 dōng sǔn [B4] Pousse de bambou d'hiver; jeune pousse de bambou.

董肉 dǒng ròu [N10] Porc entrelardé braisé à la sauce de soja avant d'être cuit à la vapeur avec légumes.

董糖 dǒng táng [G6] Voir 酥糖 sū táng.

冻豆腐 dòng dòu fu [B6] Tofu en ruche; tofu congelé.

冻菌 dòng jūn [B7] 1. Voir 平菇 píng gū; 2. voir 金针菇 jīn zhēn gū.

冻梨 dòng lí [F1] Poire congelée.

D

dou

兜汤 dōu tāng [N21] Porc ou bœuf émincé et enrobé de fécule, ébouillanté dans le bouillon.

斗鸡菇 dòu jī gū [B7] Voir 鸡㙡 jī zōng.

豆瓣菜 dòu bàn cài [B1] Cresson de fontaine; cresson officinal; *Nasturtium officinale* R. Br.

豆瓣酱 dòu bàn jiàng [H4] Beurre de fève fermentée et pimentée, spécialité de Pixian (Sichuan).

豆饼 dòu bǐng [B6] Tourteau de soja.

豆卜 dòu bo [B6] Voir 油豆腐 yóu dòu fu.

豆茶 dòu chá [J5] Voir 熏豆茶 xūn dòu chá.

豆豉 dòu chǐ [H4] Soja (ou haricot noir) salé fermenté.

豆丹 dòu dān [D4] Larve de *Clanis bilineata*.

豆腐 dòu fu [B6] Tofu; fromage de soja.

豆腐干 dòu fu gān [B6] Voir 豆干 dòu gān.

豆腐果 dòu fu guǒ [B6] Voir 油豆腐 yóu dòu fu.

豆腐涝 dòu fu lào [B6] Voir 豆脑 dòu nǎo.

豆腐脑 dòu fu nǎo [B6] Voir 豆脑 dòu nǎo.

豆腐皮 dòu fu pí [B6] Peau de tofu; pellicule à la surface de lait de soja; yuba.

豆腐皮拌菠菜 dòu fu pí bàn bō cài [N33] Salade d'épinard à peau de tofu.

豆腐乳 dòu fu rǔ [H4] Voir 腐乳 fǔ rǔ.

豆腐渣 dòu fu zhā [B6] Pulpe de soja; résidu de soja; okara.

豆干 dòu gān [B6] Tablette de fromage de soja salée et épicée.

豆花 dòu huā [B6] Voir 豆脑 dòu nǎo.

豆花布丁 dòu huā bù dīng [N32] Pudding de soja.

豆浆 dòu jiāng [J5] Jus de soja (sucré ou salé, froid ou chaud).

豆角 dòu jiǎo [B6] Voir 豇豆 jiāng dòu.

豆角炒肉松 dòu jiǎo chǎo ròu sōng [N12] Dolique asperge, porc et tofu émincés et sautés à la sauce de soja.

豆角烧茄条 dòu jiǎo shāo qié tiáo [N33] Filets d'aubergine cuits avec dolique asperge émincé.

豆类 dòu lèi [B6] Légumineuses.

豆苗 dòu miáo [B6] Germe de pois, à tige blanchâtre, cultivée et rasée sous serre. (À comparer avec 豌豆尖 wān dòu jiān.)

豆脑 dòu nǎo [B6] Gel de lait de soja; fleur de tofu.

豆泡 dòu pào [B6] Voir 油豆腐 yóu dòu fu.

豆稔 dòu rěn [F5] Voir 桃金娘 táo jīn niáng.

豆沙 dòu shā [H4] Purée de haricot rouge/azuki.

豆薯 dòu shǔ [B4] Pois-patate; jicama; *Pachyrhizus erosus*.

豆天蛾幼虫 dòu tiān é yòu chóng [D4] Voir 豆丹 dòu dān.

豆田螺 dòu tián luó [E4] Voir 螺蛳 luó sī.

豆芽 dòu yá [B6] Germe de soja ou de haricot mungo.

豆渣 dòu zhā [B6] Voir 豆腐渣 dòu fu zhā.

豆汁 dòu zhī [N16] Jus de marc de mungo fermenté.

豆制品 dòu zhì pǐn [B6] Les produits de soja ou d'ambérique.

du

都柿 dū shì [F5] Voir 蓝莓 lán méi.

都一处 dū yī chù [P1] Littéralement « Une place dans la capitale », restaurant fondé en 1738 à Beijing (Pékin), fréquenté par l'Empereur Qianlong (selon l'anecdote), réputé pour le siumai (petit pain farci cuit à la vapeur dont la tête plissée).

都匀毛尖 dū yún máo jiān [J5] Littéralement « pointe du duvet » de Duyun, thé vert originaire du Guizhou.

嘟嗜 dū shì [F5] Voir 蓝莓 lán méi.

独面筋 dú miàn jīn [N17] Boulettes de gluten frites, sautées et braisées à la sauce de soja.

独山盐酸菜 dú shān yán suān cài [N23] Moutarde fermentée pimentée, spécialité de Dushan (Guizhou).

笃柿 dǔ shì [F5] Voir 蓝莓 lán méi.

笃斯越橘 dǔ sī yuè jú [F5] Voir 蓝莓 lán méi.

杜林标酒 dù lín biāo jiǔ [J3] Drambuie.

杜松子酒 dù sōng zǐ jiǔ [J1] Voir 金酒 jīn jiǔ.

duan

端子 duān zi [K2] Moule à long manche pour la friture.

dui

对虾 duì xiā [E3] Crevette charnue; bouquet; *Penaeus chinensis*; *Penaeus orientalis*.

dun

敦煌佛跳墙 dūn huáng fó tiào qiáng [N28] Champignons assortis braisés au pot avec safran, littéralement « Le bouddha saute par-dessus le mur à la Dunhuang ».

炖 dùn [L2] Braiser; mijoter; faire mijoter.

炖锅 dùn guō [K2] Casserole; daubière; cocotte; faitout.

duo

多宝鱼 duō bǎo yú [E2] Turbot; *Scophthalmus maximus*.

多莲 duō lián [F5] Voir 桃金娘 táo jīn niáng.

多士炉 duō shì lú [K3] Voir 烤面包机 kǎo miàn bāo jī.

哆尼 duō ní [F5] Voir 桃金娘 táo jīn niáng.

剁 duò [L1] Hacher.

剁椒 duò jiāo [H4] Piments émincés fermentés.

剁辣子 duò là zi [H4] Voir 剁椒 duò jiāo.

清蒸多宝鱼
Turbot cuit à la vapeur

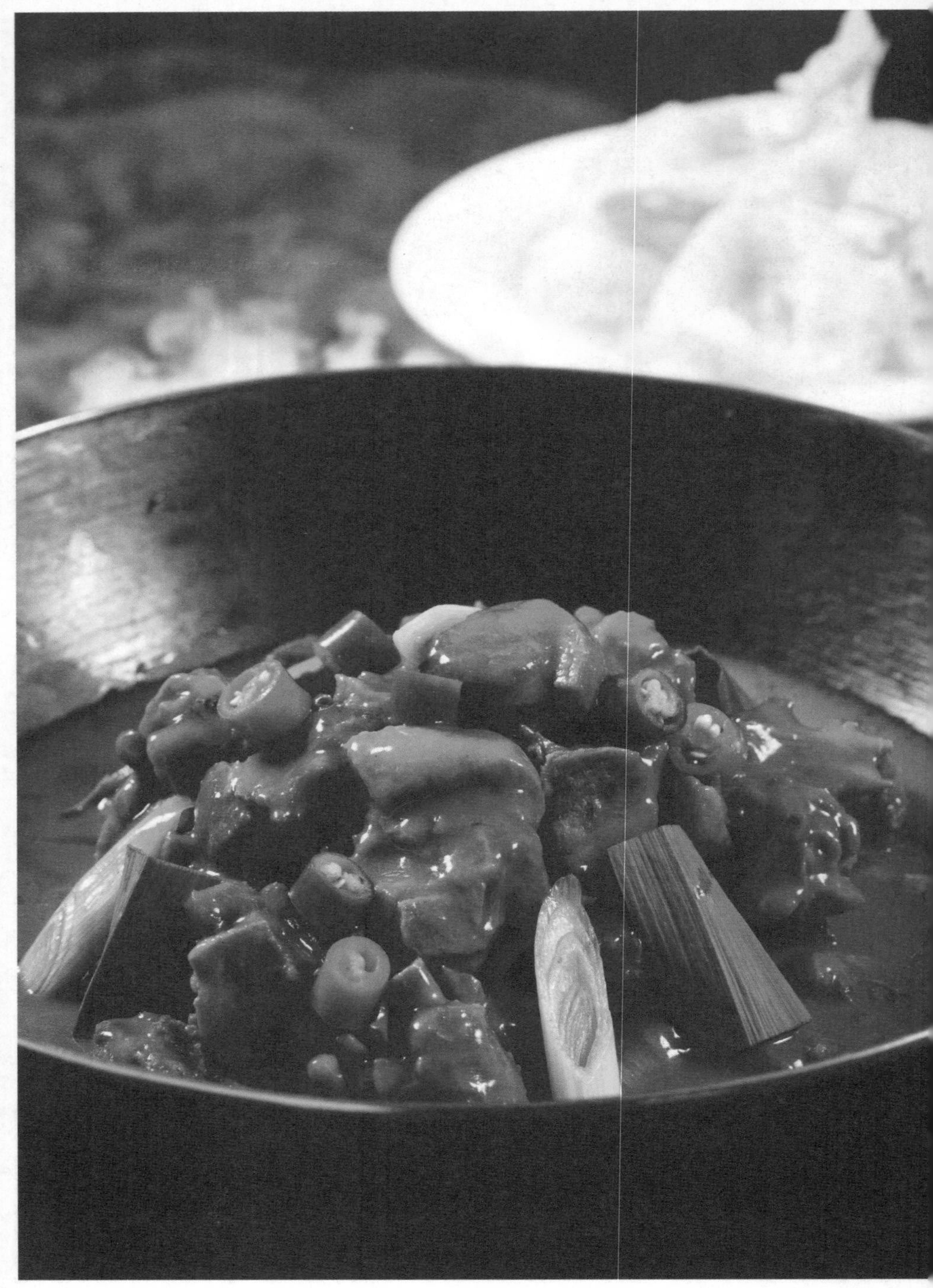

慈姑炖鹅肉
Oie braisée avec sagittaire à la sauce de soja

E

e

阿胶 ē jiāo [G4] Gélatine de peau d'âne; *Gelatinum Asini*; préparation visqueuse de peau d'âne.

俄餐 é cān [S] Cuisine russe.

莪术 é zhú [B10] Voir 姜黄 jiāng huáng.

峨螺 é luó [E4] Voir 海螺 hǎi luó.

峨眉雪芽 é méi xuě yá [J5] Littéralement « germe de neige » du Mont Emei, thé vert originaire du Sichuan.

鹅菜 é cài [B1] Voir 茼蒿 tóng hāo.

鹅肠 é cháng [C2] Intestin d'oie.

鹅蛋 é dàn [C4] Œuf d'oie.

鹅肝 é gān [C2] Foie d'oie; foie gras.

鹅肉 é ròu [C2] Oie.

鹅头 é tóu [C2] Tête d'oie.

鹅心 é xīn [C2] Cœur d'oie.

鹅血 é xuè [C3] Sang d'oie coagulé.

鹅油 é yóu [H3] Graisse d'oie.

鹅掌 é zhǎng [C2] Patte d'oie.

鹅爪 é zhuǎ [C2] Voir 鹅掌 é zhǎng.

鹅胗 é zhēn [C2] Gésier d'oie.
鄂菜 è cài [N15] Les spécialités du Hubei.
鳄梨 è lí [F6] Voir 牛油果 niú yóu guǒ.

er

饵块 ěr kuài [N22] Morceaux ou pièces de farine de riz ou de millet.
二月兰 èr yuè lán [B9] *Orychophragmus violaceus*.

F

fa

发酵酒 fā jiào jiǔ [J2] Voir 酿造酒 niàng zào jiǔ.

发面 fā miàn [M1] Pâte fermentée; pâte levée.

发芽豆 fā yá dòu [B6] Voir 蚕豆 cán dòu.

法餐 fǎ cān [S] Cuisine française.

法棍面包 fǎ gùn miàn bāo [G4] Baguette.

法香 fǎ xiāng [B10] Voir 欧芹 ōu qín.

发菜 fà cài [B9] *Nostoc flagelliforme* Born. et Flah., variété de conferve terrestrale en Chine du Nord-Ouest.

发丝牛百叶 fà sī niú bǎi yè [N6] Feuillet de bœuf émincé et sauté dans un wok.

fan

番葱 fān cōng [B4] Voir 洋葱 yáng cōng.

番豆 fān dòu [G1] Voir 花生 huā shēng.

番葛 fān gé [B4] Voir 豆薯 dòu shǔ.

番瓜 fān guā [B5] Voir 西葫芦 xī hú lu.

番瓜藤 fān guā téng [B4] Voir 南瓜藤 nán guā téng.

番红花 fān hóng huā [B10] Voir 藏红花 zàng hóng huā.

番荔枝 fān lì zhī [F1] Anone; attier; *Annona squamosa*.

番麦 fān mài [A] Voir 玉米 yù mǐ.

番茄 fān qié [B3] Tomate.

番茄炒蛋 fān qié chǎo dàn [N33] Omelette aux tomates.

番茄蛋花汤 fān qié dàn huā tāng [N33] Voir 西红柿鸡蛋汤 xī hóng shì jī dàn tāng.

番茄酱 fān qié jiàng [H4] Sauce tomate; ketchup.

番石榴 fān shí liu [F5] Goyave; *Psidium guajava* Linn.

番薯 fān shǔ [B4] Voir 红薯 hóng shǔ.

番薯糖水 fān shǔ táng shuǐ [N5] Soupe de patate douce au sucre.

番鸭 fān yā [C2] Canard musqué; canard muet; *Cairina moschata*.

番芋 fān yù [B4] Voir 红薯 hóng shǔ.

番枣 fān zǎo [F2] Voir 椰枣 yē zǎo.

凡纳滨对虾 fán nà bīn duì xiā [E3] Voir 白虾 1 bái xiā 1.

蕃柿 fán shì [B3] Voir 番茄 fān qié.

反沙芋头 fǎn shā yù tóu [N12] Morceaux de taro frits et sucrés dans un wok.

反砂芋 fǎn shā yù [N12] Voir 反沙芋头 fān shā yù tóu.

饭店 fàn diàn [S] Voir 餐馆 cān guǎn.

饭豆 fàn dòu [B6] Voir 赤豆 chì dòu.

饭瓜 fàn guā [B5] Voir 南瓜 nán guā.

饭盒 fàn hé [K4] Voir 餐盒 cān hé.

饭团 fàn tuán [M2] Onigiri; boulette ou triangle de riz enveloppé(e) d'une algue à la japonaise.

饭庄 fàn zhuāng [S] Voir 餐馆 cān guǎn.

fang

方片糕 fāng piàn gāo [G4] Gâteau de farine de riz en lingot à plusieurs lamelles.

方糖 fāng táng [H1] Sucre en morceau; morceau de sucre.

方糖夹 fāng táng jiā [K6] Pince à sucre.

防党参 fáng dǎng shēn [B4] Voir 党参 dǎng shēn.

防腐剂 fáng fǔ jì [R] Agent conservateur; agent de conservation (préservation); préservateur; substance préservative; fluide préservatif; produit anticorrosion; aseptique; antiseptique; antiputride.

fei

飞蟹 fēi xiè [E3] Voir 梭子蟹 suō zi xiè.

非洲冰草 fēi zhōu bīng cǎo [B1] Voir 冰草 bīng cǎo.

非洲鲫鱼 fēi zhōu jì yú [E1] Voir 罗非鱼 luó fēi yú.

非洲蜜瓜 fēi zhōu mì guā [F4] Voir 刺角瓜 cì jiǎo guā.

菲力 fēi lì [C1] Filet de bovins.

菲律宾蛤仔 fēi lǜ bīn gé zǎi [E4] Voir 花蛤 huā gé.

肥带 féi dài [E2] Voir 带鱼 dài yú.

肥牛 féi niú [C1] Lamelles de bœuf.

肥沱 féi tuó [E1] Voir 鮰鱼 huí yú.

肥羊 féi yáng [C1] Lamelles d'ovins.

翡翠虾仁 fěi cuì xiā rén [N4] Crevettes décortiquées sautées avec légumes verts (pois ou fèves, épinard ou concombre).

翡翠贻贝 fěi cuì yí bèi [E4] Voir 青口 qīng kǒu.

fen

分葱 fēn cōng [B10] Échalote; *Allium ascalonicum*.

芬达 fēn dá [J4] Fanta.

汾香 fén xiāng [Q4] Voir 清香 2 qīng xiāng 2.

粉蛲 fěn náo [E4] Voir 文蛤 wén gé.

粉皮 fěn pí [B4] Maltagliati de farine de patate douce.

粉丝 fěn sī [B6] Vermicelle translucide.

粉条 fěn tiáo [B4] Nouilles de farine de patate douce ou de mungo.

粉蒸肉 fěn zhēng ròu [N33] Voir 米粉肉 mǐ fěn ròu.

粉状调味 fěn zhuàng tiào wèi [H1] Condiments en poudre.

feng

丰收瓜 fēng shōu guā [B5] Voir 佛手瓜 fó shǒu guā.

丰泽园 fēng zé yuán [P1] Littéralement « Jardin des pluies abondantes », restaurant fondé en 1930 à Beijing (Pékin), réputé pour les plats du Shandong et le canard laqué.

风干 fēng gān [L1] Faire sécher au vent.

风干肉 fēng gān ròu [N31] Bœuf ou chèvre séché par le vent, dégusté cru ou rôti.

风栗 fēng lì [G1] Voir 板栗 bǎn lì.

风铃辣椒 fēng líng là jiāo [B3] *Capsicum baccatum*, une variété de piment en forme de cloche.

枫树糖浆 fēng shù táng jiāng [H4] Voir 枫糖 fēng táng.

枫糖 fēng táng [H4] Sirop d'érable.

疯鲿 fēng cháng [E1] Voir 黄颡鱼 huáng sǎng yú.

蜂蜜 fēng mì [H2] Miel.

凤炖牡丹 fèng dùn mǔ dān [N8] Poule (représentant « le phénix ») braisée avec estomac de porc émincé et mis en forme de pivoine.

凤凰投胎 fèng huáng tóu tāi [N21] Voir 猪肚包鸡 zhū dǔ bāo jī.

凤梨 fèng lí [F6] Voir 菠萝 bō luó.

凤螺 fèng luó [E4] Voir 花螺 huā luó.

凤尾虾 fèng wěi xiā [N9] Crevettes de rivière décortiquée (avec queue), frites et sautées, littéralement « crevette à queue de phénix ».

凤尾鱼 fèng wěi yú [E2] Voir 鳀鱼 tí yú.

凤香 fèng xiāng [Q4] Arôme de type de Xifeng (西凤酒 xī fèng jiǔ) .

凤爪 fèng zhuǎ [C2] Voir 鸡爪 jī zhuǎ.

fu

夫妻肺片 fū qī fèi piàn [P4/N2] 1. Littéralement « lamelles de poumon d'un couple », snack fondé en 1933 à Chengdu, spécialité: bœuf, tripes et abats assortis aux épices; 2. (nom d'une entrée) bœuf et abats assortis aux épices (préparés originairement par un couple).

麸麦 fū mài [A] Voir 小麦 xiǎo mài.

伏特加 fú tè jiā [J1] Vodka.

芙蓉鸡片 fú róng jī piān [N1/N2/N3/N16] Paté de blanc de poulet (et de poisson) mélangé à du blanc d'œuf, cuit rapidement au bouillon (ou frit au saindoux), puis sauté avec légumes (ou simplement mis en assiette avec pousses de pois cuites).

芙蓉鲜贝 fú róng xiān bèi [N34] Pinnes du Japon cuites avec blanc d'œuf.

茯苓饼 fú líng bǐng [N16] Crêpe très fine et croustillante farcie de gel de pachyme (un champignon à la racine du pin), spécialité de Beijing (Pékin).

浮麦 fú mài [A] Blé desséché.

福寿螺 fú shòu luó [E4] *Pomacea canaliculate*, une espèce de mollusques d'eau douce invasifs.

福寿全 fú shòu quán [N7] Voir 佛跳墙 fó tiào qiáng.

福寿鱼 fú shòu yú [E1] Voir 罗非鱼 luó fēi yú.

福州海鲜面 fú zhōu hǎi xiān miàn [N7] Vermicelle chinois aux fruits de mer assortis, spécialité de Fuzhou.

腐乳 fǔ rǔ [H4] Tofu fermenté.

腐乳肉 fǔ rǔ ròu [N19] Porc entrelardé frit puis cuit à la vapeur avant d'être arrosé de sauce de tofu fermenté.

腐乳炸肉 fǔ rǔ zhá ròu [N1] Morceaux de porc marinés dans la sauce de tofu fermenté, enrobés de farine avant la friture.

腐乳汁肉 fǔ rǔ zhī ròu [N10] Porc entrelardé mijoté avec canard à la sauce de tofu fermenté, le canard mis à côté (pour un autre mets) avant le service.

腐竹 fǔ zhú [B6] Gerbe de peau de tofu; peau de tofu en forme de tronçon de bambou.

阜阳枕头馍 fù yáng zhěn tou mó [N8] Gros pain cuit à la vapeur comme oreiller, spécialité de Fuyang (Anhui).

富春茶社 fù chūn chá shè [P2] Littéralement « maison de thé en plein printemps », originalement jardin de bonsaï fondé en 1885 à Yangzhou, puis transformé en maison de thé et finalement en resto-maison de thé, réputé pour les spécialités (snacks et plats) de la région Huaiyang.

富丁茶 fù dīng chá [J5] Voir 苦丁茶 kǔ dīng chá.

富贵虾 fù guì xiā [E3] Voir 皮皮虾 pí pi xiā.

腹鱼 fù yú [E4] Voir 鲍鱼 1 bào yú 1.

鲋鱼 fù yú [E1] Voir 鲫鱼 jì yú.

覆盆子fù pén zǐ [F5] Framboise.

覆盆子酱 fù pén zǐ jiàng [H4] Confiture de framboise.

馥郁香 fù yù xiāng [Q4] Arôme de type de Jiugui (酒鬼, marque d'alcool).

fo

佛手瓜 fó shǒu guā [B5] Chayote; *Sechium edule*.

佛跳墙 fó tiào qiáng [N7] Assortiment de fruits de mer précieux (ormeau, ailerons de requin, concombres de mer, chairs séchées de pétoncle, etc.), de volaille, de viande et d'abat, mijoté pour longtemps à l'alcool de Shaoxin dans une cruche (littéralement « Le bouddha saute par-dessus le mur », puisque ce mets non-végétarien sent si bon que le bouddha ne peut s'en empêcher).

佛头果 fó tóu guǒ [F1] Voir 番荔枝 fān lì zhī.

G

ga

嘎啦 gǎ la [E4] Voir 蛤蜊 gé lí.

嘎啦果 gǎ la guǒ [F1] Gala; royal gala.

嘎牙子 gǎ yá zi [E1] Voir 黄颡鱼 huáng sǎng yú.

gan

干 gān [Q2] Sec; séché.

干巴菌 gān bā jūn [B7] *Thelephora ganbajun* Zang.

干白 gān bái [J2] Voir 干白葡萄酒 gān bái pú tao jiǔ.

干白葡萄酒 gān bái pú tao jiǔ [J2] Vin blanc sec.

干拌面 gān bàn miàn [M1] Voir 拌面 bàn miàn.

干贝 gān bèi [E6] Chair séchée du pétoncle japonais.

干菜 gān cài [H5] Voir 霉干菜 méi gān cài.

干菜焖肉 gān cài mèn ròu [N4] Voir 霉干菜烧肉 méi gān cài shāo ròu.

干炒牛河 gān chǎo niú hé [N5] Pho en lanière sauté avec bœuf et légumes dans un wok.

干大黄鱼 gān dà huáng yú [E6] Voir 黄鱼鲞 huáng yú xiǎng.

干淀粉 gān diàn fěn [H1] Fécule sèche.

干归 gān guī [B4] Voir 当归 dāng guī.

干锅包菜 gān guō bāo cài [N33] Chou braisé dans une marmite à réchaud.

干锅花菜 gān guō huā cài [N33] Chou-fleur braisé dans une marmite à réchaud.

干红 gān hóng [J2] Voir 干红葡萄酒 gān hóng pú tao jiǔ.

干红葡萄酒 gān hóng pú tao jiǔ [J2] Vin rouge sec.

干黄鱼鳔 gān huáng yú biào [E6] Voir 鱼肚 yú dǔ.

干捞面 gān lāo miàn [M1] Voir 拌面 bàn miàn.

干葡萄酒 gān pú tao jiǔ [J2] Vin sec.

干烧比目鱼 gān shāo bǐ mù yú [N34] Poisson plat grillé et braisé à la sauce de soja.

干烧平鱼 gān shāo píng yú [N34] Voir 干烧比目鱼 gān shāo bǐ mù yú.

干虾 gān xiā [E6] Voir 虾米 xiā mǐ.

干瑶柱 gān yáo zhù [E6] Voir 干贝 gān bèi.

干炸响铃 gān zhá xiǎng líng [N4] Rouleaux de peau de tofu farcis de porc frits et tronçonnés.

干子 gān zi [B6] Voir 豆干 dòu gān.

甘草 gān cǎo [B10] Réglisse; *Glycyrrhiza uralensis* Fisch.

甘瓜 gān guā [F4] Voir 哈密瓜 hā mì guā.

甘瓠 gān hù [B5] Voir 瓠子 hù zi.

甘蓝 gān lán [B1] Chou de Milan.

甘蓝球 gān lán qiú [B4] Voir 苤蓝 piě lán.

甘露 gān lù [P1] Littéralement « rosée douce », snack fameux de ravioli chinois à Shenyang (Liaoning).

甘马菜 gān mǎ cài [B9] Voir 苦苣菜 kǔ jù cài.

甘薯 gān shǔ [B4] Voir 红薯 hóng shǔ.

甘笋 gān sǔn [B4] 1. Voir 苦笋 kǔ sǔn; 2. voir 胡萝卜 hú luó bo.

甘虾 gān xiā [E3] Voir 甜虾 tián xiā.

甘荀 gān xún [B4] Voir 胡萝卜 hú luó bo.
甘蔗 gān zhè [F6] Canne à sucre.
泔水 gān shuǐ [S] Rinçure.
柑橘类 gān jú lèi [F3] Agrumes.
秆菇 gǎn gū [B7] Voir 草菇 cǎo gū.
橄榄 gǎn lǎn [G2] Olive de Chine (souvent confite); *Canarium album* (Lour.) Rauesch.
橄榄蛏蚌 gǎn lǎn chēng bàng [E4] Voir 义河蚶 yì hé hān.
橄榄油 gǎn lǎn yóu [H3] Huile d'olive.
擀 gǎn [L1] Étendre (la pâte); étaler (la pâte); passer au rouleau.
擀面杖 gǎn miàn zhàng [K1] Rouleau à pâtisserie; rouleau servant à étendre la pâte.
赣菜 gàn cài [N14] Les spécialités du Jiangxi.

gang

岗荵 gāng rěn [F5] Voir 桃金娘 táo jīn niáng.

gao

皋卢茶 gāo lú chá [J5] Voir 苦丁茶 kǔ dīng chá.
高合油 gāo hé yóu [H3] Voir 调和油 tiào hé yóu.
高丽参 gāo lì shēn [B4] Voir 人参 rén shēn.
高粱 gāo liang [A] Sorg(h)o.
高粱面 gāo liang miàn [A] Farine de sorgho.
高平烧豆腐 gāo píng shāo dòu fu [N26] Fromage de soja rôti, dégusté avec purée de maïs et d'épices, spécialité de Gaoping (Shanxi).
高平十大碗 gāo píng shí dà wǎn [N26] Les dix plats et soupes mis dans

les gros bols du banquet traditionnel de Gaoping (Shanxi).

高笋 gāo sǔn [B8] Voir 茭白 jiāo bái.

高汤 gāo tāng [S] Bouillon supérieur; bouillon de poule.

高压锅 gāo yā guō [K2] Voir 压力锅 yā lì guō.

高雅海神蛤 gāo yǎ hǎi shén gé [E4] Voir 象拔蚌 xiàng bá bàng.

膏蟹 gāo xiè [E3] Crabe des palétuviers (*Scylla serrata*) femelle qui sera enceint.

糕粑稀饭 gāo bā xī fàn [N23] Farine de riz cuite à la vapeur, puis mise dans la gelée de fécule de rhizome de lotus.

糕点 gāo diǎn [G4] Gâteaux; patisserie.

ge

鸽 gē [C2] Pigeon; pigeon biset domestiqué; *Columba livia domestica*.

茖葱 gé cōng [B10] Ail de la Sainte-Victoire; *Allium victorialis*.

格瓦斯 gé wǎ sī [J4] Kvas (boisson rafraîchissante d'origine russe).

葛粉 gé fěn [H1] Fécule de racine de puérair.

葛根粉 gé gēn fěn [H1] Voir 葛粉 gé fěn.

葛薯 gé shǔ [B4] Voir 豆薯 dòu shǔ.

蛤蜊 gé lí [E4] Palourde; mactre; *Mactra*; clam.

蛤蜊黄鱼羹 gé lí huáng yú gēng [N4] Soupe de sciène à la chair de palourde.

蛤蜊汤 gé lí tāng [N33] Soupe de palourde.

gen

根茎类蔬菜 gēn jīng lèi shū cài [B4] Tubercules, racines, tiges et rhizomes comestibles.

geng

耿福兴 gěng fú xīng [P2] Littéralement « Geng le bon et prospère », snack-restaurant fondé en 1910 à Wuhu (Anhui), réputé pour les spécialités de l'Anhui et celles de la région Huaiyang.

gong

工夫茶具 gōng fu chá jù [K6] Les ustensiles de thé de kung-fu: bouilloire contenant l'eau chaude (煮水器 zhǔ shuǐ qì), plateau à lattes (茶盘 chá pán), théière (茶壶 chá hú), petite assiette légèrement surélevée dans lequel repose la théière (茶船 chá chuán), boîte contenant le thé (茶罐 chá guàn), cuillère longue à prendre du thé (茶则 chá zé), table pour le drainage (en racine de bois) (茶海 chá hǎi), passoire à tamis très fin (茶漏 chá lòu), gobelet pour sentir le parfum du thé (闻香杯 wén xiāng bēi), petit gobelet (pour boire) (茶杯 chá bēi), poubelle d'eau (茶盂 chá yú ou 水盂 shuǐ yú), aiguille longue nettoyant la théière (茶匙 2 chá chí 2).

工具 gōng jù [K1] Ustensiles de prétraitement.

弓蕉 gōng jiāo [F6] Voir 香蕉 xiāng jiāo.

公孙树子 gōng sūn shù zǐ [G1] Voir 白果 bái guǒ.

功德林 gōng dé lín [P2] Ou « GODLY », littéralement « la forêt de la bienfaisance », restaurant fondé en 1922 à Shanghai, bien réputée pour les plats et les gâteaux de lune végétariens.

功能饮料 gōng néng yǐn liào [J4] Boissons fonctionnelles.

宫保鸡丁 gōng bǎo jī dīng [N2] Dés de blanc de poulet sautés avec poireaux et cacahuètes (et souvent avec dés de concombre et de carotte), puis saucés aux épices.

宫灯大玉 gōng dēng dà yù [N9] Crevettes décortiquées sautées « blanches » (sans sauce) à moitié et « rouges » (à la sauce de tomate) à moitié, mises respectivement autour des deux cercles formées par des boulettes de carotte et de melon, ce qui constitue le motif d'une paire de lanternes royales.

共阿馍馍 gòng ā mó mo [N31] Petits pains d'œuf farcis de viande, spécialité du Tibet.

贡瓜 gòng guā [F4/H5] 1. Voir 哈密瓜 hā mì guā; 2. voir 酱瓜 jiàng guā.

gou

枸地芽子 gǒu dì yá zi [F5] Voir 枸杞 gǒu qǐ.

枸茄茄 gǒu qié qie [F5] Voir 枸杞 gǒu qǐ.

枸杞 gǒu qǐ [F5] (Baie de) goji; lyciet de Chine; *Lycium chinense*; *Lycium barbarum* L.

枸杞头 gǒu qǐ tóu [B9] Jets de goji (lyciet de Chine); jets de la vigne de mariage.

沟子米 gōu zi mǐ [A] Voir 薏仁 yì rén.

狗不理 gǒu bu lǐ [P1] Littéralement « Le patron (on le surnommait « le chien ») ignore les autres » (traduction anglaise officielle: « Go Believe »), snack fondé en 1858 à Tianjin, réputé pour les petits pains farcis cuits à la vapeur.

狗奶子 gǒu nǎi zǐ [F5] Voir 枸杞 gǒu qǐ.

狗鱼 gǒu yú [E1] Brochet; *Esox*.

狗爪螺 gǒu zhuǎ luó [E4] Pouce-pied; *Pollicipes pollicipes*.

构菌 gòu jūn [B7] Voir 金针菇 jīn zhēn gū.

gu

姑娘儿 gū niangr [F5] Voir 酸浆 suān jiāng.

菇蔫儿 gū yānr [F5] Voir 酸浆 suān jiāng.

菰菜 gū cài [B8] Voir 茭白 jiāo bái.

谷物 gǔ wù [A] Céréales.

谷香 gǔ xiāng [B10] Voir 小茴香 xiǎo huí xiāng.

谷子 gǔ zi [A] Voir 小米 xiǎo mǐ.

骨碟 gǔ dié [K4] Assiette à déchet.

顾美露 gù měi lù [J3] Kümmel, boisson alcoolique aromatisée de carvi.

gua

瓜类蔬菜 guā lèi shū cài [B5] Cucurbitacées (légumes).

瓜类水果 guā lèi shuǐ guǒ [F4] Cucurbitacées (fruits).

瓜仁酥 guā rén sū [G4] Nougat aux graines de citrouille (et d'amande).

瓜子 guā zǐ [G1] Graines torréfiées de cucurbitacées (pastèque ou citrouille) ou de tournesol.

瓜子菜 guā zǐ cài [B9] Voir 马齿苋 mǎ chǐ xiàn.

挂金灯 guà jīn dēng [F5] Voir 酸浆 suān jiāng.

挂面 guà miàn [M1] Vermicelle chinois (en général à base de la farine de blé).

guai

乖鱼 guāi yú [E1] Voir 河豚 hé tún.

guan

棺材板 guān cai bǎn [N32] Toast creusé et frit, puis farci de divers plats préparés avant qu'on recouvre le couvercle du toast (comme si l'on recouvrait celui d'un cercueil).

馆子 guǎn zi [S] Voir 餐馆 cān guǎn.

冠生园 guàn shēng yuán [P2] Littéralement « le jardin lauré pour la vie », entreprise fondée en 1915 à Shanghai, réputée pour les produits de miel (sous la même marque) et les bonbons (sous la marque « WHITE RABBIT »).

冠特浩酒 guàn tè hào jiǔ [J3] Voir 君度酒 jūn dù jiǔ.

冠云 guàn yún [P1] Littéralement « la couronne des nuages », marque fameuse de Pingyao (Shanxi) pour les produits de bœuf.

罐罐鸡 guàn guan jī [N23] Poulet braisé puis cuit à la vapeur dans le petit pot.

罐焖鹿肉 guàn mèn lù ròu [N16/N26] Cerf étuvé au pot.

guang

光果木鳖 guāng guǒ mù biē [F1] Voir 罗汉果 luó hàn guǒ.

广东菜心 guǎng dōng cài xīn [B1] Voir 菜薹 1 cài tái 1.

广肚 guǎng dǔ [E6] Voir 鱼肚 yú dǔ.

广汉缠丝兔 guǎng hàn chán sī tù [N2] Lapin entier sur lequel sont enroulés des fils de coton, épicé, fermenté et séché avant d'être cuit à la vapeur, spécialité de Guang'han (Sichuan).

广式脆皮烧肉 guǎng shì cuì pí shāo ròu [N5] Porc entrelardé mariné et rôti à la cantonaise.

广式烧鹅 guǎng shì shāo é [N5] Oie laquée à la cantonaise.

广式烧鸭 guǎng shì shāo yā [N5] Canard laqué à la cantonaise.

广式羊肉煲 guǎng shì yáng ròu bāo [N5] Mouton (ou chèvre) en daube à la cantonaise (avec carotte, châtaigne d'eau chinoise, cannes à sucre, etc.).

广州酒家 guǎng zhōu jiǔ jiā [P3] Littéralement « le restaurant cantonais », fondé en 1939, réputé pour des banquets du style archaïque et des plats à la cantonaise.

gui

归丹 guī dān [N31] Tsampa, poire-melon, fromage blanc et sucre brun mijotés au vin liquoreux d'orge du Tibet.

归参熬猪腰 guī shēn áo zhū yāo [N12] Rognon de porc braisé avec angélique de Chine et racine de *codonopsis* (soupe).

龟苓膏 guī líng gāo [G7] Gel de tortue et de pachyme; guilinggao.

龟裙点点红 guī qún diǎn dian hóng [N12] Cartilage au contour de carapace de tortue braisé avec filet de porc et parsemé de baies de goji (soupe).

龟鱼 guī yú [E1] Voir 河豚 hé tún.

鲑鱼 guī yú [E2] Saumon.

鬼灯球 guǐ dēng qiú [F5] Voir 酸浆 suān jiāng.

鬼盖 guǐ gài [B4/B7] 1. Voir 人参 rén shēn; 2. coprin noir d'encre; *Coprinopsis atramentaria*.

鬼蓬头 guǐ péng tóu [M1] Voir 烧卖 shāo mài.

鬼虾 guǐ xiā [E3] Voir 斑节虾 bān jié xiā.

鬼芋 guǐ yù [B4] Voir 魔芋 mó yù.

贵溪捺菜 guì xī nà cài [N14] Moutarde chinoise salée, épicée et fermentée, spécialité de Guixi (Jiangxi).

贵阳鸡肉饼 guì yáng jī ròu bǐng [N23] Pain farci de poulet, spécialité de

Guiyang.

贵阳素粉 guì yáng sù fěn [N23] Vermicelle de riz fermenté, au piment émincé et frit, spécialité de Guiyang.

桂北油茶 guì běi yóu chá [N24] Potage au riz sauté et aux épices, spécialité du Nord du Guangxi.

桂菜 guì cài [N24] Les spécialités du Guangxi.

桂发祥十八街 guì fā xiáng shí bā jiē [P1] Littéralement « La bonne chance du laurier fleuri: 18 rue Dagu Sud » , marque de tresse de pâte frite (mahua) de Tianjin.

桂花糯米藕 guì huā nuò mǐ ǒu [N4] Voir 蜜汁灌藕 mì zhī guàn ǒu.

桂花糖 guì huā táng [H4] Osmanthe sucrée.

桂花虾饼 guì huā xiā bǐng [N9] Fritures rondes de purées mélangées à des crevettes, à de la citrouille et à de l'osmanthe.

桂花鱼翅 guì huā yú chì [N18] Aileron de requin émincé sauté avec jaune d'œuf battu.

G

桂花鱼骨 guì huā yú gǔ [N17] Arête de poisson émincée et sautée avec poulet et œuf.

桂皮 guì pí [B10] Voir 肉桂 ròu guì.

桂皮乳酒 guì pí rǔ jiǔ [J3] Crème de cannelle (boisson alcoolique).

桂乳荔芋扣 guì rǔ lì yù kòu [N24] Porc entrelardé frit et cuit à la vapeur avec taro au tofu fermenté, mis dans un bol avant d'être renversé sur une assiette.

桂鱼 guì yú [E1] Voir 鳜鱼 guì yú.

桂圆 guì yuán [F2] Voir 龙眼 lóng yǎn.

鳜鱼 guì yú [E1] Poisson mandarin; perche chinoise; *Siniperca chuatsi* (Basil).

gun

滚肉 gǔn ròu [N4/N2] Voir 东坡肉 dōng pō ròu.

guo

锅 guō [K2] Marmite; casserole; wok; poêle.

锅巴 guō ba [M2] Gratin brûlé au fond du cuiseur de riz.

锅包肉 guō bāo ròu [N13] Filet de porc émincé frit et sauté à la sauce aigre-douce.

锅包肘子 guō bāo zhǒu zi [N18] Jarret de porc cuit dans l'eau épicée puis enrobé de farine avant d'être frit et morcelé.

锅爆肉 guō bào ròu [N13] Voir 锅包肉 guō bāo ròu.

锅铲 guō chǎn [K2] Spatule.

锅盔 guō kuī [N2] Grosse galette plate et ronde.Voir 锅魁 guō kuí.

锅魁 guō kuí [N2] Voir 锅盔 guō kuī.

锅烧河鳗 guō shāo hé mán [N4/N11] Anguille d'eau douce cuite à la vapeur puis braisée à la sauce de soja.

锅烧鸭 guō shāo yā [N19] Canard cuit à la vapeur et couvert de pâte d'œuf avant d'être frit, dégusté avec poireaux et sauce de pâte fermentée sucrée.

锅烧羊肉 guō shāo yáng ròu [N26] Mouton braisé puis frit.

锅塌黄鱼 guō tā huáng yú [N1] Sciène enrobée de pâte d'œuf avant d'être poêlée, braisée et couverte de juliennes assorties de légumes, de jambon chinois et d'oreilles de Juda.

锅贴 guō tiē [M1] Raviolis jiaozi minces grillés dans un très gros poêle en fonte sans manche; raviolis minces « collés » sur la poêle.

锅仔 guō zǎi [K2] Petite marmite à réchaud.

国宝虾 guó bǎo xiā [E3] Voir 樱花虾 yīng huā xiā.

国圣鱼 guó shèng yú [E2] Voir 虱目鱼 shī mù yú.

果脯 guǒ fǔ [G2] Voir 蜜饯 mì jiàn.

果酱 guǒ jiàng [H4] Confiture.

果类利口酒 guǒ lèi lì kǒu jiǔ [J3] Liqueurs de fruits.

果泥 guǒ ní [G7] Compote.

果仁张 guǒ rén zhāng [P1] Littéralement « Zhang le producteur des noix », marque fondée à Tianjin dans la dynastie des Qing, réputée pour les fruits à coque frits, les dragées et les nougats à la chinoise.

果糖 guǒ táng [R] Fructose; lévulose.

果香茶 guǒ xiāng chá [J5] 1. Thé aromatisé de fruits; 2. tisanes à base de fruits.

果汁 guǒ zhī [J4] Jus.

果子狸 guǒ zi lí [D1] Civette masquée; civette palmiste à masque; *Paguma larvata*.

馃子 guǒ zi [M1] Voir 油条 yóu tiáo.

裹 guǒ [L1] Enrober.

过桥米线 guò qiáo mǐ xiàn [N22] Vermicelle de riz au bouillon de poulet dans lequel on met l'assortiment de viande, d'abats, de fruits de mer et de légumes; littéralement « vermicelle de riz au passage du pont ».

过油 guò yóu [L2] Passer à la friture avant la cuisson.

过油肉 guò yóu ròu [N26] Tranches minces de filet de porc cuites rapidement à l'huile puis sautées avec légumes assortis.

H

ha

哈喇 hā la [Q3] Rance.

哈密瓜 hā mì guā [F4] Cantaloup; melon hami; *Cucumis melo* var. *cantalupensis*.

哈密瓜汁 hā mì guā zhī [J4] Jus de cantaloup.

哈士蟆 hā shì má [D3] Voir 雪蛤 1 xuě há1.

哈士蟆油 hā shì má yóu [D3] Voir 雪蛤 2 xuě há 2.

hai

海白菜 hǎi bái cài [B8] Laitue de mer; *Ulva lactuca*.

海菠菜 hǎi bō cài [B8] Voir 海白菜 hǎi bái cài.

海肠 hǎi cháng [E5] Poisson pénis; *Urechis unicinctus*; littéralement « intestin de mer ».

海虫 hǎi chóng [E5] Voir 沙蚕 shā cán.

海带 hǎi dài [B8] Laminaire (japonaise); kombu; *Laminaria japonica*.

海带绿豆糖水 hǎi dài lǜ dòu táng shuǐ [N5] Soupe de laminaire au mungo sucrée.

海带排骨汤 hǎi dài pái gǔ tāng [N33] Soupe d'entrecôte de porc à la laminaire.

海胆 hǎi dǎn [E5] Oursin; châtaigne de mer; hérisson de mer; échinioïde; échinide; *Echinoidea*.

海耳 hǎi ěr [E4] Voir 鲍鱼 1 bào yú 1.

海发菜 hǎi fà cài [B8] *Gracilaria lemaneiformis* (algue marine très fine).

海狗鱼 hǎi gǒu yú [E1] Voir 娃娃鱼 wá wa yú.

海瓜子 hǎi guā zǐ [E4] *Tellinidae*; *Moerella iridescens*, un genre de petites bivalves.

海虹 hǎi hóng [E4] Moule méditerranéenne; *Mytilus galloprovincialis*.

海鲩 hǎi huàn [E1] Voir 草鱼 cǎo yú.

海椒 hǎi jiāo [B3] Voir 辣椒 1 là jiāo 1.

海芥菜 hǎi jiè cài [B8] Voir 裙带菜 qún dài cài.

海蛎 hǎi lì [E4] Voir 牡蛎 mǔ lì.

海蛎煎 hǎi lì jiān [N7/N12/N32] Omelette mélangée à de la fécule de patate douce, à de la chair d'huître et à des ciboules ou ciboules de Chine.

海鲈鱼 hǎi lú yú [E2] Bar commun; bar européen; perche de mer; loup; *Dicentrarchus labrax*.

海螺 hǎi luó [E4] Bigorneau; escargot de mer; *Littorina littorea*.

海蚂蝗 hǎi mǎ huáng [E5] Voir 沙蚕 shā cán.

海鳗 hǎi mán [E2] Anguille de mer; congre; *Conger*.

海南粉 hǎi nán fěn [N25] 1. Vermicelle fin préparé aux condiments assortis; 2. vermicelle de Hainan (y compris le gros vermicelle au bouillon de bœuf acidulé).

海南鸡饭 hǎi nán jī fàn [N25] Poulet de Wenchang (Hainan) bouilli ou cuit à la vapeur à point, refroidi dans l'eau glacée, accompagné de riz cuit au bouillon de poulet et à la graisse de poulet.

海南粽 hǎi nán zòng [N25] Gros pyramide de riz glutineux farci de porc et de jaune de cane salé.

海派菜 hǎi pài cài [N25] Voir 琼菜 qióng cài.

海螃蟹 hǎi páng xiè [E3] Voir 梭子蟹 suō zi xiè.

海蛆 hǎi qū [E5] Voir 沙蚕 shā cán.

海扇 hǎi shàn [E4] Voir 扇贝 shàn bèi.

海参 hǎi shēn [E5] Concombre de mer; holothurie; *Holothuroidea*.

海参果 hǎi shēn guǒ [F4] Voir 刺角瓜 cì jiǎo guā.

海参丸子 hǎi shēn wán zi [N34] Boulettes de concombre de mer ébouillantées.

海松子 hǎi sōng zǐ [G1] Voir 松子 sōng zǐ.

海苔 hǎi tái [B8] 1. Voir 紫菜 zǐ cài; 2. lamelles de nori torréfiées.

海苔碎 hǎi tái suì [H1] (Lamelles de) nori torréfiées émincées.

海棠脯 hǎi táng fǔ [G2] (Fruit de) *Malus prunifolia* confit.

海棠果 hǎi táng guǒ [F1] (Fruit de) *Malus prunifolia* (pommier à feuilles de prunier).

海天 hǎi tiān [P3] Littéralement « Mer et ciel », marque fameuse de l'assaisonnement (surtout les sauces de soja) de Foshan (Guangdong).

海莴苣 hǎi wō jù [B8] Voir 海白菜 hǎi bái cài.

海蜈蚣 hǎi wú gōng [E5] Voir 沙蚕 shā cán.

海虾 hǎi xiā [E3] 1. Appellation générale de crevettes de mer; 2. voir 小龙虾 xiǎo lóng xiā.

海鲜菇 hǎi xiān gū [B7] Bunashimeji; *Hypsizigus tessellatus*; *Hypsizygus marmoreus*.

海蟹 hǎi xiè [E3] 1. Appellation générale de crabes de mer; 2. voir 梭子蟹 suō zi xiè.

海星 hǎi xīng [E5] Étoile de mer; astérie; *Asteroidea*.

海盐 hǎi yán [H1] Sel de mer; sel marin.

海洋之露 hǎi yáng zhī lù [B10] Voir 迷迭香 mí dié xiāng.

海鱼 hǎi yú [E2] (Appellation générale des) poissons marins.

海腴 hǎi yú [B4] Voir 人参 rén shēn.

海枣 hǎi zǎo [F2] Voir 椰枣 yē zǎo.

海蜇 hǎi zhé [E5] Méduse comestible préparée.

海猪螺 hǎi zhū luó [E4] Voir 花螺 huā luó.

H

醢 hǎi [C3/H4] 1. Hachis de viande; 2. sauce.
害害 hài hai [B10] Voir 野蒜 yě suàn.

han

蚶仔 hān zǎi [E4] Voir 文蛤 wén gé.
含奶咖啡 hán nǎi kā fēi [J5] Café au lait.
含汽葡萄酒 hán qì pú tao jiǔ [J2] Voir 起泡酒 qǐ pào jiǔ.
含汽饮用水 hán qì yǐn yòng shuǐ [J4] Eau gazeuse.
含桃 hán táo [F2] Voir 樱桃 yīng tao.
涵归尾 hán guī wěi [B4] Voir 当归 dāng guī.
寒葱 hán cōng [B10] Voir 茖葱 hán cōng.
寒豆 hán dòu [B6] Voir 豌豆 wān dòu.
寒鲋 hán fù [E1] Voir 鲫鱼 jì yú.
寒瓜 hán guā [F4] Voir 西瓜 xī guā.
寒瓜子 hán guā zǐ [G1] Voir 西瓜子 xī guā zǐ.
韩餐 hán cān [S] Voir 韩国料理 hán guó liào lǐ.
韩复兴 hán fù xīng [P2] Snack halal fondé en 1866 à Nanjing (Nankin), réputé pour le canard poché aux épices.
韩国料理 hán guó liào lǐ [S] Cuisine coréenne.
韩国泡菜 hán guó pào cài [H5] Voir 泡菜 2 pào cài 2.
韩式拌饭 hán shì bàn fàn [M2] Voir 石锅拌饭 shí guō bàn fàn.
汉堡包 hàn bǎo bāo [N34] Hamburger.
汉堡肉 hàn bǎo ròu [C3] Steak haché.

hang

杭帮菜 háng bāng cài [N4] Les spécialités de Hangzhou.

杭茄 háng qié [B3] Aubergine allongée violette, originaire de Hangzhou.

杭椒 háng jiāo [B3] Piment vert en forme de corne, originaire de Hangzhou.

杭州煨鸡 háng zhōu wēi jī [N4] Voir 叫化鸡 jiào huà jī.

hao

蒿菜 hāo cài [B1] Voir 茼蒿 tóng hāo.

蒿子 hāo zi [B1] Voir 茼蒿 tóng hāo.

蚝 háo [E4] Voir 牡蛎 mǔ lì.

蚝菇 háo gū [B7] Voir 平菇 píng gū.

蚝烙 háo lào [N7/N12/N32] Voir 海蛎煎 hǎi lì jiān.

蚝豉 háo chǐ [E6] Chair d'huître séché.

蚝油 háo yóu [H2] Sauce d'huître.

蚝油生菜 háo yóu shēng cài [N33] Feuilles de laitue sautées à la sauce d'huître.

he

合手瓜 hé shǒu guā [B5] Voir 佛手瓜 fó shǒu guā.

和乐蟹 hé lè xiè [N25] Crabe de Hele (Hainan, recette: à la vapeur).

和牛 hé niú [C1] Wagyu; bovins japonais; bœuf de Kobe.

和尚米皮 hé shang mǐ pí [N23] Voir 遵义红油米皮 zūn yì hóng yóu mǐ pí.

河蚌 hé bàng [E4] Moule de rivière; moule perlière d'eau douce; mulette.

河粉 hé fěn [A] Pho.

河蛤蜊 hé gé lí [E4] Voir 河蚌 hé bàng.

河麂 hé jǐ [D1] Voir 獐 zhāng.

河鳗 hé mán [E1] Voir 鳗鱼 mán yú.

河套 hé tào [P1] Marque fameuse de l'eau-de-vie de la Mongolie intérieure.

河豚 hé tún [E1] Fugu; takifugu.

河豚精子 hé tún jīng zǐ [E6] Voir 白子 bái zǐ.

河鲀 hé tún [E1] Voir 河豚 hé tún.

河歪 hé wāi [E4] Voir 河蚌 hé bàng.

河虾 hé xiā [E3] Crevette de rivière; *Macrobrachium*.

河蟹 hé xiè [E3] Voir 大闸蟹 dà zhá xiè.

荷包蛋 hé bāo dàn [N34] Œuf au plat.

荷包里脊 hé bāo lǐ ji [N18/N16] Raviolis d'œuf farcis de dés de filet de porc, de pousse de bambou et de shiitake, cuits à la friture.

荷梗 hé gěng [B8] Tige de lotus.

荷兰葱 hé lán cōng [B4] Voir 洋葱 yáng cōng.

荷兰蛋黄酒 hé lán dàn huáng jiǔ [J3] Advocaat.

荷兰豆 hé lán dòu [B6] Pois mange-tout.

荷兰瓜 hé lán guā [B5] Voir 小黄瓜 1 xiǎo huáng guā 1.

荷叶饭 hé yè fàn [M2] Riz enveloppé dans une feuille de lotus, cuit à la vapeur.

荷叶粉蒸肉 hé yè fěn zhēng ròu [N4] Porc entrelardé salé, enrobé de farine de riz sautée et épicée, puis enveloppé dans une feuille de lotus séchée avant d'être cuit à la vapeur.

荷叶梗 hé yè gěng [B8] Voir 荷梗 hé gěng.

荷叶软蒸鱼 hé yè ruǎn zhēng yú [N6] Morceaux de carpe herbivore enveloppés par feuilles de lotus et cuits à la vapeur.

核果 hé guǒ [F2] Fruits à noyau.

核桃 hé tao [G1] 1. Voir 大核桃 dà hé tao; 2. voir 山核桃 shān hé tao.

核桃楸 hé tao qiū [G1] Voir 山核桃 shān hé tao.

核桃酥 hé tao sū [G4] Voir 桃酥 táo sū.

颌针鱼 hé zhēn yú [E2] Voir 针良鱼 zhēn liáng yú.

褐点石斑鱼 hè diǎn shí bān yú [E2] Voir 老虎斑 lǎo hǔ bān.

鹤莓 hè méi [F5] Voir 蔓越莓 màn yuè méi.

hei

黑百叶 hēi bǎi yè [C1] Voir 羊百叶 yáng bǎi yè.

黑布朗 hēi bù lǎng [F2] Voir 黑布林 hēi bù lín.

黑布林 hēi bù lín [F2] Prune noire; *Prunus nigra*.

黑菜 hēi cài [B1] Voir 乌菜 wū cài.

黑茶 hēi chá [J5] Thé post-fermenté; thé sombre.

黑大豆 hēi dà dòu [B6] Voir 黑豆 hēi dòu.

黑豆 hēi dòu [B6] Graine noire de soja; soja noir.

黑豆芽 hēi dòu yá [B6] 1. Germe de haricot noir; 2. germe de soja noir.

黑饭豆 hēi fàn dòu [B6] Voir 黑小豆 hēi xiǎo dòu.

黑虎虾 hēi hǔ xiā [E3] Voir 斑节虾 bān jié xiā.

黑琥珀李 hēi hǔ pò lǐ [F2] Voir 黑布林 hēi bù lín.

黑鲩 hēi huàn [E1] Voir 青鱼 qīng yú.

黑加仑 hēi jiā lún [F5] Cassis; *Ribes nigrum*.

黑加仑酱 hēi jiā lún jiàng [H4] Confiture de cassis.

黑加仑酒 hēi jiā lún jiǔ [J3] Liqueur de cassis.

黑椒牛仔骨 hēi jiāo niú zǎi gǔ [N34] Bout de côtes de bœuf grillé et poivré.

黑李子 hēi lǐ zi [F2] Voir 黑布林 hēi bù lín.

黑鲢 hēi lián [E1] Voir 鳙鱼 yōng yú.

黑麦 hēi mài [A] Seigle.

黑莓 hēi méi [F5] Mûre (fruit des ronces, à comparer avec 桑葚 sāng shèn); mûron; *Rubus fruticosus*.

黑米 hēi mǐ [A] Riz noir (gluant ou non gluant); riz de l'empereur; riz de Vénus. (À comparer avec 紫米 zǐ mǐ.)

黑牡丹菇 hēi mǔ dān gū [B7] Voir 平菇 píng gū.

黑木耳 hēi mù ěr [B7] Voir 木耳 mù ěr.

H

黑啤酒 hēi pí jiǔ [J2] Bière brune; Schwarzbier; bière noire de fermentation basse.

黑青鱼 hēi qīng yú [E1] Voir 草鱼 cǎo yú.

黑鲭 hēi qīng [E1] Voir 青鱼 qīng yú.

黑薯 hēi shǔ [B4] Voir 紫薯 zǐ shǔ.

黑松露 hēi sōng lù [B7] Truffe noire; *Tuber melanosporum* Vitt.

黑糖 hēi táng [H1] Cassonade foncée (souvent en forme de demicube).

黑小豆 hēi xiǎo dòu [B6] Haricot noir.

黑心姜 hēi xīn jiāng [B10] Voir 姜黄 jiāng huáng.

黑鱼 hēi yú [E1] *Ophiocephalus argus* Cantor.

heng

恒顺 héng shùn [P2] Littéralement « aller bien toujours », entreprise fondée en 1840 à Zhenjiang (Jiangsu), très réputée pour les produits de vinaigre.

衡水老白干 héng shuǐ lǎo bái gān [P1] Littéralement « le blanc-sec âgé de Hengshui », marque fameuse de l'eau-de-vie du Hebei, fondée en 1946.

hong

烘糕 hōng gāo [G4/N8] 1. Gâteau de farine de riz en lingot; 2. biscuit de riz doré, spécialité de Hefei.

红案 hóng àn [S] Littéralement « hachoir rouge », chef chargé de la préparation (découpage, cuisson, mise en assiette, etc.) de viande et de volaille.

红螯虾 hóng áo xiā [E3] Voir 小龙虾 xiǎo lóng xiā.

红扒整鸡 hóng bā zhěng jī [N16] Tofu et pousses de bambou en forme d'un poulet, cuits à la vapeur et saucés de fécule.

红菜薹 hóng cài tái [B1] Voir 紫菜薹 zǐ cài tái.

红菜薹炒腊肉 hóng cài tái chǎo là ròu [N15] Porc salé, fumé et séché sauté avec choy sum à tige pourpre.

红茶 hóng chá [J5] Thé noir.

红肠 hóng cháng [C3] 1. Sauciflard à la russe; 2. merguez (originaire du Maghreb).

红豆 hóng dòu [B6] Voir 赤豆 chì dòu.

红豆沙 hóng dòu shā [H4] Voir 豆沙 dòu shā.

红嘟嘟 hóng dū du [F1] Voir 柿子 shì zi.

红耳坠 hóng ěr zhuì [F5] Voir 枸杞 gǒu qǐ.

红饭豆 hóng fàn dòu [B6] Voir 赤豆 chì dòu.

红姑娘 hóng gū niang [F5] Voir 酸浆 suān jiāng.

红瓜鱼 hóng guā yú [E2] Voir 大黄鱼 dà huáng yú.

红花籽油 hóng huā zǐ yóu [H3] Huile de carthame.

红鸡蛋 hóng jī dàn [C4] Voir 喜蛋 1 xǐ dàn 1.

红姜 hóng jiāng [H5] Gingembre rouge salé fermenté à la japonaise.

红椒腊牛肉 hóng jiāo là niú ròu [N6] Bœuf salé, fumé, séché et sauté dans un wok avec piments rouges et verts.

红酒 hóng jiǔ [J2] Voir 红葡萄酒 hóng pú tao jiǔ.

红口 hóng kǒu [E2] Voir 大黄鱼 dà huáng yú.

红萝卜 hóng luó bo [B4] 1. Radis d'été rond; 2. voir 胡萝卜 hú luó bo.

红毛丹 hóng máo dān [F2] Ramboutan; *Nephelium lappaceum*.

红毛果 hóng máo guǒ [F2] Voir 红毛丹 hóng máo dān.

红蘑虎 hóng mó hǔ [B1] Voir 红苋 hóng xiàn.

红袍莲子 hóng páo lián zǐ [N19] Jujubes séchées farcies de graines de lotus à la sauce sucrée.

红葡萄酒 hóng pú tao jiǔ [J2] Vin rouge.

红烧大肠 hóng shāo dà cháng [N33] Tronçons d'intestin de porc braisés à la sauce de soja.

红烧大排 hóng shāo dà pái [N33] Tranches de filet de porc frites et braisées à la sauce de soja.

红烧划水 hóng shāo huà shuǐ [N8/N11/N10/N4] Bats de poisson cuits à la sauce de soja.

红烧鮰鱼 hóng shāo huí yú [N11/N15] *Leiocassis longirostris* (un genre de poisson du Yangtsé) cuit à la sauce de soja.

红烧鲫鱼 hóng shāo jì yú [N33] Carpe bâtarde frite et braisée à la sauce de soja et aux épices.

红烧茄子 hóng shāo qié zi [N33] Aubergines braisées à la sauce de soja.

红烧鲤鱼 hóng shāo lǐ yú [N33] Carpe frite et braisée à la sauce de soja et aux épices.

红烧沙光鱼 hóng shāo shā guāng yú [N20] *Synechogobius hasta* (un genre de poisson de la Mer Jaune) frit et braisé à la sauce de soja.

红烧鳝段 hóng shāo shàn duàn [N3] Tronçons d'anguille de rizière braisés à la sauce de soja.

红烧狮子头 hóng shāo shī zi tóu [N3] Grosse boulette de porc braisée à la sauce de soja (littéralement « tête de lion », puisque la texture et la couleur de grosse boulette après la friture seraient associée à la fourrure de la tête de lion).

H

红烧甩水 hóng shāo shuǎi shuǐ [N8/N11/N10/N4] Voir 红烧划水 hóng shāo huà shuǐ.

红烧仔鸡 hóng shāo zǐ jī [N33] Poulet braisé à la sauce de soja.

红苕 hóng sháo [B4] Voir 红薯 hóng shǔ.

红柿 hóng shì [F1] Voir 柿子 shì zi.

红薯 hóng shǔ [B4] Patate douce.

红糖 hóng táng [H1] Sucre brun; sucre roux; cassonade; vergeoise (brune).

红煨鱼翅 hóng wēi yú chì [N6] Voir 组庵鱼翅 zǔ ān yú chì.

红苋 hóng xiàn [B1] Amarante tricolore; *Amaranthus tricolor*.

红小豆 hóng xiǎo dòu [B6] Voir 赤豆 chì dòu.

红星 hóng xīng [P1] Littéralement « Étoile rouge », marque fameuse de l'eau-de-vie pékinoise (er-guo-tou).

红须麦 hóng xū mài [A] Voir 玉米 yù mǐ.

红油 hóng yóu [H2] Voir 辣椒油 là jiāo yóu.

红油花仁肚丁 hóng yóu huā rén dǔ dīng [N34] Dés d'estomac de porc sauté avec cacahuètes à l'huile pimentée.

红枣 hóng zǎo [F2] Voir 大枣 dà zǎo.

红爪虾 hóng zhuǎ xiā [E3] Voir 基围虾 jī wéi xiā.

红芝 hóng zhī [B7] Voir 灵芝 líng zhī.

鸿头 hóng tóu [B8] Voir 芡实 qiàn shí.

hou

猴头菇 hóu tóu gū [B7] *Hericium erinaceus*; littéralement « champignon de tête de singe ».

猴仔梨 hóu zǎi lí [F5] Voir 猕猴桃 mí hóu táo.

后腿 hòu tuǐ [C1] Arrière; jarret arrière.

后座 hòu zuò [C1] Fesse de porc.

厚 hòu [Q1] Voir 浓 nóng.

厚菇 hòu gū [B7] Voir 冬菇 dōng gū.

厚菇芥菜 hòu gū jiè cài [N12] Moutarde brune et shiitakes réhydratés braisés avec os de porc et/ou porc entrelardé.

厚壳贻贝 hòu ké yí bèi [E4] Voir 淡菜 dàn cài.

厚鳞仔 hòu lín zǎi [E2] Voir 小黄鱼 xiǎo huáng yú.

厚子鱼 hòu zǐ yú [E1] Voir 草鱼 cǎo yú.

hu

狐狸桃 hú li táo [F5] Voir 猕猴桃 mí hóu táo.

胡榛子 hú bàng zi [G1] Voir 开心果 kāi xīn guǒ.

胡葱 hú cōng [B10] Voir 分葱 fēn cōng.

胡豆 hú dòu [B6] Voir 蚕豆 cán dòu.

胡蜂蛹 hú fēng yǒng [D4] Voir 黄蜂蛹 huáng fēng yǒng.

胡蜂幼虫 hú fēng yòu chóng [D4] Voir 黄蜂幼虫 huáng fēng yòu chóng.

胡柑 hú gān [F3] Voir 柚子 yòu zi.

胡瓜 hú guā [B5] Voir 黄瓜 huáng guā.

胡椒 hú jiāo [B10] Poivre.

胡椒粉 hú jiāo fěn [H1] Poivre en poudre; poivre moulu.

胡椒面 hú jiāo miàn [H1] Voir 胡椒粉 hú jiāo fěn.

胡椒研磨罐 hú jiāo yán mó guàn [K1] Moulin à poivre.

胡辣汤 hú là tāng [N34] Potage poivré et pimenté.

胡萝卜 hú luó bo [B4] Carotte.

胡麻油 hú má yóu [H2/H3] 1. Voir 麻油 má yóu; 2. voir 亚麻油 yà má yóu.

胡芹 hú qín [B4] Voir 芹菜 qín cài.

胡适一品锅 hú shì yī pǐn guō [N8] Viande, volaille, tofu, œufs (de poule ou de caille) et légumes posés par étages et braisés ensemble dans une marmite de fer, mets apprécié de Hu Shi.

胡荽 hú suī [B10] Voir 香菜 xiāng cài.

胡桃 hú táo [G1] Voir 大核桃 dà hé tao.

胡桃夹子 hú táo jiā zi [K1] Voir 胡桃钳 hú táo qián.

胡桃钳 hú táo qián [K1] Casse-noix.

胡桃楸 hú táo qiū [G1] Voir 山核桃 shān hé tao.

胡玉美 hú yù měi [P2] Littéralement « Hula belle jade », entreprise fondée en 1830 à Anqing (Anhui), produisant des légumes fermentés et des condiments.

胡子鲢 hú zǐ lián [E1] Voir 鲇鱼 nián yú.

湖螺 hú luó [E4] Voir 螺蛳 luó sī.

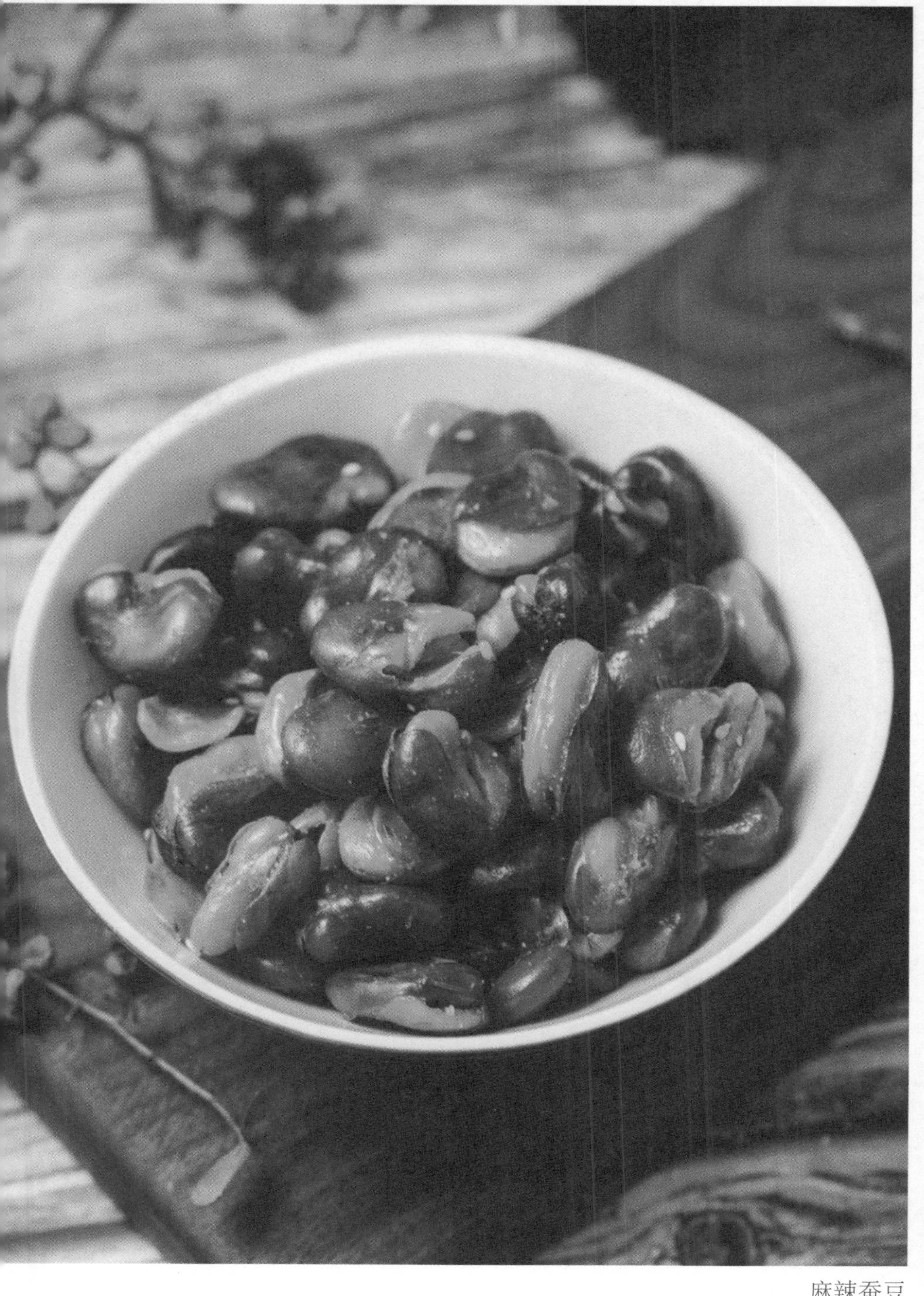

麻辣蚕豆
Fèves frites pimentées et poivrées

煎封虎虾
Crevette géante tigrée poêlée

湖盐 hú yán [H1] Sel de lac salin.

湖州千张包子 hú zhōu qiān zhāng bāo zi [N4] Feuilles fines de tofu enveloppant du farce de porc, pochées avec vermicelle de fécule d'ambéique, spécialité de Huzhou (Zhejiang).

葫芦 hú lu [B5] Cucurbitacées; calebasse; gourde; *Lagenaria siceraria* (Molina) Standl.

葫芦鸡 hú lu jī [N27] Poulet entier cuit à la vapeur puis à la friture.

糊辣汤 hú là tāng [N34] Voir 胡辣汤 hú là tāng.

蝴蝶酥 hú dié sū [G4] Palmier (gâteau plat).

虎斑虾 hǔ bān xiā [E3] Voir 斑节虾 bān jié xiā.

虎儿瓜 hǔr guā [B5] Voir 佛手瓜 fó shǒu guā.

虎骨酒 hǔ gǔ jiǔ [J3] Eau-de-vie aux os de tigre.

虎跑素火腿 hǔ páo sù huǒ tuǐ [N4] Peaux de tofu entassées (donnant l'aspect de jambon chinois) cuites à la vapeur.

虎皮豆腐 hǔ pí dòu fu [N34] Tranches de tofu frites puis sautées aux épices.

虎皮毛豆腐 hǔ pí máo dòu fu [N8] Tofu fermenté couvert d'une couche de poils (mycélium), frit et cuit à la sauce rouge; littéralement « tofu poilu sur la peau de tigre ».

虎皮肉 hǔ pí ròu [N10] Voir 董肉 dǒng ròu.

虎头鲨 hǔ tóu shā [E1] Voir 沙塘鳢 shā táng lǐ.

虎虾 hǔ xiā [E3] 1. Voir 斑节虾 bān jié xiā; 2. voir 基围虾 jī wéi xiā.

虎掌金丝面 hǔ zhǎng jīn sī miàn [N22] Nouilles sautées avec juliennes de champignon noir (*Sarcodon imbricatum*) et de jambon du Yunnan.

瓠子 hù zi [B5] Gourde longue; gourde comestible.

hua

花菜 huā cài [B2] Chou-fleur blanc.

花菜类蔬菜 huā cài lèi shū cài [B2] Légumes-fleurs.

花草茶 huā cǎo chá [J5] Tisanes à base de fleurs et d'herbes.

花茶 huā chá [J5] Thé odorant; thé au jasmin.

花雕酒 huā diāo jiǔ [J2] Voir 黄酒 huáng jiǔ.

花雕醉鸡 huā diāo zùi jī [N5] Poulet cuit à la vapeur puis mariné dans le vin de riz (de Shaoxing). (À comparer avec 糟鸡 zāo jī.)

花干 huā gān [B6] Tofu pressé, côtelé et frit.

花梗莲 huā gěng lián [B4] Voir 魔芋 mó yù.

花菇 huā gū [B7] Voir 冬菇 dōng gū.

花菇蒸鸡 huā gū zhēng jī [N5] Poulet et shiitakes réhydratés cuits ensemble à la vapeur.

花蛤 huā gé [E4] *Ruditapes philippinarum* (un genre de palourde); *Venerupis philippinarum*.

花红 huā hóng [F1] Voir 沙果 shā guǒ.

花虎虾 huā hǔ xiā [E3] Voir 基围虾 jī wéi xiā.

花鲫鱼 huā jì yú [E1] Voir 鳜鱼 guì yú.

花胶 huā jiāo [E6] Voir 鱼肚 yú dǔ.

花椒 huā jiāo [B10] Poivre du Sichuan; poivre chinois; clavalier; *Zanthoxylum*.

花椒芽 huā jiāo yá [B9] Jets de poivre du Sichuan.

花椒油 huā jiāo yóu [H2] Huile au poivre du Sichuan.

花鲢 huā lián [E1] Voir 鳙鱼 yōng yú.

花鲈 huā lú [E2] *Lateolabrax japonicus*; *Lateolabrax maculatus*; suzuki.

花螺 huā luó [E4] *Babylonia*.

花面狸 huā miàn lí [D1] Voir 果子狸 guǒ zi lí.

花旗参 huā qí shēn [B4] Voir 西洋参 xī yáng shēn.

花荞 huā qiáo [A] Voir 荞麦 qiáo mài.

花生 huā shēng [G1] Cacah(o)uète; arachide.

花生酱 huā shēng jiàng [H4] Beurre d'arachide.

花生糖 huā shēng táng [G6] Nougat chinois aux cacahouètes.

花生芽 huā shēng yá [B9] Germe de cacahuète.

花生油 huā shēng yóu [H3] Huile d'arachide.

花鳀 huā tí [E2] Voir 鲐鱼 tái yú.

花溪牛肉粉 huā xī niú ròu fěn [N23] Nouilles de riz au bœuf, spécialité de Huaxi (Guizhou).

花虾 huā xiā [E3] 1.Voir 斑节虾 bān jié xiā; 2. voir 竹节虾 zhú jié xiā.

花椰菜 huā yē cài [B2] Voir 花菜 huā cài.

花枝羹 huā zhī gēng [N32] Soupe à la seiche émincée.

花枝丸 huā zhī wán [E6] Voir 墨鱼丸 mò yú wán.

华莱士瓜 huá lái shì guā [F4] Voir 蜜瓜 mì guā.

滑蛋虾仁 huá dàn xiā rén [N5] Omelette tendre aux crevettes décortiquées (à la cantonaise).

滑菇 huá gū [B7] *Pholiota nameko* Ito ex Imai.; naméko (champignon comestible sur les arbres morts, originaire du Japon).

滑子蘑 huá zi mó [B7] Voir 滑菇 huá gū.

话梅 huà méi [G2] Abricot japonais confit au sel et à la réglisse, puis séché.

huai

怀石料理 huái shí liào lǐ [S] Kaiseki.

淮山 huái shān [B4] Voir 山药 1 shān yào 1.

淮扬菜 huái yáng cài [N3] Les spécialités de la région Huai'an-Yangzhou.

淮扬软兜 huái yáng ruǎn dōu [N3] Voir 软兜长鱼 ruǎn dōu cháng yú.

huan

环颈雉 huán jǐng zhì [D2] Voir 野鸡 yě jī.

换心蛋 huàn xīn dàn [N6] Œufs farcis de porc (pour remplacer le jaune), frits et braisés.

鲩鱼 huàn yú [E1] Voir 草鱼 cǎo yú.

huang

皇帝蚌 huáng dì bàng [E4] Voir 象拔蚌 xiàng bá bàng.

皇帝菜 huáng dì cài [B1] Voir 茼蒿 tóng hāo.

皇帝蟹 huáng dì xiè [E3] Crabe géant de Tasmanie; *Pseudocarcinus gigas*.

皇宫菜 huáng gōng cài [B1] Voir 木耳菜 mù ěr cài.

皇蛤 huáng gé [E4] Voir 象拔蚌 xiàng bá bàng.

皇后蟹 huáng hòu xiè [E3] Voir 雪蟹 xuě xiè.

皇上皇 huáng shàng huáng [P3] « King of Kings » (« Roi des rois », nom officiel en anglais), charcuterie fameuse de Canton, réputée pour ses saucisses séchées à la cantonaise.

黄粄 huáng bǎn [N21/N4] Voir 黄元米果 huáng yuán mǐ guǒ.

黄茶 huáng chá [J5] Thé jaune.

黄党 huáng dǎng [B4] Voir 党参 dǎng shēn.

黄豆 huáng dòu [B6] Soja.

黄豆酱 huáng dòu jiàng [H4] Beurre de soja fermentée.

黄豆芽 huáng dòu yá [B6] Germe de soja.

黄蜂蛹 huáng fēng yǒng [D4] Chrysalide de guêpe.

黄蜂幼虫 huáng fēng yòu chóng [D4] Larve de guêpe.

黄姑娘 huáng gū niang [F5] Voir 酸浆 suān jiāng.

黄骨鱼 huáng gǔ yú [E1] Voir 黄颡鱼 huáng sǎng yú.

黄瓜 huáng guā [B5] Concombre.

黄瓜条 huáng guā tiáo [C1] Gîte; gîte-gîte.

黄瓜鱼 huáng guā yú [E2] Voir 大黄鱼 dà huáng yú.

黄粿 huáng guǒ [N21/N4] Voir 黄元米果 huáng yuán mǐ guǒ.

黄花菜 huáng huā cài [B2] Voir 金针菜 jīn zhēn cài.

黄甲蟹 huáng jiǎ xiè [E3] Voir 青蟹 qīng xiè.

黄酱 huáng jiàng [H4] Voir 黄豆酱 huáng dòu jiàng.

黄脚腊 huáng jiǎo là [E2] Voir 黄鳍鲷 huáng qí diāo.

黄韭芽 huáng jiǔ yá [B1] Voir 韭黄 jiǔ huáng.

黄酒 huáng jiǔ [J2] Vin jaune chinois; vin de riz; vin de Shaoxing; vin de céréales.

黄酒焖肉 huáng jiǔ mèn ròu [N34] Porc entrelardé étuvé au vin de riz.

黄菊仔 huáng jú zǎi [B9] Voir 野菊 yě jú.

黄辣丁 huáng là dīng [E1] Voir 黄颡鱼 huáng sǎng yú.

黄鳞鱼 huáng lín yú [E2] Voir 小黄鱼 xiǎo huáng yú.

黄焖鸡块 huáng mèn jī kuài [N1] Ragoût de poulet aux pousses de bambou et aux oreilles de Juda.

黄焖栗子鸡 huáng mèn lì zi jī [N11] Ragoût de poulet épicé aux châtaignes, aux shiitakes et aux pousses de bambou.

黄焖牛肉 huáng mèn niú ròu [N15/N29] 1. Ragoût de bœuf aux boutons de hémérocalle, aux shiitakes et aux pousses de bambou (selon la recette du Hubei); 2. bœuf étuvé aux épices et à la sauce de pâte fermentée sucrée (selon la recette halal).

黄米 huáng mǐ [A] Voir 小米 xiǎo mǐ.

黄米果 huáng mǐ guǒ [N21/N4] Voir 黄元米果 huáng yuán mǐ guǒ.

黄陂三合 huáng pí sān hé [N15] Voir 黄陂三鲜 huáng pí sān xiān.

黄陂三鲜 huáng pí sān xiān [N15] Boulettes de porc, celles de poisson et fromage de porc et de poisson enrobé de jaune d'œuf, spécialité de Huangpi (Hubei).

黄陂糖蒸肉 huáng pí táng zhēng ròu [N15] Porc entrelardé saucé, sucré et cuit à la vapeur, spécialité de Huangpi (Hubei).

黄啤酒 huáng pí jiǔ [J2] Bière blonde; bière de basse fermentation.

黄芪羊肉 huáng qí yáng ròu [N26] Mouton braisé à la racine d'astragale (plante).

黄鳍鲷 huáng qí diāo [E2] Pagre à nageoires jaunes; *Acanthopagrus latus*.

黄乔巴 huáng qiáo bā [B7] Voir 白牛肝菌 bái niú gān jūn.

黄桥烧饼 huáng qiáo shāo bǐng [N3] Galette au sésame de Huangqiao (Jiangsu).

黄秋葵 huáng qiū kuí [B3] Voir 秋葵 qiū kuí.

黄颡鱼 huáng sǎng yú [E1] *Tachysurus fulvidraco*; *Pelteobagrus fulvidraco* (poisson ayant des ouïes jaunes).

黄山毛峰 huáng shān máo fēng [J5] Littéralement « pic du duvet » de la Montagne Jaune, thé vert originaire de l'Anhui.

黄山双石 huáng shān shuāng shí [N8] Grenouilles de la Montagne Jaune (littéralement « poulet de roche ») braisées avec oreilles de Judas montagneuses (littéralement « oreilles de roche »).

黄鳝 huáng shàn [E1] Anguille de rizière; *Monopterus albus*.

黄参 huáng shēn [B4] 1. Voir 人参 rén shēn; 2. voir 党参 dǎng shēn.

黄实 huáng shí [B8] Voir 芡实 qiàn shí.

H

黄酸刺 huáng suān cì [F5] Voir 沙棘 shā jí.

黄糖 huáng táng [H1] Cassonade dorée; vergeoise blonde.

黄桃 huáng táo [F2] Pêche à chair jaune; *Amygdalus persica*.

黄小米 huáng xiǎo mǐ [A] Voir 小米 xiǎo mǐ.

黄芽白 huáng yá bái [B1] Voir 大白菜 dà bái cài.

黄芽菜 huáng yá cài [B1] Voir 大白菜 dà bái cài.

黄牙头 huáng yá tóu [E1] Voir 黄颡鱼 huáng sǎng yú.

黄油 huáng yóu [H3] Beurre.

黄油蟹 huáng yóu xiè [E3] Crabe des palétuviers (*Scylla serrata*) femelle, dont les œufs sont transformés en graisse (laquelle encombre tout le crabe).

黄鱼 huáng yú [E2] Voir 大黄鱼 dà huáng yú.

黄鱼豆腐羹 huáng yú dòu fu gēng [N1/N4] 1. Soupe de la sciène entière frite aux tranches de tofu (selon la recette du Shandong) ; 2. soupe de sciène (en morceau) au tofu (selon la recette du Zhejiang).

黄鱼鲞 huáng yú xiǎng [E6] Sciène séchée.

黄鱼鲞烧肉 huáng yú xiǎng shāo ròu [N4] Filet de porc et sciène séchée frits et braisés ensemble à la sauce de soja.

黄元米果 huáng yuán mǐ guǒ [N21/N4] Riz jaune (coloré de fruit de *Gardenia augusta*) cuit à la vapeur puis frappé en pâte avant d'être formé en galettes rondes ou ovales.

黄则和 huáng zé hé [P2] Snack fondé en 1950 à Xiamen, réputé pour les spécialités du Fujian du Sud.

蝗虫 huáng chóng [D4] Sauterelle; criquet.

鳇鱼 huáng yú [E1] *Huso dauricus* (un genre d'esturgeon du Fleuve d'Amur).

hui

灰菜 huī cài [B9] Ansérine blanche; chénopode blanc; *Chenopodium album* L.

徽菜 huī cài [N8] Les spécialités de l'Anhui.

回鹘豆 huí hú dòu [G1] Voir 鹰嘴豆 yīng zuǐ dòu.

回锅肉 huí guō ròu [N2] Lamelles de porc ébouillantées et puis sautées aux épices et au beurre de fève pimentée.

回回米 huí hui mǐ [A] Voir 薏仁 yì rén.

茴香菜 huí xiāng cài [B10] (Tige de) fenouil.

茴香豆 huí xiāng dòu [G1] Voir 五香豆 wǔ xiāng dòu.

茴香酒 huí xiāng jiǔ [J3] Anisette.

茴香利口酒 huí xiāng lì kǒu jiǔ [J3] Voir 茴香酒 huí xiāng jiǔ.

茴香子 huí xiāng zǐ [B10] Voir 小茴香 xiǎo huí xiāng.

鮰鱼 huí yú [E1] *Leiocassis longirostris* (un genre de poisson du Yangtsé).

烩 huì [L2] 1. Sauter avec de la fécule; 2. cuire ensemble les différents ingrédients (viande, légumes, nouilles ou riz).

烩滑鱼 huì huá yú [N17] Carpe frite et braisée à la sauce de soja avec légumes.

烩鸡丝 huì jī sī [N17] Juliennes de blanc de poulet émincées frites puis sautées et braisées avec petit pois et juliennes de pousse de bambou.

烩两鸡丝 huì liǎng jī sī [N1] Juliennes de poulet et de pousse de bambou sautées et arrosées de graisse de canard chaude.

烩面 huì miàn [M1] Nouilles au bouillon de mouton avec plusieurs ingrédients coupés en morceaux.

烩虾仁 huì xiā rén [N14] Crevettes décortiquées cuites à l'eau bouillante puis à la sauce de fécule avec petits pois.

hun

荤油 hūn yóu [H3] Voir 猪油 zhū yóu.

馄饨 hún tun [M1] Ravioli huntun; wonton.

馄饨鸭子 hún tun yā zi [N8] Voir 砂锅鸭馄饨 shā guō yā hún tun.

混子 hùn zi [E1] Voir 草鱼 cǎo yú.

huo

火葱 huǒ cōng [B10] Voir 分葱 fēn cōng.

火宫殿 huǒ gōng diàn [P3] Littéralement « Temple de feu », snack officiellement fondé en1956 à Changsha; à la carte: tofu puant frit, porc entrelardé braisé à la sauce de soja, etc.

火宫殿臭豆腐 huǒ gōng diàn chòu dòu fu [N6] Tofu puant frit du Temple de feu (à Changsha, apprécié et recommandé par Mao Zedong).

火锅 huǒ guō [K2/K3] 1. Fondue mongole (ustensile); 2. voir 电火锅

diàn huǒ guō.

火候 huǒ hòu [S] Durée ou degré de chauffage pendant la cuisson.

火鸡 huǒ jī [C2] Dinde.

火龙果 huǒ lóng guǒ [F5] Pitaya; pitahaya.

火烧马鞍桥 huǒ shāo mǎ ān qiáo [N3] Voir 红烧鳝段 hóng shāo shàn duàn.

火参果 huǒ shēn guǒ [F4] Voir 刺角瓜 cì jiǎo guā.

火天桃 huǒ tiān táo [F4] Voir 刺角瓜 cì jiǎo guā.

火腿 huǒ tuǐ [C3] 1. Jambon chinois; 2. jambon.

火腿肠 huǒ tuǐ cháng [G3] Saucisse industrielle prête à manger.

火腿炖鞭笋 huǒ tuǐ dùn biān sǔn [N8] Jambon de Jinhua braisé avec pousses de bambou par le rhizome.

火腿炖甲鱼 huǒ tuǐ dùn jiǎ yú [N8] Trionyx de Chine braisé avec jambon chinois dans une marmite de terre.

火腿月饼 huǒ tuǐ yuè bǐng [N22] Gâteau de lune farci de jambon du Yunnan.

火星果 huǒ xīng guǒ [F4] Voir 刺角瓜 cì jiǎo guā.

镬气 huò qì [Q3] Arôme provenant d'un wok chauffé; sauté pour l'arôme dans un wok.

藿香 huò xiāng [B1] Hysope géante; *Agastache rugosa* (Fisch. et Mey.) O. Ktze.

J

ji

鸡抱鱼 jī bào yú [E1] Voir 河豚 hé tún.

鸡肠 jī cháng [C2] Intestin de poulet.

鸡翅 jī chì [C2] Aile de poulet.

鸡蛋 jī dàn [C4] Œuf (de poule).

鸡蛋腐竹糖水 jī dàn fǔ zhú táng shuǐ [N5] Soupe d'œuf sucrée à peau de tofu.

鸡蛋罐饼 jī dàn guàn bǐng [N33] Galette farcie d'œuf.

鸡蛋果 jī dàn guǒ [F5] Voir 西番莲 xī fān lián.

鸡肝 jī gān [C2] Foie de poulet.

鸡架 jī jià [C2] Carcasse de poulet.

鸡尖 jī jiān [C2] Voir 鸡屁股 jī pì gu.

鸡脚菇 jī jiǎo gū [B7] Voir 鸡纵 jī zōng.

鸡精 jī jīng [H1] Extrait de poulet granulé.

鸡菌 jī jūn [B7] Voir 鸡纵 jī zōng.

鸡里蹦 jī lǐ bèng [N18] Dés de poulet sautés avec crevettes décortiquées, poivrons rouges et verts et fruits de gingko (ou cacahuètes).

鸡毛菜 jī máo cài [B1] Voir 小青菜 xiǎo qīng cài.

鸡米海参 jī mǐ hǎi shēn [N27] Poulet émincé sauté accompagné de

concombres de mer braisés.

鸡泡鱼 jī pào yú [E1] Voir 河豚 hé tún.

鸡屁股 jī pì gu [C2] Cul de poulet.

鸡脯 jī pú [C2] Voir 鸡胸 jī xiōng.

鸡茸蛋 jī róng dàn [N10] Boulettes ovales mélangées à du hachis de poulet et à du blanc d'œuf, avant d'être frites et braisées.

鸡肉 jī ròu [C2] Poulet.

鸡肉丝菇 jī ròu sī gū [B7] Voir 鸡纵 jī zōng.

鸡屎果 jī shǐ guǒ [F5] Voir 芭乐 bā lè.

鸡丝银针 jī sī yín zhēn [N17] Juliennes de poulet sautées avec pousses de haricot mungo ainsi que juliennes de poivron vert, de pousse de bambou et de jambon chinois.

鸡汤 jī tāng [N33] Poule mijotée (soupe).

鸡头米 jī tóu mǐ [B8] Voir 芡实 qiàn shí.

鸡腿 jī tuǐ [C2] Cuisse de poulet.

鸡腿菇 jī tuǐ gū [B7] Coprin chevelu; *Coprinus comatus*.

鸡尾酒 jī wěi jiǔ [J3] Cocktail.

鸡小肚 jī xiǎo dǔ [C2] Jabot de poulet.

鸡心 jī xīn [C2] Cœur de poulet.

鸡胸 jī xiōng [C2] Blanc de poulet; poitrine de poulet.

鸡血 jī xuè [C3] Sang de poulet coagulé.

鸡腰 jī yāo [C2] Rognon de poulet.

鸡腰果 jī yāo guǒ [G1] Voir 腰果 yāo guǒ.

鸡翼 jī yì [C2] Voir 鸡翅 jī chì.

鸡油 jī yóu [H3] Graisse de poulet.

鸡油菌 jī yóu jūn [B7] Chanterelle; girol(l)e; *Cantharellus cibarius*.

鸡爪 jī zhuǎ [C2] Patte de poulet.

鸡胗 jī zhēn [C2] Gésier de poulet.

鸡汁 jī zhī [H2] Fond de poulet.

鸡纵 jī zōng [B7] *Macrolepiota albuminosa*; *Termitornyces albuminosus*.

基围虾 jī wéi xiā [E3] Crevette de sabre; *Metapenaeus ensis*.

基因改造 jī yīn gǎi zào [S] Voir 转基因 zhuǎn jī yīn.

几内亚鸟 jǐ nà yà niǎo [C2] Voir 珍珠鸡 zhēn zhū jī.

技法 jì fǎ [L] Techniques culinaires.

荠菜 jì cài [B9] Bourse à pasteur; capselle; *Capsella bursapastoris* (Linn.) Medic.

荠菜春笋 jì cài chūn sǔn [N11] Pousses de bambou printanières émincées et sautées avec bourses à pasteur (espèce comestible chinoise).

荠菜头 jì cài tóu [B9] Voir 荠菜 jì cài.

鲚 jì [E2] Voir 鳀鱼 tí yú.

稷米 jì mǐ [A] Voir 小米 xiǎo mǐ.

鲫瓜子 jì guā zǐ [E1] Voir 鲫鱼 jì yú.

鲫鱼 jì yú [E1] Carassin commun; carpe bâtarde; *Carassius carassius*.

冀菜 jì cài [N18] Les spécialités du Hebei.

穄米 jì mǐ [A] Voir 小米 xiǎo mǐ.

鲚花鱼 jì huā yú [E1] Voir 鳜鱼 guì yú.

jia

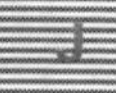

加积鸭 jiā jī yā [N25] Canard de Jiaji (Hainan) (recettes: laqué, salé et séché en plein air puis cuit à la vapeur; bouilli ou cuit à la vapeur à point, refroidi dans l'eau glacée).

加吉鱼 jiā jí yú [E2] Voir 真鲷 zhēn diāo.

夹心糖 jiā xīn táng [G6] Bonbon fourré.

家常菜 jiā cháng cài [N33] (À) la fortune du pot; fricot.

家常豆腐 jiā cháng dòu fu [N34] Tranches de tofu frites puis sautées avec légumes assortis aux épices et au beurre de fève fermentée pimentée.

家常烧鲤鱼 jiā cháng shāo lǐ yú [N33] Voir 红烧鲤鱼 hóng shāo lǐ yú.

家禽类 jiā qín lèi [C2] Volaille.

家乡豆腐 jiā xiāng dòu fu [N34] Voir 家常豆腐 jiā cháng dòu fu.

家乡南肉 jiā xiāng nán ròu [N10/N4] Voir 南风肉 nán fēng ròu.

嘉兴粽子 jiā xīng zòng zi [N4] Pyramide de riz glutineux farcie, spécialité de Jiaxing (Zhejiang).

嘉应子 jiā yìng zǐ [F2] Voir 李子 lǐ zi.

甲不热 jiǎ bu rè [N31] Galette d'orge du Tibet, beurré et sucré.

甲壳类 jiǎ ké lèi [E3] Crustacés.

甲鱼 jiǎ yú [E5] Trionyx de Chine; *Trionyx sinensis*; *Pelodiscus sinensis*.

贾三包子 jiǎ sān bāo zi [P4] Littéralement « Jiale Tiers », snack (halal) de baozi (petit pain farci cuit à la vapeur), fondé par M.JIA San, musulman de Xi'an.

jian

尖椒炒苦肠 jiān jiāo chǎo kǔ cháng [N34] Intestins de porc (contenant des excréments) sautés aux petits piments.

尖椒炒牛肉 jiān jiāo chǎo niú ròu [N2] Lamelles de bœuf sautées aux petits piments.

尖嘴子 jiān zuǐ zi [E1] Voir 白条鱼 bái tiáo yú.

坚果 jiān guǒ [G1] Fruits à coque.

兼香 jiān xiāng [Q4] Arôme mixte (d'un alcool chinois).

煎 jiān [L2] Frire à feu doux dans un peu d'huile ou de graisse; poêler.

煎扒青鱼头尾 jiān bā qīng yú tóu wěi [N19] Carpe noir découpé en morceaux, frit, braisé à la sauce, accompagné de pousses de bambou et shiitakes.

煎饼 jiān bǐng [M1] Crêpe à la chinoise (à base de farine de grains différents); crêpe de Shandong. (À comparer avec 烙馍 luò mó.)

煎饼果子 jiān bǐng guǒ zi [N17] Crêpe chinoise enveloppant un long beignet frit.

煎蛋 jiān dàn [N34] Œuf au plat; œuf sur le plat; œuf à la poêle; œuf miroir.

煎灌肠 jiān guàn cháng [N18/N19/N1] Boudins noirs poêlés (ou en teppanyaki) et dégustés avec sel et purée d'ail.

煎锅 jiān guō [K2] Poêle à frire; poêle.

煎饺 jiān jiǎo [M1] Raviolis jiaozi poêlés.

煎糟鳗鱼 jiān zāo mán yú [N7] Anguille de la rivière marinée dans la sauce de lie de vin de riz, braisée au bouillon épicé.

鲣节 jiān jié [E6] Katsuobushi; chair de thon listao séchée.

鲣鱼 jiān yú [E2] Thon listao; bonite à ventre rayé; *Katsuwonus pelamis*.

鲣鱼花 jiān yú huā [E6] Voir 木鱼花 mù yú huā.

碱面 jiǎn miàn [H1] Voir 纯碱 chún jiǎn.

碱水 jiǎn shuǐ [H2] Eau au carbonate de sodium.

剑南春 jiàn nán chūn [P4] Littéralement « Jiannan-printemps », marque fameuse de l'eau-de-vie de Mianzhu (Sichuan), fondée dans les années 50 du XXe siècle.

谏果 jiàn guǒ [G2] Voir 橄榄 gǎn lǎn.

jiang

江白菜 jiāng bái cài [B8] Voir 海带 hǎi dài.

江米 jiāng bái cài [A] Riz gluant long.

江米糕 jiāng mǐ gāo [N16] Voir 艾窝窝 ài wō wo.

江米甜酒 jiāng mǐ tián jiǔ [G7] Voir 酒酿 jiǔ niàng.

江团 jiāng tuán [E1] Voir 鮰鱼 huí yú.

江瑶柱 jiāng yáo zhù [E6] Voir 干贝 gān bèi.

姜 jiāng [B10] Gingembre; zingibéracées.

姜茶 jiāng chá [J5] Tisane à base de gingembre sucrée.

姜黄 jiāng huáng [B10] Curcuma; *Curcuma longa*; *Rhizoma curcumae*.

姜汤 jiāng tāng [J5] Voir 姜茶 jiāng chá.

姜糖 jiāng táng [G6] 1. Sucre roux au jus de gingembre; 2. sucre de maltose au gingembre, spécialité de Fenghuang (Hunan).

姜芽 jiāng yá [B10] Germe de gingembre.

姜汁 jiāng zhī [H2] Sauce mixte (vinaigre, huile de sésame) au gingembre.

姜撞奶 jiāng zhuàng nǎi [N5] Gel de lait au jus de gingembre.

将军虫 jiāng jūn chóng [D4] Voir 蟋蟀 xī shuài.

将军帽 jiāng jūn mào [E4] Un genre de mollusque semblable à l'ormeau.

浆 jiāng [L1] Enrober de fécule mouillée.

浆果 jiāng guǒ [F5] Baies.

豇豆 jiāng dòu [B6] Dolique asperge; haricot kilomètre; *Vigna unguiculata* subsp. *sesquipedalis* (L.) Verdc.

酱 jiàng [L2] Cuire à la sauce de soja ou au beurre de soja.

酱菜 jiàng cài [H5] Légumes fermentés.

酱骨架 jiàng gǔ jià [N13] Échine (vertèbre) de porc mijotée à la sauce de soja et aux épices.

酱瓜 jiàng guā [H5] Cornichon fermenté à la chinoise.

酱料 jiàng liào [H4] Condiments en forme de beurre ou de sauce.

酱梅肉 jiàng méi ròu [N26] Tranches de porc entrelardé ébouillantées puis cuites à la vapeur avant d'être arrosées de sauce de tofu fermenté.

酱香 jiàng xiāng [Q4] Arôme de type de Maotai (茅台 máo tái).

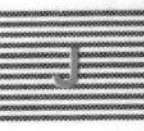

酱油 jiàng yóu [H2] Sauce (de) soja.

酱油膏 jiàng yóu gāo [H2] Sauce (de) soja épaisse.

酱汁肘子 jiàng zhī zhǒu zi [N6] Jarret de porc braisé à la sauce sucrée et épicée.

jiao

茭白 jiāo bái [B8] Zizanie; *Zizania latifolia* (Griseb.) Stapf.

茭儿菜 jiāor cài [B8] Voir 茭白 jiāo bái.

茭瓜 jiāo guā [B8] Voir 茭白 jiāo bái.

茭笋 jiāo sǔn [B8] Voir 茭白 jiāo bái.

浇 jiāo [L1] Napper; arroser.

胶原蛋白 jiāo yuán dàn bái [R] Collagène.

椒蒿 jiāo hāo [B10] Voir 龙蒿 lóng hāo.

椒麻浸鲈鱼 jiāo má jìn lú yú [N2] Perche cuite à la vapeur et arrosée d'huile épicée et poivrée (de poivre du Sichuan).

椒盐 jiāo yán [H1] Sel torréfié avec clavalier; poudre mélangé à du sel et à du poivre du Sichuan.

焦 jiāo [Q2] Brûlé; carbonisé.

焦糖玛琪朵 jiāo táng mǎ qí duǒ [J5] Macchiato caramélisé.

焦屑 jiāo xiè [N3] Bouillie d'orge du Tibet sautée et moulue.

鲛腊鱼 jiāo là yú [E2] Voir 黄鳍鲷 huáng qí diāo.

角叉菜 jiǎo chā cài [B8] Voir 鹿角菜 lù jiǎo cài.

绞股蓝 jiǎo gǔ lán [J5] Tisane à base de *gynostemma pentaphyllum* (plante grimpante chinoise de la famille des cucurbitacées).

绞肉机 jiǎo ròu jī [K3] Hache-viande.

饺子 jiǎo zi [M1] Raviolis jiaozi; raviolis chinois.

脚鱼 jiǎo yú [E5] Voir 甲鱼 jiǎ yú.

搅丝瓜 jiǎo sī guā [B5] Voir 金丝瓜 jīn sī guā.

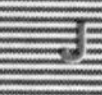

叫化鸡 jiào huà jī [N4] Jeune poule enveloppée d'une feuille de lotus enrobée elle-même de boue, et rôtie au four (littéralement « poulet de mendiant »: ce fut un mendiant qui aurait inventé cette recette terre-à-terre).

酵母 jiào mǔ [H1] Levain; levure,

藠头 jiào tóu [B10] Bulbe d'oignon de Chine.

jie

接骨木酱 jiē gǔ mù jiàng [H4] Confiture de sureau noir.

街鱼 jiē yú [E1] Voir 河豚 hé tún.

节瓜 jié guā [B5] *Benincasa hispida* var. *chieh-qua* (une variété de courge à la cire).

杰郎最 jié láng zuì [N31] Voir 蒸牛舌 zhēng niú shé.

结业草 jié yè cǎo [B1] Voir 野苣 yě jù.

介寿果 jiè shòu guǒ [G1] Voir 腰果 yāo guǒ.

芥菜 jiè cài [B1] Moutarde brune; moutarde chinoise; *Brassica juncea*.

芥兰 jiè lán [B1] Brocoli chinois; kai-lan; *Brassica oleracea* var. *alboglabra*.

jin

金不换 jīn bu huàn [B10/F1] 1. Voir 九层塔 jiǔ céng tǎ; 2. voir 罗汉果 luó hàn guǒ.

金灯果 jīn dēng guǒ [F5] Voir 酸浆 suān jiāng.

金柑 jīn gān [F3] Voir 金橘 jīn jú.

金菇 jīn gū [B7] Voir 金针菇 jīn zhēn gū.

金瓜 jīn guā [B5] Voir 南瓜 nán guā.

金鸡纳霜 jīn jī nà shuāng [J4] Voir 奎宁 kuí níng.

金酒 jīn jiǔ [J1] Gin.

金橘 jīn jú [F3] Kumquat.

金陵菜 jīn líng cài [N9] Les spécialités de Nanjing (Nankin).

金陵草 jīn líng cǎo [N9] Herbes (ou d'autres végétaux) comestibles spéciales de Nanjing (Nankin) : bourse à pasteur (荠菜头 jì cài tóu), *Kalimeris indica* (马兰头 mǎ lán tóu), jets de cédrèle odoriférant (香椿头 xiāng chūn tóu), celles de lycium (枸杞头 gǒu qǐ tóu), celles de luzerne (苜蓿头 mù xu tóu /草头 cǎo tóu), celles de pois (豌豆头 wān dòu tóu), jeune plant d'ail (小蒜头, voir 青蒜 qīng suàn), *Chrysanthemum nankingense* (菊花脑 jú huā nǎo), pourpier (马齿苋 mǎ chǐ xiàn), *Artemisia selengensis* (芦蒿 lú hāo), zizanie (茭白 jiāo bái), *Nostoc commune* (地皮菜, voir 地皮 dì pí), *Orychophragmus violaceus* (二月兰

èr yuè lán), etc.

金陵鲜 jīn líng xiān [N9] Poissons et crevettes d'eau douce spéciaux de Nanjing (Nankin).

金陵鸭 jīn líng yā [N9] Voir 盐水鸭 yán shuǐ yā.

金龙 jīn lóng [E2] 1. Voir 大黄鱼 dà huáng yú; 2. voir 小黄鱼 xiǎo huáng yú.

金庞 jīn páng [F5] Voir 石榴 shí liu.

金苹果 jīn píng guǒ [F1] Voir 榅桲 wēn bó.

金钱肚 jīn qián dǔ [C1] Réseau de bœuf; bonnet de bœuf; éticulum de bœuf.

金枪鱼 jīn qiāng yú [E2] Thon; *Thunnus*.

金薯 jīn shǔ [B4] Voir 红薯 hóng shǔ.

金丝瓜 jīn sī guā [B5] Courge spaghetti; *Cucurbita pepo*.

金丝搅瓜 jīn sī jiǎo guā [B5] Voir 金丝瓜 jīn sī guā.

金线吊葫芦 jīn xiàn diào hú lu [N14] Raviolis huntun cuits au bouillon avec nouilles, littéralement « calebasses suspendues (symbolisant des raviolis) par des fils d'or (symbolisant des nouilles) ».

金罂 jīn yīng [F5] Voir 石榴 shí liu.

金鱼发菜 jīn yú fà cài [N28] Boulettes de *Nostoc flagelliforme* (une espèce de conferve terrestrale) enrobées de purée de poulet, en forme de poisson rouge, enfin cuites à la vapeur.

金针菜 jīn zhēn cài [B2] Bouton de hémérocalle (jaune).

金针菇 jīn zhēn gū [B7] Enoki; collybie à pied velouté (ou de velours); *Flammulina velutipes*.

金针菇肥牛 jīn zhēn gū féi niú [N33] Lamelles de bœuf cuites au bouillon épicé avec enoki (collybie à pied velouté).

津菜 jīn cài [N17] Les spécialités de Tianjin.

筋道 jīn dao [Q2] Al dente.

锦灯笼 jǐn dēng long [F5] Voir 酸浆 suān jiāng.

锦山煎堆 jǐn shān jiān duī [N25] Boulettes de riz gluant frite, farcies de courge cireuse sucrée et de cacahuète moulue.

晋菜 jìn cài [N26] Les spécialités du Shanxi.

晋城十大碗 jìn chéng shí dà wǎn [N26] Les dix plats mis dans de gros bols au banquet traditionnel de Jincheng (Shanxi).

晋中压花肉 jìn zhōng yā huā ròu [N26] Boyaux de porc farcis de porc mijoté avant d'être compressés par un gros roc, spécialité de Jinzhong (Shanxi).

jing

京菜 jīng cài [N16] Les spécialités de Beijing (Pékin).

京葱扒鸭 jīng cōng bā yā [N16] Canard frit, braisé puis poêlé avec poireaux, shiitakes et pousses de bambou avant d'être saucé.

京酱肉丝 jīng jiàng ròu sī [N16/N1] Crêpes enveloppant juliennes de filet de porc sautées avec celles de poireau au beurre de soja fermenté.

京式火锅 jīng shì huǒ guō [K2] Voir 火锅 1 huǒ guō 1.

京水菜 jīng shuǐ cài [B1] Mizuna.

荆桃 jīng táo [F2] Voir 樱桃 yīng tao.

粳米 jīng mǐ [A] Riz légèrement gluant (glutineux). (À comparer avec 籼米 xiān mǐ et 糯米 nuò mǐ.)

粳糯米 jīng nuò mǐ [A] Voir 圆江米 yuán jiāng mǐ.

精盐 jīng yán [H1] Sel fin.

井冈烟笋 jǐng gāng yān sǔn [N14] Juliennes de pousse de bambou séchée et fumée, sautées avec celles de porc et piments rouges à la sauce de soja.

井盐 jǐng yán [H1] Sel extrait de l'eau saline de puits.

净街槌 jìng jiē chuí [B5] Voir 瓠子 hù zi.

镜箱豆腐 jìng xiāng dòu fu [N10] Cubes de tofu frits et farcis de porc et de crevettes décortiquées (littéralement « tofu comme une valise à miroir »: en haut, la crevette décortiquée ressemblant à la poignée de la valise représentée par le cube de tofu).

镜鱼 jìng yú [E2] Voir 鲳鱼 chāng yú.

jiu

九层塔 jiǔ céng tǎ [B10] Basilic thaï; *Ocimum basilicum* var. *thyrsiflora*.

九节虾 jiǔ jié xiā [E3] Voir 斑节虾 bān jié xiā.

九孔 jiǔ kǒng [E4] Voir 鲍鱼 1 bào yú 1.

九转大肠 jiǔ zhuǎn dà cháng [N1] Tronçons d'intestin de porc frits et braisés (ou sautés) à la sauce épicée.

久玛 jiǔ mǎ [N31] Voir 藏式血肠 zàng shì xuè cháng.

韭菜 jiǔ cài [B1] Ciboulette chinoise; ciboule de Chine; cive(tte) chinoise.

韭菜白 jiǔ cài bái [B1] Voir 韭黄 jiǔ huáng.

韭菜炒蛋 jiǔ cài chǎo dàn [N33] Omelette aux ciboulettes chinoises.

韭菜炒肉丝 jiǔ cài chǎo ròu sī [N33] Juliennes de porc sautées avec ciboulettes chinoises.

韭菜盒子 jiǔ cài hé zi [M1] Galette farcie de ciboulette chinoise émincée à la poêle.

韭菜花 jiǔ cài huā [B4] Tige de ciboulette chinoise .

韭花酱 jiǔ huā jiàng [H4] Sauce de tige de ciboulette chinoise épicée et fermentée.

韭黄 jiǔ huáng [B1] Ciboulette chinoise ou cive(tte) chinoise conservée et jaunie dans l'obscurité artificielle.

韭黄炒蛋 jiǔ huáng chǎo dàn [N33] Omelette aux ciboulettes chinoises jaunies.

韭黄炒肉丝 jiǔ huáng chǎo ròu sī [N33] Juliennes de porc sautées avec ciboulettes chinoises jaunies.

韭芽 jiǔ yá [B1] Voir 韭黄 jiǔ huáng.

酒吧 jiǔ bā [S] 1. Bar; pub; 2. cabaret; 3. boîte de nuit; disothèque.

酒馆 jiǔ guǎn [S] Bistro à la japonaise.

酒壶 jiǔ hú [K6] Pichet; aiguière.

酒花 jiǔ huā [J2] Voir 啤酒花 pí jiǔ huā.

酒家 jiǔ jiā [S] Voir 餐馆 cān guǎn.

酒楼 jiǔ lóu [S] Voir 餐馆 cān guǎn.

酒酿 jiǔ niàng [G7] Vin de riz gluant sucré.

酒酿饼 jiǔ niàng bǐng [M1] Galette au vin de riz gluant sucré.

酒瓶 jiǔ píng [K6] Bouteille.

酒曲 jiǔ qū [J1] Levure d'alcool.

酒糟 jiǔ zāo [G7/J1] 1. Lie d'eau-de-vie ou de vin de riz; sake kasu; 2. voir 酒酿 jiǔ niàng.

酒盅 jiǔ zhōng [K6] Voir 白酒杯 bái jiǔ bēi.

酒庄 jiǔ zhuāng [J2] Château.

ju

苴莲 jū lián [B4] Voir 苤蓝 piě lán.

橘梅肉 jú méi ròu [G2] Voir 乌梅 wū méi.

菊花菜 jú huā cài [B9/B1] 1. Voir 菊花脑 jú huā nǎo; 2. voir 茼蒿 tóng hāo.

菊花茶 jú huā chá [J5] Tisane à base de fleurs de camomille de Chine séchées.

菊花脑 jú huā nǎo [B9] *Chrysanthemum nankingense* Hand.-Mazz.

菊花鱿鱼 jú huā yóu yú [N6] Calmars habillés en aspect de chrysanthème, farcis de crevette décortiquée, ébouillantés avant d'être frits.

菊苣 jú jù [B1] Endive; chicorée endive; chicon; chicorée de Bruxelles; chicorée de Belgique; chicorée Witloof; barbe-de-capucin; *Cichorium intybus*.

橘柚 jú yòu [F3] Voir 丑橘 chǒu jú.

橘子 jú zi [F3] Mandarine; clémentine; tangerine.

蒟蒻 jǔ ruò [B4] Voir 魔芋 mó yù.

巨大拟滨蟹 jù dà nǐ bīn xiè [E3] Voir 皇帝蟹 huáng dì xiè.
锯缘青蟹 jù yuán qīng xiè [E3] Voir 青蟹 qīng xiè.

juan

涓必酒 juān bì jiǔ [J3] Voir 杜林标酒 dù lín biāo jiǔ.
鹃城 juān chéng [P4] Littéralement « ville des azalées », fameuse marque de beurre de fève fermentée et pimentée, fondée en 1981 à Pixian (Sichuan) , sa production pourrait remonter en 1688.
卷心菜 juǎn xīn cài [B1] Chou (pommé).
卷心莴苣 juǎn xīn wō jù [B1] Voir 球生菜 qiú shēng cài.

jue

蕨菜 jué cài [B9] Crosse de fougère (fraîche ou séchée); tête de violon; *pteridium aquilinum* var. *latiusculum*.

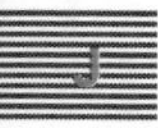

jun

军用水壶 jūn yòng shuǐ hú [K6] Voir 水壶 2 shuǐ hú 2.
君度酒 jūn dù jiǔ [J3] Cointreau.
君山银针 jūn shān yín zhēn [J5] Littéralement « aiguille argentée » du Mont Junshan, thé vert originaire du Hunan.
菌菇 jūn gū [B7] Champignons comestibles.
菌灵芝 jūn líng zhī [B7] Voir 灵芝 líng zhī.
菌油豆腐 jūn yóu dòu fu [N34] Tranches de tofu poêlées puis braisées à l'huile de champignon.

K

ka

咖啡 kā fēi [J5] Café.
咖啡杯 kā fēi bēi [K6] Tasse à café.
咖啡馆 kā fēi guǎn [S] Café.
咖啡壶 kā fēi hú [K6] Cafétière.
咖啡黄葵 kā fēi huáng kuí [B3] Voir 秋葵 qiū kuí.
咖啡机 kā fēi jī [K3] Machine à café.
咖啡胶囊 kā fēi jiāo náng [K3] Capsule (de) café.
咖啡磨子 kā fēi mò zi [K3] Moulin à café.
咖啡乳酒 kā fēi rǔ jiǔ [J3] Crème de café (boisson alcoolique).
咖喱粉 gā lí fěn [H1] Curry (en poudre).
卡布奇诺 kǎ bù qí nuò [J5] Cappuccino.
卡拉胶 kǎ lā jiāo [R] Carraghénane; carraghénine.
卡悉酒 kǎ xī jiǔ [J3] Voir 黑加仑酒 hēi jiā lún jiǔ.

kai

开罐器 kāi guàn qì [K1] Ouvre-boîte.
开花豆 kāi huā dòu [G1] Fèves frites salées.
开门菜 kāi mén cài [S] Plat d'ouverture; le premier plat chaud suivant les

entrées (plats froids).

开瓶器 kāi píng qì [K1] Voir 瓶塞钻 píng sāi zuàn.

开胃酒 kāi wèi jiǔ [J3] Apéritif.

开心果 kāi xīn guǒ [G1] Pistache.

开洋 kāi yáng [E6] Voir 虾米 xiā mǐ.

开洋白菜 kāi yáng bái cài [N33] Chou chinois sauté aux crevettes séchées.

凯里酸汤鱼 kǎi lǐ suān tāng yú [N23] Poisson braisé au bouillon acidulé et épicé, spécialité de Kaili (Guizhou).

kan

堪察加拟石蟹 kān chá jiā nǐ shí xiè [E3] Voir 帝王蟹 dì wáng xiè.

kang

康乐果 kāng lè guǒ [G5] Farine de maïs ou de riz soufflée en pipe tronçonnée.

抗结剂 kàng jié jì [R] (Agent) anti-agglomérant.

抗氧化剂 kàng yǎng huà jì [R] Antioxydant.

kao

烤 kǎo [L2] 1. Rôtir; 2. griller.

烤白薯 kǎo bái shǔ [N34] Patate douce rôtie.

烤红薯 kǎo hóng shǔ [N34] Voir 烤白薯 kǎo bái shǔ.

烤架 kǎo jià [K2] Gril.

烤面包机 kǎo miàn bāo jī [K3] Grille-pain; toasteur.

烤全羊 kǎo quán yáng [N30] Rôti de mouton (ou d'agneau) entier.

烤肉季 kǎo ròu jì [P1] Littéralement « Grilles-Ji », restaurant fondé en 1848 à Beijing (Pékin), réputé pour les rôtis ovins et d'autres plats chauds.

烤肉宛 kǎo ròu wǎn [P1] Littéralement « Grilles-Wan », restaurant fondé en 1686 à Beijing (Pékin), réputé pour les rôtis (bovins et ovins) et des plats chauds halal.

烤箱 kǎo xiāng [K3] Four.

烤羊脊 kǎo yáng jǐ [N34] Voir 烤羊排 kǎo yáng pái.

烤羊排 kǎo yáng pái [N34] Côtelettes (« le carré ») d'ovins rôties.

烤羊腿 kǎo yáng tuǐ [N34] Rôti de gigot.

烤鱼片 kǎo yú piàn [G3] Voir 鱼干片 yú gān piàn.

ke

蚵仔 kē zǎi [E4] Voir 牡蛎 mǔ lì.

蚵仔煎 kē zǎi jiān [N7/N12/N32] Voir 海蛎煎 hǎi lì jiān.

壳菜 ké cài [E4] Voir 淡菜 dàn cài.

可可乳酒 kě kě rǔ jiǔ [J3] Crème de cacao (boisson alcoolique).

可可椰子 kě kě yē zi [F6] Voir 椰子 yē zi.

可乐 kě lè [J4] Coca.

可颂 kě sòng [G4] Voir 牛角面包 niú jiǎo miàn bāo.

克氏螯虾 kè shì áo xiā [E3] Voir 小龙虾 xiǎo lóng xiā.

克氏鱎 kè shì jiǎo [E1] Voir 白条鱼 bái tiáo yú.

客家菜 kè jiā cài [N21] Les spécialités des Hakka.

客家酿豆腐 kè jiā niàng dòu fu [N21] Fromage de soja farci de porc et de champignon; tofu farci à la hakka.

kong

空草 kōng cǎo [B4] Voir 川贝 chuān bèi.

空心菜 kōng xīn cài [B1] Liseron d'eau; épinard d'eau; patate aquatique; *Ipomoea aquatica* Forsk.

孔雀蛤 kǒng què gé [E4] Voir 青口 qīng kǒu.

kou

口感 kǒu gǎn [Q2] Texture; appréciation par les dents.

口蘑 kǒu mó [B7] 1. (Appellation générale) *Tricholoma*; 2. champignon de Paris; champignon de couche; *Agaricus bisporus*.

口蘑桃仁氽双脆 kǒu mó táo rén cuān shuāng cuì [N27] Intestins de porc et gésiers de poulet rapidement ébouillantés, accompagnés de noix et de champignon de Paris.

口水鸡 kǒu shuǐ jī [N2] Poulet cuit à la vapeur ou à l'eau bouillante, puis épicé et arrosé d'huile pimentée.

口虾蛄 kǒu xiā gū [E3] Voir 皮皮虾 pí pi xiā.

口香糖 kǒu xiāng táng [G6] Chewing-gum; gommes à mâcher.

口子 kǒu zi [P2] Littéralement « point d'afflux », marque fameuse de l'eau-de-vie de l'Anhui.

扣三丝 kòu sān sī [N11] Juliennes de de poulet, de jambon chinois et de pousse de bambou ébouillantées, mises dans un bol puis renversées sur une assiette.

ku

枯茗 kū míng [B10] Voir 孜然 zī rán.

苦 kǔ [Q1] Amer.

苦菜 kǔ cài [B9] Voir 苦苣菜 kǔ jù cài.

苦槽仔 kǔ cáo zǎi [E1] Voir 白条鱼 bái tiáo yú.

苦初鱼 kǔ chū yú [E1] Voir 白条鱼 bái tiáo yú.

苦丁菜 kǔ dīng cài [B9] Voir 苦苣菜 kǔ jù cài.

苦丁茶 kǔ dīng chá [J5] Tisane à base de feuilles de houx à larges feuilles

(*Ilex latifolia*).

苦定菜 kǔ dìng cài [B9] Voir 苦苣菜 kǔ jù cài.

苦瓜 kǔ guā [B5] Margose; momordique; melon amer; courge amère; concombre amer; concombre africain; concombre sauvage; *Momordica charantia*.

苦瓜排骨汤 kǔ guā pái gǔ tāng [N12] Côtelettes de porc mijotées avec concombre amer (soupe).

苦菊 kǔ jú [B1] Chicorée frisée; *Cichorium endivia* var. *crispum*.

苦苣菜 kǔ jù cài [B9] Laiteron maraîcher; laiteron lisse; *Sonchus oleraceus* L.

苦麻菜 kǔ má cài [B9] Voir 苦苣菜 kǔ jù cài.

苦买菜 kǔ mǎi cài [B9] Voir 苦苣菜 kǔ jù cài.

苦笋 kǔ sǔn [B4] Variété de pousse de bambou par le rhizome, d'une saveur un peu amère.

苦杏仁 kǔ xìng rén [G1] Amande amère (toxique en très grande quantité); noyau d'abricot (*Prunus armeniaca* var. *ansu*). (À comparer avec 杏仁 xìng rén.)

苦薏 kǔ yì [B9] Voir 野菊 yě jú.

库斯古斯 kù sī gǔ sī [A] Voir 粗燕麦粉 cū yàn mài fěn.

kuai

会稽山 kuài jī shān [P2] « La Montagne Kuaiji », marque de vin jaune qui peut remonter en 1793 à Shaoxing (Zhejiang).

块菰 kuài gū [B7] Voir 松露 sōng lù.

块菌 kuài jūn [B7] Voir 松露 sōng lù.

快餐店 kuài cān diàn [S] 1. Snack (qui fournit raviolis, huntun, petit pain ainsi que vermicelle, nouilles, riz au wok ou au bouillon); 2. restaurant (cantine) à libre-service (qui fournit des plats chauds à prix modéré); cafétéria.

筷架 kuài jià [K5] Porte-baguettes.

筷子 kuài zi [K5] Baguettes.

鲙鱼 kuài yú [E2] 1. Voir 鳓鱼 lè yú; 2. voir 石斑鱼 shí bān yú.

kuan

宽粉 kuān fěn [B3] Nouilles de patate douce.

宽叶韭 kuān yè jiǔ [B1] *Allium hookeri* Thwaites.

kuang

矿泉水 kuàng quán shuǐ [J4] Eau minérale; eau de source.

矿物质 kuàng wù zhì [R] Oligo-élément; substance minérale.

kui

奎宁 kuí níng [J4] Quinine.

葵瓜子 kuí guā zǐ [G1] Graines torréfiées de tournesol.

葵花籽油 kuí huā zǐ yóu [H3] Huile de tournesol.

魁栗 kuí lì [G1] Une grosse espèce de châtaigne, originaire de Shangyu (Zhejiang).

kun

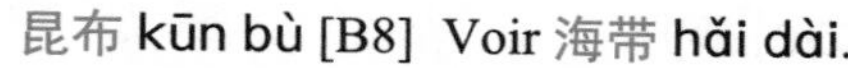

昆布 kūn bù [B8] Voir 海带 hǎi dài.

昆虫 kūn chóng [D4] Insectes comestibles.

昆士兰果 kūn shì lán guǒ [G1] Voir 夏威夷果 xià wēi yí guǒ.

kuo

阔口鱼 kuò kǒu yú [E2] Voir 鳕鱼 xuě yú.

L

la

垃圾桶 lā jī tǒng [K1] Poubelle.

拉汗果 lā hàn guǒ [F1] Voir 罗汉果 luó hàn guǒ.

拉面 lā miàn [M1] Nouilles étirées (ou tirées) à la main; ramen.

腊肠 là cháng [C3] Voir 香肠 1 xiāng cháng 1.

腊鹅 là é [C3] Oie salée, fumée et séchée.

腊鸡 là jī [C3] Poulet salé, fumé et séché.

腊肉 là ròu [C3] Viande salée, fumée et séchée.

腊味 là wèi [C3] Viande, volaille, poisson salés, fumés et séchés.

腊味合蒸 là wèi hé zhēng [N6] Porc, poulet, poisson salés, fumés, séchés, cuits ensemble à la vapeur.

腊鱼 là yú [E6] Poisson salé, fumé et séché.

蜡头 là tóu [E1] Voir 河豚 hé tún.

辣 là [Q1] Pimenté; épicé; piquant.

辣根 là gēn [B10] Raifort; *Armoracia rusticana*.

辣桂 là guì [B10] Voir 肉桂 ròu guì.

辣酱油 là jiàng yóu [H2] Sauce anglaise; sauce Worcestershire.

辣椒 là jiāo [B3] 1. Piment; 2. poivron.

辣椒粉 là jiāo fěn [H1] Poudre de piment; piment séché en poudre.

辣椒酱 là jiāo jiàng [H4] Sauce pimentée; sauce chili.

辣椒面 là jiāo miàn [H1] Voir 辣椒粉 là jiāo fěn.

辣椒油 là jiāo yóu [H2] Huile pimentée et épicée.

辣子 là zi [B3] Voir 辣椒 1 là jiāo 1.

辣子鸡 là zi jī [N6/N2] Morceaux de poulet frits aux petits piments rouges séchés (et au poivre du Sichuan).

lai

赖汤圆 lài tāng yuán [P4] Littéralement « Lai-boulette de riz gluant », fondé par LAI Yuanxin en 1894 à Chengdu, aujourd'hui marque de la Société alimentaire de Chengdu.

濑粉 lài fěn [N5] Pho à la cantonaise; gros vermicelle de riz.

濑尿虾 lài niào xiā [E3] Voir 皮皮虾 pí pi xiā.

癞葡萄 lài pú tao [F4] Margose mûre en couleur orange, consommée comme fruit. (À comparer avec 苦瓜 kǔ guā.)

lan

兰花豆 lán huā dòu [G1] Voir 开花豆 kāi huā dòu.

兰花菇 lán huā gū [B7] Voir 草菇 cǎo gū.

兰姆酒 lán mǔ jiǔ [J1] Voir 朗姆酒 lǎng mǔ jiǔ.

兰州烤乳猪 lán zhōu kǎo rǔ zhū [N28] Rôti de cochonnet, spécialité de Lanzhou.

兰州拉面 lán zhōu lā miàn [N28] Nouilles étirées à la main au bœuf, spécialité de Lanzhou.

蓝莓 lán méi [F5] Bl(e)uet.

蓝莓酱 lán méi jiàng [H4] Confiture de bleuet.

蓝莓酒 lán méi jiǔ [J2] Vin de bleuet.

蓝鳕 lán xuě [E2] Merlan bleu; *Micromesistius poutassou*.

篮筐 lán kuāng [K1] Panier.

懒人菜 lǎn rén cài [S/B1] 1. Plats faciles à préparer; 2. voir 韭菜 jiǔ cài.

lang

郎酒 láng jiǔ [P4] Littéralement « Lang-alcool », marque fameuse de l'eau-de-vie de Guling (Sichuan), fondée en 1933, sa production pourrait remonter en 1898.

朗姆酒 lǎng mǔ jiǔ [J1] Rhum.

lao

捞面 lāo miàn [M1] Voir 拌面 bàn miàn.

劳子鱼 láo zi yú [E2] Voir 鳐鱼 yáo yú.

崂山 láo shān [P2] « La Montagne Laoshan », marque de l'eau minérale réputée qui peut remonter en 1930 à Qingdao, la seule eau minérale en bouteille en Chine avant 1977.

醪糟 láo zāo [G7] Voir 酒酿 jiǔ niàng.

老 lǎo [Q2] Trop cuit; dur; durci.

老板鱼 lǎo bǎn yú [E2] Voir 鳐鱼 yáo yú.

老鳖 lǎo biē [E5] Voir 甲鱼 jiǎ yú.

老抽 lǎo chōu [H2] Sauce (de) soja épaisse et colorante.

老大房 lǎo dà fáng [P2] Littéralement « la grande et vieille maison », marque fondée à la Dynastie des Qing (aujourd'hui partagée par les quatre entreprises officiellement autorisées, mais nuancées en marque déposée), réputée pour les gâteaux à la Suzhou (surtout le gâteau de lune farci de porc).

老大同 lǎo dà tóng [P2] Littéralement « vieux-grand-pareil », entreprise de condiments fameuse, fondée en 1854 à Shanghai, réputée pour les produits fermentés dans la lie de vin de riz.

老大同什锦火锅 lǎo dà tóng shí jǐn huǒ guō [N26] Fondue traditionnelle de Datong (Shanxi).

老虎斑 lǎo hǔ bān [E2] *Epinephelus fuscoguttatus*.

老虎虾 lǎo hǔ xiā [E3] Voir 斑节虾 bān jié xiā.

老虎鱼 lǎo hǔ yú [E2] Voir 石头鱼 1 shí tóu yú 1.

老鸡汤 lǎo jī tāng [N33] Voir 鸡汤 jī tāng.

老酒 lǎo jiǔ [J2] Voir 黄酒 huáng jiǔ.

老来少 lǎo lái shào [B1] Voir 红苋 hóng xiàn.

老母鸡汤 lǎo mǔ jī tāng [N33] Voir 鸡汤 jī tāng.

老少年 lǎo shào nián [B1] Voir 红苋 hóng xiàn.

老四川 lǎo sì chuān [P4] Littéralement « le vieux Sichuan », marque de produits de bœuf, dont « fibres de bœuf épicés et pimentés » (灯影牛肉 dēng yǐng niú ròu, littéralement « bœuf en filament »), fondée en 1930 par un couple de Chongqing.

老酸奶 lǎo suān nǎi [G7] Yaourt ferme.

老正兴菜馆 lǎo zhèng xīng cài guǎn [P2] Littéralement « restaurant vieux, authentique et prospère », fondé dans la Dynastie des Qing à Shanghai, réputé pour les plats shanghaïens.

老字号 lǎo zì hào [P] Marques traditionnelles de la restauration et/ou de l'alimentation reconnues par l'État chinois.

烙 lào [L2] Cuire une pâte dans une poêle (petite ou grosse, avec ou sans manche).

烙饼 lào bǐng [M1] Galette ronde cuite dans une poêle.

酪梨 lào lí [F6] Voir 牛油果 niú yóu guǒ.

烙饼
Galette farcie poêlée

冷面
Nouilles refroidies

le

鳓鱼 lè yú [E2] Hareng chinois; *Ilisha elongata.*

lei

雷公菇 léi gōng gū [B7] Voir 鸡㙡 jī zōng.

雷公笋 léi gōng sǔn [B4] Voir 雷笋 léi sǔn.

雷家豆腐园子 léi jiā dòu fu yuán zi [N23] Boulettes de tofu frites de chez Lei.

雷笋 léi sǔn [B4] Pousse de bambou mince; pousse de bambou récoltée lors du tonnerre printanier (dit « pousse de bambou tonnerre »).

擂辣椒皮蛋 léi là jiāo pí dàn [N6] Salade de œufs de cent ans aux piments verts poêlés et aux gousses d'ail écrasées.

肋排 lèi pái [C1] Voir 小排 xiǎo pái.

leng

冷技法 lěng jì fǎ [L1] Techniques culinaires sans feu; la préparation préliminaire des matières.

冷面 lěng miàn [M1] Nouilles (ou vermicelle) refroidies à la coréenne (dans le bouillon glacé).

冷水瓶 lěng shuǐ píng [K6] Carafe.

冷饮 lěng yǐn [G8] Glaces.

li

离枝 lí zhī [F2] Voir 荔枝 lì zhī.

梨 lí [F1] Poire.

梨脯 lí fǔ [G2] Poire confite.

梨膏糖 lí gāo táng [G6] Voir 药糖 yào táng.

梨汁 lí zhī [J4] Jus de poire.

梨子酒 lí zi jiǔ [J2] Poiré.

黎家竹筒饭 lí jiā zhú tǒng fàn [N25] Riz cuit à la vapeur dans un tronçon de bambou, spécialité de l'ethnie Li du Hainan.

黎族甜糟 lí zú tián zāo [N25] Vin de riz gluant (produit de Shanlan) sucré, spécialité de l'ethnie Li du Hainan.

藜 lí [B9] Voir 灰菜 huī cài.

藜蒿 lí hāo [N14] Voir 芦蒿 lú hāo.

藜蒿炒腊肉 lí hāo chǎo là ròu [N14] Porc salé, fumé et séché sauté avec Artemisia selengensis (une herbe sauvage aromatique au bord de l'eau douce).

藜麦 lí mài [A] Quinoa; *Chenopodium quinoa*.

里脊 lǐ ji [C1] Filet de porc.

鲤拐子 lǐ guǎi zi [E1] Voir 鲤鱼 lǐ yú.

鲤鱼 lǐ yú [E1] Carpe (commune); Cyprinus carpio.

鲤鱼焙面 lǐ yú bèi miàn [N19] Voir 糖醋软熘鱼焙面 táng cù ruǎn liū yú bèi miàn.

丽江粑粑 lì jiāng bā ba [N22] Galette farcie de sucre, spécialité de Lijiang (Yunnan).

丽文蛤 lì wén gé [E4] Voir 文蛤 wén gé.

利口酒 lì kǒu jiǔ [J3] Liqueur.

利口乳酒 lì kǒu rǔ jiǔ [J3] Crèmes (boissons alcooliques).

利口杏酒 lì kǒu xìng jiǔ [J3] Liqueur d'abricot.

利乐包 lì lè bāo [S] Tetra Pak.

荔枝 lì zhī [F2] Litchi.

荔枝酒 lì zhī jiǔ [J2] Vin de litchi.

荔枝肉 lì zhī ròu [N7] Tranches de porc frites (en aspect de litchi) et sautées avec châtaigne d'eau à la sauce aigre douce.

栗羊羹 lì yáng gēng [G4] Gelée de farine de châtaigne sucrée.

栗子 lì zi [G1] Voir 板栗 bǎn lì.

栗子糕 lì zi gāo [N16] Purée de châtaigne sucrée en diverses formes.

栗子羹 lì zi gēng [G4/G7] 1. Voir 栗羊羹 lì yáng gēng; 2. bouillie aux châtaignes sucrée.

蛎干 lì gān [E6] Voir 蚝豉 háo chǐ.

蛎蛤 lì gé [E4] Voir 牡蛎 mǔ lì.

蛎黄 lì huáng [E4] Voir 牡蛎 mǔ lì.

李干 lǐ gān [G2] Prune japonaise confite.

李鸿章大杂烩 lǐ hóng zhāng dà zá huì [N8] Assortiment de volaille, de fruits de mer, d'estomac de porc, de jambon chinois et de légumes, braisé et cuit à la vapeur, nommé par le ministre Li Hongzhang de la Dynastie des Qing.

李家狮子头 lǐ jiā shī zi tóu [N18] Grosses boulettes de porc et de châtaigne d'eau, enrobées de riz gluant puis cuites à la vapeur.

李锦记 lǐ jǐn jì [P3] Lee Kum Kee, marque fondée en 1888 à Zhuhai (Guangdong), dont le siège social à Hongkong aujourd'hui, réputée pour les sauces de condiment, inventrice de la sauce d'huître.

李庄白肉 lǐ zhuāng bái ròu [N2] Voir 蒜泥白肉 suàn ní bái ròu.

李子 lǐ zi [F2] Prune japonaise; prune du Japon; *Prunus salicina*.

莲花血鸭 lián huā xuè yā [N14] Dés de canard sautés aux piments et aux épices avec morceaux de sang de canard coagulé, spécialité de Lianhua (Jiangxi).

lian

莲菜 lián cài [B8] Voir 藕 ǒu.

莲藕 lián ǒu [B8] Voir 藕 ǒu.

莲藕炖排骨 lián ǒu dùn pái gǔ [N15] Voir 排骨藕汤 pái gǔ ǒu tāng.

莲蓬秆 lián péng gān [B8] Voir 荷梗 hé gěng.

莲蓬鸡 lián péng jī [N27] Hachis de blanc de poulet farci de pois en aspect de faux-fruit (réceptacle floral) de lotus au bouillon de poulet.

莲蓉 lián róng [H4] Purée de graines de lotus sucrée.

莲肉 lián ròu [B8] Voir 莲子 lián zǐ.

莲实 lián shí [B8] Voir 莲子 lián zǐ.

莲雾 lián wù [F1] Jamalac; *Syzygium samarangense*.

莲香楼 lián xiāng lóu [P3] « Lin Heung Tea House », littéralement « pavillon au parfum de lotus », fondé en 1889 à Canton en tant que boutique de pâtisserie, devenu aujourd'hui un restaurant titulaire, mais toujours réputé pour ses gâteaux traditionnels (p. ex., gâteau de lune farci de purée de graine de lotus), diverses galettes cantonaises, etc.

莲心 lián xīn [B8] Radicule de graine de lotus.

莲心茶 lián xīn chá [J5] Tisane à base de radicule de graine de lotus.

莲薏 lián yì [B8] Voir 莲心 lián xīn.

莲子 lián zǐ [B8] Graine de lotus.

莲子百合红豆沙 lián zǐ bǎi hé hóng dòu shā [G7] Bouillie de haricot rouge aux graines de lotus et aux bulbes de lis comestibles.

莲子百合银耳汤 lián zǐ bǎi hé yín ěr tāng [G7] Soupe de trémelle blanche aux graines de lotus et aux bulbes de lis comestibles.

鲢鱼 lián yú [E1] Carpe argentée; *Hypophthalmichthys molitrix* (Cuvier et Valenciennes).

鲢子 lián zi [E1] Voir 鲢鱼 lián yú.

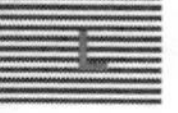

炼乳 liàn rǔ [H4] Lait concentré sucré.

liang

凉拌薄片黄瓜 liáng bàn bó piàn huáng guā [N34] Voir 扦瓜皮 qiān guā pí.

凉拌苦菊 liáng bàn kǔ jú [N33] Salade de chicorée frisée.

凉拌牦牛肉 liáng bàn máo niú ròu [N31] Viande de yak salée et pimentée.

凉拌汁 liáng bàn zhī [H2] Sauce de salade chinoise.

凉茶 liáng chá [J5] Tisanes à la cantonaise.

凉粉 liáng fěn [B6] Gel de fécule de pois, de mungo ou de riz.

凉粉炒馍 liáng fěn chǎo mó [N26] Morceaux de galette frits puis sautés avec morceaux de gel de fécule de pois (ou de mungo).

凉瓜 liáng guā [B5] Voir 苦瓜 kǔ guā.

凉面 liáng miàn [M1] Voir 拌面 bàn miàn.

凉薯 liáng shǔ [B4] Voir 豆薯 dòu shǔ.

凉糖 liáng táng [G6] Voir 药糖 yào táng.

梁溪脆鳝 liáng xī cuì shàn [N10] Tronçons d'anguille de rizière frits à la sauce aigre-douce.

良鱼 liáng yú [E2] Voir 针良鱼 zhēn liáng yú.

liao

料酒 liào jiǔ [H2] Vin de riz culinaire; sauce culinaire à base de vin jaune chinois.

料理 liào lǐ [S] Voir 日本料理 rì běn liào lǐ.

lie

烈酒 liè jiǔ [J1] Alcool fort.

lin

林蛙油 lín wā yóu [D3] Voir 雪蛤 2 xuě há 2.

ling

灵芝 líng zhī [B7] Ganoderme luisant; *Ganoderma Lucidum* Kars.

灵芝草 líng zhī cǎo [B7] Voir 灵芝 líng zhī.

铃铛麦 líng dāng mài [A] Voir 莜麦 yóu mài.

陵川党参炖土鸡 líng chuān dǎng shēn dùn tǔ jī [N26] Poulet indigène au pot avec *Radix codonopsis*, spécialité de Lingchuan (Shanxi).

菱角 líng jiǎo [B8] Mâcre (ou macre).

菱角菜 líng jiǎo cài [B9] Voir 荠菜 jì cài.

零食 líng shí [G] Casse-croûte ; friandise, pâtisserie et petites douceurs.

liu

溜达鸡 liū da jī [C2] Voir 土鸡 tǔ jī.

熘 liū [L2] Sauter à la fécule.

熘肉段 liū ròu duàn [N13] Morceaux de filet de porc frits et sautés avec légumes avant d'être saucés.

熘鱼焙面 liū yú bèi miàn [N19] Voir 糖醋软熘鱼焙面 táng cù ruǎn liū yú bèi miàn.

熘鱼片 liū yú piān [N17] Pièces de carpe sautées à la fécule.

刘伶醉 liú líng zùi [P1] Littéralement « Liuling (grand buveur de la dynastie des Jin) en ivresse », marque de l'eau-de-vie du Hebei.

榴莲 liú lián [F6] Voir 榴梿 liú lián.

榴梿 liú lián [F6] Durian; durion(e).

瘤头鸭 liú tóu yā [C2] Voir 番鸭 fān yā.

鰡仔 liú zǎi [E1] Voir 青鱼 qīng yú.

柳蒿 liǔ hāo [B9] Voir 芦蒿 lú hāo.

柳芽 liǔ yá [B9] Bourgeons à feuilles de saule.

六必居 liù bì jū [P1] Littéralement « Maison des six indispensables », boutique fondée en 1530 à Beijing (Pékin), réputée pour les légumes fermentées et les condiments.

六谷子 liù gǔ zi [A] 1. Voir 玉米 yù mǐ; 2. voir 薏仁 yì rén.

long

龙抄手 lóng chāo shǒu [P4] Littéralement « Dragon-croisement des bras » (qui suggère la fabrication artisanale du ravioli huntun), restaurant fondé en 1941 à Chengdu; à la carte: huntun à la Sichuan (pimenté) et d'autres snacks à base de la pâte.

龙凤配 lóng fèng pèi [N15] 1. Poulet et anguilles de rizière farcies de porc frits et saucés; 2. poulet et carpe frits et saucés.

龙骨 lóng gǔ [C1] Échine de porc; vertèbre de porc.

龙蒿 lóng hāo [B10] Estragon.

龙井虾仁 lóng jǐng xiā rén [N4] Crevettes d'eau douce décortiquées, sautées et parsemées de thé Longjing.

龙利鱼 lóng lì yú [E2] Soles; soléidés.

龙舌兰酒 lóng shé lán jiǔ [J1] Tequila.

龙虱 lóng shī [D4] Dytique; *Dytiscidae*.

龙头菜 lóng tóu cài [B9] Voir 蕨菜 jué cài.

龙头虾 lóng tóu xiā [E3] Voir 小龙虾 xiǎo lóng xiā.

龙虾 lóng xiā [E3] 1. Homard (avec pinces); 2. langouste (sans pinces); 3. voir 小龙虾 xiǎo lóng xiā.

龙须菜 lóng xū cài [B1/B9/B8] 1. Jets d'asperge; *Asparagus schoberioides* Kunth; 2. voir 发菜 fà cài; 3. voir 豌豆尖 wān dòu jiān; 4. voir 海发菜 hǎi fà cài.

龙须酥 lóng xū sū [G4] Pâtisserie au vermicelle du sucre de maltose (littéralement « barbes de dragon croustillantes »).

龙须糖 lóng xū táng [G4] Voir 龙须酥 lóng xū sū.

龙眼 lóng yǎn [F2] Longane.

龙珠果 lóng zhū guǒ [F5] Voir 酸浆 suān jiāng.

隆果卡查 lóng guǒ kǎ chá [N31] Hure de chèvre déchirée et ébouillantée puis épicée.

陇菜 lǒng cài [N28] Les spécialités du Gansu.

lou

蒌蒿 lóu hāo [B9] Voir 芦蒿 lú hāo.

楼外楼 lóu wài lóu [P2] Littéralement « Pavillon hors des pavillons », restaurant fondé en 1848 à Hangzhou (au bord du Lac de l'Ouest), à la carte: carpe herbivore braisée à la sauce aigre-douce; soupe au poisson émincé vinaigré; cube de jambon de Jinhua, etc.

漏斗 lòu dǒu [K1] Passoire.

漏勺 lòu sháo [K2] Louche passoire; passoire à long manche.

漏鱼 lòu yú [N1/N16/N20/N27] Gel de farine de haricot mungo (ou de pois, de sarrasin, etc.) émincé saucé et pimenté.

lu

卢虾 lú xiā [E3] Voir 基围虾 jī wéi xiā.

庐山石鸡 lú shān shí jī [N14] Grenouilles sauvages de la Montagne Lushan cuites avec riz à la vapeur de thé dans un wok.

庐山云雾茶 lú shān yún wù chá [J5] Thé Yunwu (littéralement « nuage et brouillard ») du Mont Lu, thé vert originaire du Jiangxi.

芦蒿 lú hāo [B9] *Artemisia selengensis* (une espèce d'armoise).

芦橘 lú jú [F1] Voir 枇杷 pí pa.

芦笋 lú sǔn [B4] Asperge; *Asparagus officinalis* L.

芦苇笋 lú wěi sǔn [B8] Pousse de roseau.

芦枝 lú zhī [F1] Voir 枇杷 pí pa.

泸香 lú xiāng [Q4] Voir 浓香 nóng xiāng.

泸州老窖 lú zhōu lǎo jiào [P4] Littéralement « Luzhou-vieille cave », marque fameuse de l'eau-de-vie de Luzhou (Sichuan), sa production pourrait remonter en 1324.

鲈板 lú bǎn [E2] Voir 花鲈 huā lú.

鲈鱼 lú yú [E1/E2] Appellation ambiguë qui pourrait designer *Trachidermus fasciatus*, des bars (notamment le bar japonais (*Lateolabrax japonicus*)) ou diverses espèces de perche.

卤 lǔ [L2] Braiser ou mijoter (de gros morceaux de viande, de volaille, etc.) à la sauce de soja.

卤菜 lǔ cài [N33] Aliments (souvent viande, volaille, abats ou abattis) braisés ou mijotés aux épices et à la sauce de soja.

卤鸡爪 lǔ jī zhuǎ [N33] Patte de poulet braisée ou mijotée aux épices et à la sauce de soja.

卤口条 lǔ kǒu tiáo [N33] Voir 卤猪舌 lǔ zhū shé.

卤牛肉 lǔ niú ròu [N33] Bœuf braisé ou mijoté aux épices et à la sauce de soja.

卤肉饭 lǔ ròu fàn [N32] Riz au porc entrelardé émincé (souvent mélangé à des dés de shiitake) braisé à la sauce de soja.

卤水 lǔ shuǐ [H1/H2] 1. Eau (de) saline; eau halogénée; sursalure; 2. bouillon salé et épicé qui sert à braiser ou mijoter des ingrédients.

卤味 lǔ wèi [N33] Voir 卤菜 lǔ cài.

卤鸭肠 lǔ yā cháng [N33] Intestins de canard braisés ou mijotés aux épices et à la sauce de soja.

卤鸭肝 lǔ yā gān [N33] Foie de canard braisé ou mijoté aux épices et à la sauce de soja.

卤鸭胗 lǔ yā zhēn [N33] Gésier de canard braisé ou mijoté aux épices et à la sauce de soja.

卤猪肠 lǔ zhū cháng [N33] Intestins de porc braisés ou mijotés aux épices et à la sauce de soja

卤猪肚 lǔ zhū dǔ [N33] Estomac de porc braisé ou mijoté aux épices et à la sauce de soja.

卤猪舌 lǔ zhū shé [N33] Langue de porc braisée ou mijotée aux épices et à la sauce de soja.

卤猪头肉 lǔ zhū tóu ròu [N33] Hure braisée ou mijotée aux épices et à la sauce de soja.

卤猪尾 lǔ zhū wěi [N33] Queue de porc braisée ou mijotée aux épices et à la sauce de soja.

鲁菜 lǔ cài [N1] Les spécialités du Shandong.

櫓豆 lǔ dòu [B6] Voir 黑豆 hēi dòu.

六安瓜片 lù ān guā piàn [J5] Littéralement « coques de graine de pastèque de Lu'an », thé vert originaire de l'Anhui.

陆谷 lù gǔ [A] Voir 玉米 yù mǐ.

渌 lù [L2] Ébouillanter des nouilles ou du vermicelle dans une passoire fine conique.

菉豆 lù dòu [B6] Voir 绿豆 lù dòu.

鹿 lù [D1] Cerf; daim.

鹿角菜 lù jiǎo cài [B8] Fucacée; *Chondrus ocellatus* (une espèce d'algue rouge).

鹿尾菜 lù wěi cài [B8] Voir 羊栖菜 yáng qī cài.

碌柚 lù yòu [F3] Voir 柚子 yòu zi.

蕗荞 lù qiáo [B10] Voir 藠头 jiào tóu.

露笋 lù sǔn [B4] Voir 芦笋 lú sǔn.

lü

驴打滚 lú dǎ gǔn [N16] Pâtisserie aux trois couches colorées (la blanche:

riz glutineux, la rouge: purée de haricot rouge, la jaune: farine de soja).

驴皮 lǘ pí [C1] Peau d'âne.

驴肉 lǘ ròu [C1] (Chair d')âne.

驴蹄烧饼 lǘ tí shāo bǐng [M1] Galette en aspect de sabot d'âne.

绿菜花 lǜ cài huā [B2] Voir 西兰花 xī lán huā.

绿茶 lǜ chá [J5] Thé vert.

绿豆 lǜ dòu [B6] Haricot mungo; ambérique.

绿豆粉丝 lǜ dòu fěn sī [B6] Vermicelle translucide de (farine de) mungo.

绿豆糕 lǜ dòu gāo [G4] Gâteau de farine de mungo.

绿豆芽 lǜ dòu yá [B6] Germe de mungo.

绿花菜 lǜ huā cài [B2] Voir 西兰花 xī lán huā.

绿壳菜蛤 lǜ ké cài gé [E4] Voir 青口 qīng kǒu.

绿柳居 lǜ liǔ jū [P2] Littéralement "maison aux saules verts", restaurant fondé en 1912 à Nanjing (Nankin), réputé pour les snacks, les plats végétariens et les plats halal.

绿仁果 lǜ rén guǒ [G1] Voir 开心果 kāi xīn guǒ.

绿色食品 lǜ sè shí pǐn [S] Produits contrôlés et qualifiés.

绿头鸭 lǜ tóu yā [D2] Voir 野鸭 yě yā.

绿苋 lǜ xiàn [B1] Voir 青苋 qīng xiàn.

绿杨村酒家 lǜ yáng cūn jiǔ jiā [P2] Littéralement « Restaurant du village aux peupliers verts », fondé en 1936 à Shanghai, réputé pour les spécialités de la région Huaiyang.

滤茶器 lǜ chá qì [K6] Filtre à thé.

L

luan

卵菱 luǎn líng [B8] Voir 芡实 qiàn shí.

luo

罗非鱼 luó fēi yú [E1] Tilapia du Nil; *Oreochromis niloticus*.

罗汉豆 luó hàn dòu [B6] Voir 蚕豆 cán dòu.

罗汉观斋 luó hàn guān zhāi [N9] Légumes, champignons et assortiment de produits de soja sautés à la sauce de soja (littéralement « Arhat contemplant le mets végétarien »).

罗汉果 luó hàn guǒ [F1] *Siraitia grosvenorii* (littéralement « fruit de l'arhat »).

罗勒 luó lè [B10] Basilic; basilic vert; basilic doux; *Ocimum basilicum*.

罗马生菜 luó mǎ shēng cài [B1] Laitue romaine; *Lactuca sativa* var. *longifolia*.

罗氏沼虾 luó shì zhǎo xiā [E3] Voir 泰国虾 tài guó xiā.

萝卜 luó bo [B4] Appellation générale de différentes espèces de radis.

萝卜炖牛腩 luó bo dùn niú nǎn [N5] Flanchet de bœuf braisé avec radis blanc.

萝卜干 luó bo gān [H5] Radis blanc salé séché.

萝卜排骨汤 luó bo pái gǔ tāng [N33] Soupe d'entrecôte (ou de côtelette) de porc au radis blanc.

萝卜烧肉 luó bo shāo ròu [N33] Porc braisé avec radis blanc à la sauce de soja.

萝卜糖 luó bo táng [G6] Bonbon au jus de radis blanc.

萝蔓莴苣 luó màn wō jù [B1] Voir 罗马生菜 luó mǎ shēng cài.

螺丝转烧饼 luó sī zhuǎn shāo bǐng [M1] Voir 葱油饼 cōng yóu bǐng.

螺蛳 luó sī [E4] *Bellamya* (nom générique des petits gastéropodes d'eau douce).

螺蛳粉 luó sī fěn [N24] Pho pimenté et épicé aux gastéropodes d'eau douce, spécialité de Liuzhou (Guangxi).

螺蛳青 luó sī qīng [E1] Voir 青鱼 qīng yú.

螺坨 luó tuó [E4] Voir 田螺 tián luó.

裸大麦 luǒ dà mài [A] Voir 青稞 qīng kē.

洛阳水席 luò yáng shuǐ xí [N19] Banquet aux diverses soupes de Luoyang (Henan) (littéralement « banquet d'eau »).

骆驼奶 luò tuo nǎi [J4] Lait de chameau.

落花生 luò huā shēng [G1] Voir 花生 huā shēng.

落苏 luò sū [B3] Voir 茄子 qié zi.

烙馍 luò mó [N20] Crêpe à la chinoise (à base de farine de blé). (À comparer avec 煎饼 jiān bǐng.)

M

ma

麻 má [Q2] Légèrement engourdi à la bouche par le poivre du Sichuan; poivré à la Sichuan,

麻饼 má bǐng [N8] Galette sucrée au sésame, spécialité de Hefei.

麻菇 má gū [B7] Voir 草菇 cǎo gū.

麻花 má huā [G4] Torsade de pâte frite.

麻酱 má jiàng [H4] Voir 芝麻酱 zhī ma jiàng.

麻辣牛柳 má là niú liǔ [N2] Lanières de filet de bœuf cuites à la vapeur, frites et puis braisées aux épices, au poivre du Sichuan et à l'huile pimentée.

麻辣鳝鱼 má là shàn yú [N33] Tronçons d'anguille de rizière poêlés et braisés aux piments, aux épices et au poivre du Sichuan.

麻辣香水鱼 má là xiāng shuǐ yú [N2] Morceaux de carpe herbivore ébouillantés aux épicés, aux piments fermentés acidulés et au beurre de fève pimentée.

麻辣子鸡 má là zǐ jī [N6] Voir 辣子鸡 là zǐ jī.

麻鲢 má lián [E1] Voir 鳙鱼 yōng yú.

麻婆豆腐 má pó dòu fu [N2] Dés de tofu sautés au beurre de fève fermentée et pimentée, avec hachis de bœuf (ou de porc) et de fleur d'ail (ou pousse d'ail), avant d'être saucés et épicés. Ce plat est inventé par « une vieille dame au visage grêlé », d'où le nom « má (grêlé) pó (vieille dame) ».

麻雀 má què [D2] Moineau.

麻森 má sēn [N31] (Tranches de) fromage de tsampa au beurre de yak sucré.

麻绳菜 má shéng cài [B9] Voir 马齿苋 mǎ chǐ xiàn.

麻虱鱼 má shī yú [E2] Voir 虱目鱼 shī mù yú.

麻糬 má shǔ [G4] Boulette de farine de riz gluant farcie de purée sucrée.

麻虾 má xiā [E3] Voir 基围虾 jī wéi xiā.

麻油 má yóu [H2] Huile de sésame.

马鞭草酒 mǎ biān cǎo jiǔ [J3] (Liqueur de) verveine.

马齿菜 mǎ chǐ cài [B9] Voir 马齿苋 mǎ chǐ xiàn.

马齿苋 mǎ chǐ xiàn [B9] Pourpier; *Portulaca oleracea*.

马尔萨拉酒 mǎ ěr sà lā jiǔ [J3] Marsala.

马蜂幼虫 mǎ fēng yòu chóng [D4] Voir 黄蜂幼虫 huáng fēng yòu chóng.

马荠 mǎ jì [B8] Voir 马蹄 mǎ tí.

马甲柱 mǎ jiǎ zhù [E6] Voir 干贝 gān bèi.

马鲛 mǎ jiāo [E2] Voir 鲅鱼 bà yú.

马克杯 mǎ kè bēi [K6] Mug; tasse.

马拉加酒 mǎ lā jiā jiǔ [J3] Malaga.

马拉希奴酒 mǎ lā xī nú jiǔ [J3] Maraschino.

马兰 mǎ lán [B9] Voir 马兰头 mǎ lán tóu.

马兰头 mǎ lán tóu [B9] *Kalimeris indica*.

马铃薯 mǎ líng shǔ [B4] Pomme de terre.

马萝卜 mǎ luó bo [B10] Voir 辣根 là gēn.

马奶酒 mǎ nǎi jiǔ [J1] Voir 奶酒 nǎi jiǔ.

马琪雅朵 mǎ qí yǎ duǒ [J5] Voir 玛奇朵 mǎ qí duǒ.

马肉米粉 mǎ ròu mǐ fěn [N24] Nouilles de riz pimentées et épicées à la viande de cheval.

马蹄 mǎ tí [B8] Châtaigne d'eau; *Eleocharis dulcis*.

马蹄烧饼 mǎ tí shāo bǐng [M1] Voir 驴蹄烧饼 lú tí shāo bǐng.

马蹄酥 mǎ tí sū [G4] 1. Viennoiserie en aspect d'une fleur de prunier (selon un anecdote, cette pâtisserie fut tombée par terre et écrasée par les chevaux du troupe chassant LIU Xiu, premier Empereur des Han postérieurs, d'où le nom populaire « cookie de fer de cheval ») ; 2. voir 蝴蝶酥 hú dié sū.

马祥兴 mǎ xiáng xīng [P2] Littéralement « Ma, le chanceux et prospère », restaurant halal fondé en 1845 (ou 1850) à Nanjing (Nankin), à la carte: pancréas de canard sauté (littéralement « foie d'une belle dame »), poisson tailladé frit à la sauce aigre-douce (littéralement « poisson écureuil »), etc.

玛德拉酒 mǎ dé lā jiǔ [J3] Madeira.

玛瑙海参 mǎ nǎo hǎi shēn [N28] Concombres de mer braisés avec boulettes de poumon de porc.

玛奇朵 mǎ qí duǒ [J5] Machiatto.

玛仁糖 mǎ rén táng [N30] Voir 切糕 qiē gāo.

蚂蜂蛹 mǎ fēng yǒng [D4] Voir 黄蜂蛹 huáng fēng yǒng.

蚂蜂幼虫 mǎ fēng yòu chóng [D4] Voir 黄蜂幼虫 huáng fēng yòu chóng.

蚂虾 mǎ xiā [E3] 1. Voir 河虾 hé xiā; 2. voir 小龙虾 xiǎo lóng xiā.

蚂蚁上树 mǎ yǐ shàng shù [N34] Vermicelle de mungo (ou de patate douce) cuit avec hachis de porc, ce qui donne l'aspect de fourmis sur des branches d'arbre.

蚂蚱 mà zha [D4] Voir 蝗虫 huáng chóng.

蚂蚱菜 mà zha cài [B9] Voir 马齿苋 mǎ chǐ xiàn.

M

mai

麦葱 mài cōng [B10] Voir 野葱 1 yě cōng 1.

麦豆 mài dòu [B6] Voir 豌豆 wān dòu.

麦丽素 mài lì sù [G6] Mylikes.

麦片 mài piàn [A] Flocons.

麦豌豆 mài wān dòu [B6] Voir 豌豆 wān dòu.

麦芽 mài yá [A] Malt.

麦芽糖 mài yá táng [R/G6] 1. Maltose; 2. pâte transparente de maltose; sucrerie de maltose (on en déguste avec deux bâtonnets).

man

蛮头 mán tou [M1] Voir 馒头 1 mán tou 1.

馒头 mán tou [M1] 1. Pain cuit à la vapeur; 2. voir 包子 bāo zi.

鳗鲡 mán lí [E1] Voir 鳗鱼 mán yú.

鳗鱼 mán yú [E1] Anguille d'eau douce.

满汉全席 mǎn hàn quán xí [S] Festin Mandchou-Han; grand banquet somptueux comprenant des mets délicieux mandchous et chinois.

满坛香 mǎn tán xiāng [N5] Assortiment de viande de chien, de volaille, de viande et de fruits de mer précieux, mijoté aux épices et au vin pour longtemps dans une cruche.

蔓菁 màn jīng [B4] Voir 芜菁 wú jīng.

蔓越橘 màn yuè jú [F5] Voir 蔓越莓 màn yuè méi.

蔓越莓 màn yuè méi [F5] Canneberge.

蔓越莓酱 màn yuè méi jiàng [H4] Confiture de canneberge.

mang

芒果 máng guǒ [F2] Voir 杧果 máng guǒ.

芒鲶 máng nián [E2] Voir 巴沙鱼 bā shā yú.

杧果 máng guǒ [F2] Mangue.

莽果 mǎng guǒ [F2] Voir 杧果 máng guǒ.

莽吉柿 mǎng jí shì [F1] Voir 山竹 shān zhú.

mao

猫耳朵 māo ěr duo [N26] Pâte en forme d'oreille de chat.

猫爪菜 māo zhuǎ cài [B9] Voir 蕨菜 jué cài.

毛柄小火菇 máo bǐng xiǎo huǒ gū [B7] Voir 金针菇 jīn zhēn gū.

毛蛋 máo dàn [C4] Voir 旺蛋 wàng dàn.

毛豆 máo dòu [B6] Edamame; graines immatures de soja (de couleur verte).

毛豆腐 máo dòu fu [N8] Voir 虎皮毛豆腐 hǔ pí máo dòu fu.

毛肚 máo dǔ [C1] Panse de bœuf; rumen de bœuf.

毛瓜 máo guā [B5] Voir 节瓜 jié guā.

毛花鱼 máo huā yú [E1] Voir 刀鱼 1 dāo yú 1.

毛老鼠 máo lǎo shǔ [D1] Voir 果子狸 guǒ zi lí.

毛荔枝 máo lì zhī [F2] Voir 红毛丹 hóng máo dān.

毛栗 máo lì [G1] Voir 板栗 bǎn lì.

毛头鬼伞 máo tóu guǐ sǎn [B7] Voir 鸡腿菇 jī tuǐ gū.

毛虾 máo xiā [E3] *Acetes chinensis*.

毛蟹 máo xiè [E3] Voir 大闸蟹 dà zhá xiè.

毛鱼 máo yú [E1] Voir 刀鱼 1 dāo yú 1.

毛芋 máo yù [B4] Voir 芋头 yù tóu.

茅根 máo gēn [B9] Racine d'impérate cylindrique (*Imperata cylindrica*).

茅台 máo tái [P4] « Kweichow moutai », marque de réputation internationale de l'eau-de-vie du Guizhou.

茅香 máo xiāng [Q4] Voir 酱香 jiàng xiāng.

冒菜 mào cài [N2] Matières assorties ébouillantées au bouillon préparé, souvent aux épices.

mei

玫瑰冰粉 méi guī bīng fěn [N23] Gelée de faux coqueret (nicandre ou *Nicandra physaloides*) à la confiture de rose.

玫瑰毒鲉 méi guī dú yóu [E2] Voir 石头鱼 1 shí tou yú 1.

玫瑰红葡萄酒 méi guī hóng pú tao jiǔ [J2] Vin rosé.

玫瑰乳酒 jiǔ guī rǔ jiǔ [J3] Crème de rose (boisson alcoolique).

梅菜 méi cài [H5] Voir 梅干菜 méi gān cài.

梅菜扣肉 méi cài kòu ròu [N21] Porc entrelardé bouilli puis cuit à la vapeur avec moutarde macérée, moisie et séchée, mis dans un bol puis renversé sur une assiette.

梅豆角 méi dòu jiǎo [B6] Voir 芸豆 yún dòu.

梅干 méi gān [G2] Uméboshi; abricot du Japon salé fermenté. (À comparer avec 乌梅 wū méi.)

梅干菜 méi gān cài [H5] Moutarde macérée, moisie et séchée.

梅干菜烧肉 méi gān cài shāo ròu [N4] Porc entrelardé braisé à la sauce de soja avec moutarde macérée moisie et séchée.

梅花肉 méi huā ròu [C1] Voir 前胛 qián jiǎ.

梅花酥 méi huā sū [G4] Voir 马蹄酥 1 mǎ tí sū 1.

梅鲚 méi jì [E1] Voir 刀鱼 1 dāo yú 1.

梅酒 méi jiǔ [J3] Eau-de-vie aux abricots du Japon.

梅肉 méi ròu [C1] Voir 前胛 qián jiǎ.

梅实 méi shí [G2] Voir 乌梅 wū méi.

梅鼠鱼 méi shǔ yú [E1] Voir 鲇鱼 nián yú.

梅子 méi zi [F2] Abricot du Japon; mume; umé; *Prunus mume*.

酶抑制剂 méi yì zhì jì [R] Inhibiteur enzymatique.

霉干菜 méi gān cài [H5] Voir 梅干菜 méi gān cài.

糜子méi zi [A] Voir 小米 xiǎo mǐ.

美国螯虾 měi guó áo xiā [E3] Voir 小龙虾 xiǎo lóng xiā.

美国花菜 měi guó huā cài [B2] Voir 西兰花 xī lán huā.

美乃滋 měi nǎi zī [H4] Voir 蛋黄酱 dàn huáng jiàng.

美年达 měi nián dá [J4] Mirinda.

美人肝 měi rén gān [N9] Voir 炒鸭胰 chǎo yā yí.

美人腿 měi rén tuǐ [B8] Voir 茭白 jiāo bái.

美食广场 měi shí guǎng chǎng [S] Aire de restauration.

美式咖啡 měi shì kā fēi [J5] Americano.

美味苞脚菇 měi wèi bāo jiǎo gū [B7] Voir 草菇 cǎo gū.

美味牛肝菌 měi wèi niú gān jūn [B7] Voir 白牛肝菌 bái niú gān jūn.

美洲螯虾 měi zhōu áo xiā [E3] Voir 小龙虾 xiǎo lóng xiā.

美洲南瓜 měi zhōu nán guā [B5] Voir 西葫芦 xī hú lu.

味履支 mèi lǚ zhī [B10] Voir 胡椒 hú jiāo.

men

焖 mèn [L2] Étuver; cuire à l'étouffée; cuire à l'étuvée.

焖面 mèn miàn [M1] Nouilles étuvées (très souvent au porc émincé et aux haricots verts).

焖烧杯 mèn shāo bēi [K2] Thermos à étuver.

焖烧锅 mèn shāo guō [K2] Gros thermos à étuver; chaudron isotherme.

焖张飞 mèn zhāng fēi [N3] Voir 红烧鳝段 hóng shāo shàn duàn.

meng

萌番薯 méng fān shǔ [B4] Voir 红薯 hóng shǔ.

檬粉 méng fěn [M2] Pho au roti de porc (sans bouillon).

蒙古韭 měng gǔ jiǔ [B9] Voir 沙葱 shā cōng.

mi

弥渡卷蹄 mí dù juǎn tí [N22] Jarret de porc désossé, ficelé et fermenté, spécialité de Midu (Yunnan).

迷迭香 mí dié xiāng [B10] Romarin.

猕猴桃 mí hóu táo [F5] Kiwi; *Actinidia*.

猕猴桃酒 mí hóu táo jiǔ [J2] Liqueur de kiwi.

米 mǐ [A] Voir 大米 dà mǐ.

米大麦 mǐ dà mài [A] Voir 青稞 qīng kē.

米豆腐 mǐ dòu fu [N2/N6/N14/N15/N23] Fromage de riz au condiment.

米饭 mǐ fàn [M2] Riz (cuit).

米饭拌酸奶 mǐ fàn bàn suān nǎi [N31] Riz cuit nappé de yaourt.

米粉 mǐ fěn [A] 1. Farine de riz; 2. vermicelle de riz.

米粉牛肉 mǐ fěn niú ròu [N14] Tranches de bœuf enrobées de farine de riz sautées et épicées, puis cuites à la vapeur et parsemées de hachis de coriandre.

米粉肉 mǐ fěn ròu [N33] Porc entrelardé salé, enrobé de farine de riz sautée et épicée.

米糕 mǐ gāo [G4] Gâteaux de riz gluant cuits à la vapeur.

米糊 mǐ hú [M2] Purée de riz bouillie.

米酒 mǐ jiǔ [J2/G7] 1. Vin de riz; alcool de riz; 2. voir 酒酿 jiǔ niàng.

米仁 mǐ rén [A] Voir 薏仁 yì rén.

米食 mǐ shí [M2] Aliments à base du riz ou de la farine de riz.

米汤 mǐ tāng [M2] Décoction de riz.

米苋 mǐ xiàn [B1] Voir 青苋 qīng xiàn.

米线 mǐ xiàn [A] Vermicelle de riz.

米香 mǐ xiāng [Q4] Arôme de type de Sanhua (三花, marque d'alcool).

米油 mǐ yóu [M2] Voir 米汤 mǐ tāng.

蜜冬瓜 mì dōng guā [F6] Voir 波罗蜜 bō luó mì.

蜜柑 mì gān [F3] Voir 橘子 jú zi.

蜜瓜 mì guā [F4] Melon (de) miel; honeydew; Wallace; *Cucumis melo inodorus*.

蜜果 mì guǒ [F1] Voir 无花果wú huā guǒ.

蜜饯 mì jiàn [G2] Fruits confits.

蜜橘 mì jú [F3] Voir 橘子 jú zi.

蜜麻花 mì má huā [N16] Pâte sucrée et frite en forme d'une paire d'oreilles.

蜜三刀 mì sān dāo [N20/N16/N1] Pâte à trois coupures frite et sucrée.

蜜望 mì wàng [F2] Voir 杧果 máng guǒ.

蜜枣 mì zǎo [G2] Jujube confite.

蜜汁百合 mì zhī bǎi hé [N28] Bulbes de lis ébouillantées et macérées dans la sauce sucrée.

蜜汁轱辘 mì zhī gú lu [N27] Boulettes de pâte au saindoux frites puis sucrées.

蜜汁灌藕 mì zhī guàn ǒu [N4] Rhizome de lotus farci de riz glutineux, braisé et cuit au candi et au sucre d'osmanthus.

蜜汁火方 mì zhī huǒ fāng [N4] Cube de jambon de Jinhua cuit à la vapeur à la sauce de candi, de miel et d'osmanthe sucré.

蜜汁开口笑 mì zhī kāi kǒu xiào [N26] Jujubes séchées farcies de riz gluant puis ébouillantées.

蜜汁梨球 mì zhī lí qiú [N1] Boulettes de poire frites et caramélisées de miel.

蜜汁糯米藕 mì zhī nuò mǐ ǒu [N4] Voir 桂花糯米藕 guì huā nuò mǐ ǒu.

蜜汁羊肉 mì zhī yáng ròu [N29] Voir 它似蜜 tā sì mì.

mian

绵白糖 mián bái táng [H1] Sucre en poudre humidifié.

绵葱 mián cōng [B10] Voir 小葱 xiǎo cōng.

棉花糖 mián huā táng [G6] 1. Barbe à papa; barbapapa; 2. guimauve.

棉籽油 mián zǐ yóu [H3] Huile de coton.

沔阳三蒸 miǎn yáng sān zhēng [N15] Les trois mets cuits à la vapeur (viande, poisson, légumes), spécialité de Mianyang (Hubei).

沔阳珍珠丸子 miǎn yáng zhēn zhū wán zi [N15] Boulettes de porc mélangées à du blanc d'œuf enrobées de riz glutineux puis cuites à la vapeur, spécialité de Mianyang (Hubei).

面 miàn [A/M1/Q2] 1. Pâte; 2. voir 面条 miàn tiáo; 3. texture de purée (antonyme de « croquant »).

面包 miàn bāo [G4] 1. Brioche; 2. pain.

面包机 miàn bāo jī [K3] Machine à pain.

面包糠 miàn bāo kāng [H1] Miettes (de pain).

面包蟹 miàn bāo xiè [E3] *Calappa*.

面茶 miàn chá [N16/N17/N26] Pâte de millet nappée de sauce de sésame.

面馆 miàn guǎn [S] Restaurant de nouilles.

面粉 miàn fěn [A] Farine.

面疙瘩 miàn gē da [M1] Voir 面鱼 miàn yú.

面筋 miàn jīn [A] Gluten (en forme de saucisse).

面筋塞肉 miàn jīn sāi ròu [N10] Grosse boulette de gluten frite et farcie de porc.

面皮 miàn pí [M1] Feuille de pâte.

面纱菌 miàn shā jūn [B7] Voir 竹荪 zhú sūn.

面食 miàn shí [M1] Aliments à base de la farine de blé.

面条 miàn tiáo [M1] Nouilles; vermicelle.

面条鱼 miàn tiáo yú [E1] Voir 银鱼 yín yú.

面线糊 miàn xiàn hú [N7] Fin vermicelle au bouillon des os de porc mélangé à de la fécule de patate douce et à de l'assortiment de fruit de mer, d'abats de porc et de volaille.

面鱼 miàn yú [M1] Petits morceaux de pâte bouillis (en aspect de petits poissons).

面丈鱼 miàn zhàng yú [E1] Voir 银鱼 yín yú.

面蜇 miàn zhé [E5] Voir 海蜇 hǎi zhé.

miao

苗族五色饭 miáo zú wǔ sè fàn [N25] Riz cuit à cinq couleur (blanc, noir, violet, rouge, jaune), spécialité de l'ethnie Miao du Hainan.

min

闽菜 mǐn cài [N7] Les spécialités du Fujian.

ming

明太鱼 míng tài yú [E2] Voir 鳕鱼 xuě yú.
明虾 míng xiā [E3] Voir 对虾 duì xiā.
茗荷 míng hé [B10] *Zingiber mioga*.
榠楂 míng zhā [F1] Voir 木瓜 mù guā.

mo

馍 mó [M1] 1. Voir 馒头 1 mán tou 1; 2. pain cuit au four ou au foyer.
摩卡咖啡 mó kǎ kā fēi [J5] Mocha.

磨刀石 mó dāo shí [K1] Pierre à aiguiser; pierre à affûter.
磨芋 mó yù [B4] Voir 魔芋 mó yù.
蘑菇 mó gu [B7] (Appellation générique de) champignon.
蘑菇精 mó gu jīng [H1] Extrait de champignon granulé.

魔芋 mó yù [B4] Konjac; konnyaku; arum géant; *Amorphophallus konjac*.

魔芋粉 mó yù fěn [B4] 1. Farine de (tubercule de) konjac; 2. gelée de la farine de konjac.

茉莉花茶 mò lì huā chá [J5] Voir 花茶 huā chá.

墨斗鱼 mò dǒu yú [E5] Voir 墨鱼 mò yú.

墨鱼 mò yú [E5] Seiche.

墨鱼滑 mò yú huá [E6] Hachis de seiche (mis par bouchée dans la fondue chinoise).

墨鱼丸 mò yú wán [E6] Boulette de seiche.

mou

牟麦 móu mài [A] Voir 大麦 dà mài.

mu

牡丹虾 mǔ dān xiā [E3] Crevette tachée; *Pandalus platyceros*.

牡丹燕 mǔ dān yàn [N19] Fromage de viande et de soja préparé (souvent cuit avec fruits de mer ou à la fondue chinoise).

牡桂 mǔ guì [B10] Voir 肉桂 ròu guì.

牡蛎 mǔ lì [E4] Huître.

木菠萝 mù bō luó [F6] Voir 波罗蜜 bō luó mì.

木耳 mù ěr [B7] Oreille de Judas; oreille du diable; *Auricularia auricula-judae*; champignon noir.

木耳菜 mù ěr cài [B1] Épinard de Malabar; *Basella alba*.

木瓜 mù guā [F1] Papaye.

木瓜银耳糖水 mù guā yín ěr táng shuǐ [G7] Soupe de papaye sucrée à trémelle blanche.

木梨 mù lí [F1] Voir 榅桲 wēn bó.

木灵芝 mù líng zhī [B7] Voir 灵芝 líng zhī.

木落子 mù luò zǐ [G1] Voir 杏仁 xìng rén.

木薯 mù shǔ [B4] Manioc.

木薯粉 mù shǔ fěn [B4] Cassave.

木犀榄 mù xī lǎn [F2] Voir 油橄榄 yóu gǎn lǎn.

木樨肉 mù xī ròu [N1] Porc sauté aux œufs, aux oreilles de Judas et aux concombres.

木须肉 mù xū ròu [N1] Voir 木樨肉 mù xī ròu.

木鱼花 mù yú huā [E6] Copeaux (ou planures) de katsuobushi; copeaux (ou planures) de thon rose (ou listao) séché.

目鱼 mù yú [E5/E2] 1. Voir 墨鱼 mò yú; 2. voir 龙利鱼 lóng lì yú.

苜蓿头 mù xu tóu [B9] Voir 草头 cǎo tóu.

N

na

拿铁咖啡 ná tiě kā fēi [J5] Latte.

纳豆 nà dòu [H5] Nattō; soja fermentée à la japonaise.

纳溪泡糖 nà xī pào táng [N2] Tranches de sucre de maltose et de sucre de canne enrobées de sésame, spécialité de Naxi (Sichuan).

nai

奶茶 nǎi chá [J5] Thé noir au lait.

奶罐 nǎi guàn [K6] Voir 牛奶罐 niú nǎi guàn.

奶浆果 nǎi jiāng guǒ [F1] Voir 无花果 wú huā guǒ.

奶酒 nǎi jiǔ [J1] Eau-de-vie de lait.

奶咖 nǎi kā [J5] Voir 含奶咖啡 hán nǎi kā fēi.

奶酪 nǎi lào [H4] Fromage.

奶汤锅子鱼 nǎi tāng guō zi yú [N27] Carpe cuite au bouillon blanc dans une marmite en cuivre.

奶汤鲫鱼 nǎi tāng jì yú [N1/N10] Carassin commun poêlé et braisé jusqu'à ce que le bouillon devienne blanc laiteux, ou simplement braisé au lait.

奶汤蒲菜 nǎi tāng pú cài [N1] Rhizomes de typha cuits au lait avec pousses de bambou, shiitakes séchés et jambon chinois.

奶油 nǎi yóu [H3] 1. Crème; 2. voir 黄油 huáng yóu.

奶油果 nǎi yóu guǒ [F6] Voir 牛油果 niú yóu guǒ.

奶制品 nǎi zhì pǐn [J4] Produits laitiers.

柰子 nài zi [F1] Voir 沙果 shā guǒ.

nan

南安板鸭 nán ān bǎn yā [N14] Canard salé et séché (en plein air) puis cuit à la vapeur, spécialité de Nan'an (Jiangxi).

南荻笋 nán dí sǔn [B8] Voir 芦苇笋 lú wěi sǔn.

南风螺 nán fēng luó [E4] Voir 花螺 huā luó.

南风肉 nán fēng ròu [N10/N4] Porc légèrement salé et séché (plus tendre que le jambon chinois et moins salé que le porc salé ordinaire).

南瓜 nán guā [B5] Courge; citrouille; potiron; *Cucurbita*.

南瓜苗 nán guā miáo [B4] Voir 南瓜藤 nán guā téng.

南瓜藤 nán guā téng [B4] Vigne de courge; vigne de citrouille.

南瓜秧 nán guā yāng [B4] Voir 南瓜藤 nán guā téng.

南瓜子 nán guā zǐ [G1] Graines torréfiées de citrouille.

南荠 nán jì [B8] Voir 马蹄 mǎ tí.

南鲫 nán jì [E1] Voir 罗非鱼 luó fēi yú.

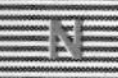

南京烤鸭 nán jīng kǎo yā [N9] Canard laqué traditionnel à la nankinoise (cuit dans un gros four conique traditionnel). (À comparer avec 北京烤鸭 běi jīng kǎo yā.)

南京雨花茶 nán jīng yǔ huā chá [J5] Thé Yuhua (littéralement « pluie et fleur »), thé vert originaire de Nanjing (Nankin).

南美白对虾 nán měi bái duì xiā [E3] Voir 白虾 1 bái xiā 1.

南普陀 nán pǔ tuó [P2] Littéralement « le Temple Putuo du sud », restaurant végétarien de Xiamen, réputé aussi pour ses gâteaux aux farces végétariennes.

南乳 nán rǔ [H4] Voir 腐乳 fǔ rǔ.

南乳粗斋煲 nán rǔ cū zhāi bāo [N5] Légumes et produits de soja assortis braisés à la sauce de tofu fermenté.

南乳温公斋煲 nán rǔ wēn gōng zhāi bāo [N5] Voir 南乳粗斋煲 nán rǔ cū zhāi bāo.

南翔馒头店 nán xiáng mán tou diàn [P2] Snack spécialisé en petit pain farci cuit à la vapeur, spécialité de Nanxiang (en banlieue de Shanghai), fondé en 1900 dans le Jardin Yu de la vieille cité de Shanghai.

南杏仁 nán xìng rén [G1] Voir 杏仁 xìng rén.

南洋虾膏 nán yáng xiā gāo [H4] Voir 虾膏 2 xiā gāo 2.

nang

馕 náng [N30] Nang; grosse galette à la ouïghoure.

馕包肉 náng bāo ròu [N30] Mouton braisé aux épices puis enveloppé dans une grosse galette à la ouïghoure.

nen

嫩 nèn [Q2] Tendre.

嫩肉粉 nèn ròu fěn [H1] Fécule attendrissant la viande.

嫩叶莴苣 nèn yè wō jù [B1] Voir 生菜 2 shēng cài 2.

ni

泥豆 ní dòu [G1] Voir 花生 huā shēng.

泥蒿 ní hāo [B9] Voir 芦蒿 lú hāo.

泥鳅 ní qiū [E1] Loche baromètre; loche d'étang chinoise; *Misgurnus anguillicaudatus* (Cantor).

泥虾 ní xiā [E3] Voir 基围虾 jī wéi xiā.

nian

年糕 nián gāo [G4] Galette de riz gluant.

鲇鱼 nián yú [E1] Poisson chat; silure; *Silurus*.

鲶鱼 nián yú [E1] Voir 鲇鱼 nián yú.

黏鱼 nián yú [E1] Voir 鲇鱼 nián yú.

niang

酿豆腐 niàng dòu fu [N7/N6/N21] Fromage de soja frit, farci de porc et braisé.

酿金钱发菜 niàng jīn qián fà cài [N27] Rouleaux d'œuf farcis de *Nostoc flagelliforme* (une espèce d'algue de désert), tranchés puis cuits à la vapeur.

酿苦瓜 niàng kǔ guā [N21] Tronçons de concombre amer farcis de porc.

酿雪梨 niàng xuě lí [N22] Poires farcies de riz gluant et de purée de fruit cuites à la vapeur.

酿造酒 niàng zào jiǔ [J2] Alcool par fermentation.

niao

鸟贝 niǎo bèi [E4] Voir 鸟蛤 niǎo gé.

鸟蛤 niǎo gé [E4] *Cardiidae* (un genre de mollusques bivalves à un pied long et coudé).

nie

镊子 niè zi [K5] Voir 蟹八件 xiè bā jiàn.

ning

宁波汤团 níng bō tāng tuán [N4] Boulette de riz gluant farcie de beurre de sésame sucré, braisée à l'eau bouillonnante, spécialité de Ningbo.

柠檬爱玉 níng méng ài yù [N32] Gelée de *Ficus pumila* var. *awkeotsang* (une espèce de fruit vert sauvage) glacée au jus de citron.

柠檬水 níng méng shuǐ [J4] Citronnade; limonade.

柠檬萱草 níng méng xuān cǎo [B2] Voir 金针菜 jīn zhēn cài.

niu

牛百叶 niú bǎi yè [C1] Feuillet de bœuf; omasum de bœuf.

牛板筋 niú bǎn jīn [C1] Fascia de bœuf.

牛蒡 niú bàng [B4] (Grande) bardane; herbe aux teigneux; glouteron; *Arctium lappa* L.

牛肠 niú cháng [C1] Intestins de bœuf.

牛肚 niú dǔ [C1] 1. Tripes de bœuf (appellation ambigüe des quatre compartiments du système digestif du bœuf); 2. caillette de bœuf; abomasum de bœuf.

牛肚子果 niú dǔ zi guǒ [F6] Voir 波罗蜜 bō luó mì.

牛肝菌 niú gān jūn [B7] Bolet; cèpe; porcini; *Boletus*.

牛黄喉 niú huáng hóu [C1] Aorte (proche du cœur) de bœuf.

牛腱 niú jiàn [C1] Gîte à la noix; jarret de bœuf.

牛角江珧蛤 niú jiǎo jiāng yáo gé [E4] Voir 带子 dài zi.

牛角面包 niú jiǎo miàn bāo [G4] Croissant.

牛栏山 niú lán shān [P1] Littéralement « Montagne aux étables », marque fameuse de l'eau-de-vie pékinoise (Erguotou).

牛里脊 niú lǐ ji [C1] Voir 菲力 fēi lì.

牛霖 niú lín [C1] Voir 牛腩 niú nán.

牛柳 niú liǔ [C1] Voir 菲力 fēi lì.

牛奶 niú nǎi [J4] Lait (de vache).

牛奶罐 niú nǎi guàn [K6] Pot à lait.

牛奶壶 niú nǎi hú [K6] Voir 牛奶罐 niú nǎi guàn.

牛腩 niú nán [C1] Flanchet de bœuf; flanc de bœuf.

牛排 niú pái [C1] Bifteck; steak

牛排菇 niú pái gū [B7] Voir 大褐菇 dà hè gū.

牛皮冻 niú pí dòng [N34] Terrine de peau de bœuf en gelée.

牛皮糖 niú pí táng [N3] Sucrerie collante au sésame.

牛肉 niú ròu [C1] Bœuf; viande bovine.

牛肉棒 niú ròu bàng [G3] Bâtonnet de bœuf salé, poivré et rôti (produit prêt à manger).

牛肉肠粉 niú ròu cháng fěn [N5] Rouleau de farine de riz enveloppant du bœuf, cuit à la vapeur et nappé de sauce de soja, tronçonné avant le service.

牛肉炒芥兰 niú ròu chǎo jiè lán [N12] Filet de bœuf sauté avec brocoli chinois à la sauce de soja.

牛肉干 niú ròu gān [G3] Bœuf émincé cuit aux épices, puis rôti ou séché.

牛肉丸 niú ròu wán [C3] Voir 牛丸 niú wán.

牛上脑 niú shàng nǎo [C1] Macreuse de bœuf.

牛舌 niú shé [C1] Langue de bœuf.

牛肉丸
Boulettes de bœuf

馋嘴牛蛙
Grenouille taureau frite pimentée et poivrée

牛蹄筋 niú tí jīn [C1] Tendon d'Achille de bœuf.

牛头 niú tóu [C1] Tête de bœuf.

牛蛙 niú wā [D3] Grenouille taureau; ouaouaron; *Rana catesbania* Shaw.

牛外脊 niú wài jǐ [C1] Voir 沙朗 shā lǎng.

牛丸 niú wán [C3] Boulette de bœuf.

牛尾 niú wěi [C1] Queue de bœuf.

牛小排 niú xiǎo pái [C1] Côte de bœuf.

牛心菜 niú xīn cài [B1] Voir 卷心菜 juǎn xīn cài.

牛牙齿菌 niú yá chǐ jūn [B7] Voir 干巴菌 gān bā jūn.

牛轧糖 niú gá táng [G6] Nougat.

牛油 niú yóu [H3] 1. Graisse de bœuf; graisse de bovins; 2. voir 黄油 huáng yóu.

牛油果 niú yóu guǒ [F6] Avocat.

纽约客牛排 niǔ yuē kè niú pái [C1] Voir 沙朗 shā lǎng.

nong

浓 nóng [Q1] 1. Succulent; 2. fort.

浓咖啡 nóng kā fēi [J5] Café court; café serré.

浓缩咖啡 nóng suō kā fēi [J5] Espresso.

浓汤宝 nóng tāng bǎo [H2] Fond solide (ou coagulé) prêt à cuisiner; bouillon cube.

浓香 nóng xiāng [Q4] Arôme de type de Luzhoulaojiao (泸州老窖 lú zhōu lǎo jiào).

nü

女儿红 nǚ ér hóng [P2] Littéralement « La fille en rouge » (qui signifie la

noce), marque du vin jaune (ou « Huadiao ») de Shaoxing (Zhejiang).
女神蛤 nǚ shén gé [E4] Voir 象拔蚌 xiàng bá bàng.

nuan

暖瓶 nuǎn píng [K6] Voir 热水瓶 rè shuǐ píng.

nuo

诺胡提 nuò hú tí [G1] Voir 鹰嘴豆 yīng zuǐ dòu.
糯 nuò [Q2] Gluant; glutineux.
糯米 nuò mǐ [A] Riz glutineux; riz gluant; riz collant; riz doux.
糯米酒 nuò mǐ jiǔ [G7] Voir 酒酿 jiǔ niàng.

O

ou

欧蕾咖啡 ōu lěi kā fēi [J5] Voir 含奶咖啡 hán nǎi kā fēi.

欧芹 ōu qín [B10] Persil.

欧式杂菜 ōu shì zá cài [B] Voir 什锦蔬菜 shí jǐn shū cài.

藕 ǒu [B8] Rhizome de lotus; racine de lotus (appellation erronée).

藕饼 ǒu bǐng [N9] Voir 藕盒 ǒu hé.

藕带 ǒu dài [B8] Voir 荷梗 hé gěng

藕端子 ǒu duān zi [N9] Voir 藕盒 ǒu hé.

藕杆 ǒu gān [B8] Voir 荷梗 hé gěng.

藕盒 ǒu hé [N9] Tranches bivalves de rhizome de lotus farcies et frites.

藕夹 ǒu jiā [N9] Voir 藕盒 ǒu hé.

藕实 ǒu shí [B8] Voir 莲子 lián zǐ.

P

pa

爬虾 pá xiā [E3] Voir 皮皮虾 pí pi xiā.

帕杂莫古 pà zá mò gǔ [N31] Petits morceaux de pâte bouillis, puis mélangés à du beurre de yak, à du fromage blanc et à du sucre brun.

pai

拍 pāi [L1] Écraser par le couteau de cuisine.

拍黄瓜 pāi huáng guā [N33] Salade de concombres écrasés par le couteau de cuisine.

排骨 pái gǔ [C1] Côte de porc (entrecôte ou côtelette).

排骨炖藕 pái gǔ dùn ǒu [N15] Voir 排骨藕汤 pái gǔ ǒu tāng.

排骨藕汤 pái gǔ ǒu tāng [N15] Soupe de côtelettes de porc au rhizome de lotus dans une jarre.

派 pài [G4] 1. Tarte; 2. pâte beurré farci de fruit à la friture (souvent vendu au snack à l'américaine).

pan

盘 pán [K4] Plat (pièce de vaisselle).

盘菜 pán cài [B4] Voir 芜菁 wú jīng.

盘肠草 pán cháng cǎo [B4] Voir 南瓜藤 nán guā téng.

盘垫 pán diàn [K4] Dessous-de-plat.

盘丝饼 pán sī bǐng [M1] Voir 葱油饼 cōng yóu bǐng.

蟠桃 pán táo [F2] Pêche plate de Chine; *Amygdalus persica* L. var. *compressa*.

pang

螃蟹 páng xiè [E3] Voir 蟹 xiè.

胖头鱼 pàng tóu yú [E1] Voir 鳙鱼 yōng yú.

pao

泡菜 pào cài [H5] 1. Légumes fermentés à la Sichuan; 2. kimchi; chou pimenté et fermenté à la coréenne.

泡饭 pào fàn [M2] Riz au bouillon; risotto à la chinoise.

泡椒 pào jiāo [H4] Piments fermentés; piments macérés dans l'eau salée.

泡椒板筋 pào jiāo bǎn jīn [N23] Fascia de porc émincé sauté aux piments fermentés.

泡椒凤爪 pào jiāo fèng zhuǎ [N2] Pattes de poulet braisées aux épices puis macérées avec piments fermentés.

泡萝卜 pào luó bo [H5] Voir 腌萝卜 yān luó bo.

泡泡草 pào pao cǎo [F5] Voir 酸浆 suān jiāng.

泡泡糖 pào pao táng [G6] Bubble-gum.

pei

胚兰 pēi lán [B4] Voir 苤蓝 piě lán.

培根 péi gēn [C3] Bacon.

配 pèi [L1] Assembler; combiner.

配制酒 pèi zhì jiǔ [J3] Boisson alcoolisée préparée.

pen

喷枪 pēn qiāng [K3] Chalumeau (à rôtir).

盆菜 pén cài [N5] Assortiments de viande, d'abats, de fruits de mer, de légumes préparés puis mis dans une cuvette.

盆儿糕 pénr gāo [N16] Gâteau de farine de pois (ou de millet gluant, ou de riz gluant) farci de jujubes séchées et de haricots rouges.

peng

烹 pēng [L2] Cuire.

烹具 pēng jù [K2] Ustensiles de cuisson.

烹虾段 pēng xiā duàn [N18/N1] Crevettes décortiquées frites puis sautées à la sauce de soja vinaigrée et épicée.

彭城鱼丸 péng chéng yú wán [N20] Boulettes de carpe farcies, préparées au bouillon.

蓬蒿 péng hāo [B1] Voir 茼蒿 tóng hāo.

蓬灰 péng huī [H1] Carbonate de potasse; potasse carbonatée.

膨化食品 péng huà shí pǐn [G5] Aliments soufflés.

膨皮豆 péng pí dòu [B6] Voir 扁豆 biǎn dòu.

膨松剂 péng sōng jì [R] Agent de levage (sur la pâte).

捧瓜 pěng guā [B5] Voir 佛手瓜 fó shǒu guā.

pi

披垒 pī lěi [B10] Voir 胡椒 hú jiāo.

披萨 pī sa [N34] Voir 比萨饼 bǐ sà bǐn.

皮蛋 pí dàn [C4] Œuf (de cane, de poule ou de caille) conservé à la chaux; œuf de cent ans.

皮蛋拌豆腐 pí dàn bàn dòu fu [N33] Salade de tofu aux œufs conservés à la chaux.

皮蛋瘦肉粥 pí dàn shòu ròu zhōu [N5] Bouillie de riz aux œufs de cent ans et à la viande maigre.

皮肚 pí dǔ [N9] Peau de porc séchée et frite.

皮肚面 pí dǔ miàn [N9] Nouilles à la peau de porc séchée et frite.

皮匠蟹 pí jiàng xiè [E3] Voir 雪蟹 xuě xiè.

皮皮虾 pí pi xiā [E3] Squille; crevette-mante; *Stomatopoda*.

枇杷 pí pa [F1] Nèfle du Japon; bibace; bibasse.

郫县豆瓣 pí xiàn dòu bàn [H4] Voir 豆瓣酱 dòu bàn jiàng.

啤酒杯 pí jiǔ bēi [K6] Bock; chope; verre à bière.

啤酒花 pí jiǔ huā [J2] Houblon.

琵琶虾 pí pá xiā [E3] Voir 皮皮虾 pí pi xiā.

pian

片儿川 piànr chuān [N4] Vermicelle à la moutarde salée et à juliennes de porc et de pousse de bambou, spécialité de Hangzhou.

片儿汤 piànr tāng [M1] Pâte (en feuille) de ravioli au bouillon.

pie

撇列 piē lie [B4] Voir 苤蓝 piě lán.
苤菜 piě cài [B1] Voir 宽叶韭 kuān yè jiǔ.
苤蓝 piě lan [B4] Chou-rave; *Brassica oleracea* var. *caulorapa*.

pin

品仙果 pǐn xiān guǒ [F1] Voir 无花果 wú huā guǒ.
品种鸡 pǐn zhǒng jī [C2] Voir 肉鸡 ròu jī.

ping

平安果 píng ān guǒ [F1] Voir 苹果 píng guǒ.
平菇 píng gū [B7] Pleurote; *Pleurotus ostreatus*.
平遥牛肉 píng yáo niú ròu [N26] Bœuf mijoté, spécialité de Pingyao (Shanxi).
平鱼 píng yú [E2] Voir 比目鱼 bǐ mù yú.
平榛 píng zhēn [G1] Voir 榛子zhēn zi.
苹果 píng guǒ [F1] Pomme.
苹果脯 píng guǒ fǔ [G2] Pomme confite.
苹果酱 píng guǒ jiàng [H4] Confiture de pomme.
苹果酒 píng guǒ jiǔ [J2] Cidre.
苹果派 píng guǒ pài [G4] 1. Tarte aux pommes ; 2. pâte beurrée farcie de pomme à la friture (vendue souvent dans le snack à l'américaine).

苹果挞 píng guǒ tǎ [G4] Voir 苹果派 1 píng guǒ pài 1.

苹果汁 píng guǒ zhī [J4] Jus de pomme.

苹婆 píng pó [F1] Voir 苹果 píng guǒ.

瓶起子 píng qǐ zi [K1] Voir 扳子 bān zi.

瓶塞钻 píng sāi zuàn [K1] Tire-bouchon.

萍乡烟熏肉 píng xiāng yān xūn ròu [N14] Tranches de porc fumé cuites à la vapeur, spécialité de Pingxiang (Jiangxi).

po

鄱湖胖鱼头 pó hú pàng yú tóu [N14] Tête de la carpe à grosse tête cuite à la vapeur et saucée de bouillon de poisson épicé, spécialité du Lac Poyang (Jiangxi).

pu

莆田卤面 pú tián lǔ miàn [N7] Nouilles à la sauce préparée et à l'assortiment de fruits de mer et d'abats de porc.

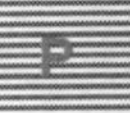

菩子 pú zi [B5] Voir 瓠子 hù zi.

葡萄 pú tao [F5] Raisin.

葡萄干 pú tao gān [G2] Raisins secs; raisins séchés.

葡萄酒 pú tao jiǔ [J2] Vin.

葡萄酒杯 pú tao jiǔ bēi [K6] Verre à vin; ballon.

葡萄品种 pú tao pǐn zhǒng [J2] Cépage.

葡萄糖 pú tao táng [R] Glucose; dextrose.

葡萄柚 pú tao yòu [F3] Voir 西柚 xī yòu.

葡萄汁 pú tao zhī [J4] Jus de raisin.

蒲白 pú bái [B8] Voir 蒲菜 pú cài.

蒲棒长山药 pú bàng cháng shān yào [N26] Purée d'igname de Chine enrobée de miettes de pain, puis cuite à la friture.

蒲菜 pú cài [B8] Rhizome de typha; rhizome de massette; rhizome de *Typha orientalis*.

蒲公英 pú gōng yīng [B1] Pissenlit; *Taraxacum*.

蒲瓜 pú guā [B5] Voir 瓠子 hù zi.

蒲芦 pú lú [B5] Voir 葫芦 hú lu.

蒲笋 pú sǔn [B8] Voir 蒲菜 pú cài.

蒲陶 pú tao [F5] Voir 葡萄 pú tao.

蒲须 pú xū [B8] Voir 马蹄 mǎ tí.

蒲芽 pú yá [B8] Voir 蒲菜 pú cài.

蒲鱼 pú yú [E2/E1] 1. Voir 鳐鱼 yáo yú; 2. voir 沙塘鳢 shā táng lǐ.

普洱茶 pǔ ěr chá [J5] Thé Pu'er, thé post-fermenté (typiquement en forme de galette ronde), originaire du Yunnan.

普通念珠藻 pǔ tōng niàn zhū zǎo [B7] Voir 地皮 dì pí.

Q

qi

七彩冻鸭丝 qī cǎi dòng yā sī [N12] Canard rôti désossé et déchiré, juliennes cuites de shiitake, de céleri, de carotte et vermicelle de riz frit, arrosés de sauce citronnée.

七彩金盏 qī cǎi jīn zhǎn [N12] Tartelettes à croûte mince garnies de dés de légumes assortis.

七彩山鸡 qī cǎi shān jī [C2] Voir 山鸡 shān jī.

七里香 qī lǐ xiāng [B10] Voir 芸香 yún xiāng.

七面鸟 qī miàn niǎo [C2] Voir 火鸡 huǒ jī.

七喜 qī xǐ [J4] 7 Up.

七星鲈 qī xīng lú [E2] Voir 花鲈 huā lú.

七星紫蟹 qī xīng zǐ xiè [N17] Sept « crabes pourpres » (une espèce de crabe chinois) baignés dans des œufs battus et cuits à la vapeur.

祁门红茶 qí mén hóng chá [J5] Thé noir de Qimen (Anhui).

齐墩果 qí dūn guǒ [F2] Voir 油橄榄 yóu gǎn lǎn.

奇力鱼 qí lì yú [E1] Voir 白条鱼 bái tiáo yú.

奇力仔 qí lì zǎi [E1] Voir 白条鱼 bái tiáo yú.

奇异果 qí yì guǒ [F5] Voir 猕猴桃 mí hóu táo.

脐橙 qí chéng [F3] Navel; orange à nombril.

麒麟鲍片 qí lín bào piàn [N12] Tranches minces d'ormeau, de pousse de bambou, de jambon chinois et de shiitakes réhydratés cuites à la vapeur.

麒麟送子 qí lín sòng zǐ [N12] Lamelles de mérou, de pousse de bambou, de shiitakes réhydratés cuites à la vapeur avant d'être arrosées d'huile aux œufs de crevette séchés en ébullition.

麒麟脱胎 qí lín tuō tāi [N21] Estomac de porc enveloppant un petit chien cuit à la vapeur.

起泡酒 qǐ pào jiǔ [J2] Vin effervescent.

起司 qǐ sī [H4] Voir 奶酪 nǎi lào.

起酥油 qǐ sū yóu [H3] Shortening; huile végétale hydrogénée.

起阳草 qǐ yáng cǎo [B1] Voir 韭菜 jiǔ cài.

气鼓鱼 qì gǔ yú [E1] Voir 河豚 hé tún.

气泡鱼 qì pào yú [E1] Voir 河豚 hé tún.

气味 qì wèi [Q3] Odeur; appréciation par le nez.

汽锅 qì guō [K2] Tagine; tajine.

汽锅脚鱼 qì guō jiǎo yú [N23] Trionyx de Chine cuit dans un tagine chinois.

qian

千层肉 qiān céng ròu [N12] Lasagne de tofu, cuite à la vapeur et arrosée de bouillon de porc, en aspect de porc entrelardé.

千层酥皮 qiān céng sū pí [G4] Pâte feuilletée; pâte phyllo (filo).

千岛酱 qiān dǎo jiàng [H4] Mille-îles (mayonnaise à base de tomates).

千张 qiān zhāng [B6] Feuille fine de tofu.

扦瓜皮 qiān guā pí [N34] Salade épicée de concombre en lanière longue.

签语饼 qiān yǔ bǐng [G4] Biscuit chinois; fortune cookie (populaire en Amérique du Nord, dans laquelle est inséré un petit morceau de papier où l'on peut lire une prédiction ou une maxime).

签子 qiān zi [K5] Voir 蟹八件 xiè bā jiàn.

前胛 qián jiǎ [C1] Épaule de porc; palette de porc.

黔菜 qián cài [N23] Les spécialités du Guizhou.

芡实 qiàn shí [B8] Graine de nénuphar épineux (*Euryale ferox*).

qiang

羌桃 qiāng táo [G1] Voir 核桃 hé tao.

枪乌贼 qiāng wū zéi [E5] Voir 鱿鱼 yóu yú.

枪蟹 qiāng xiè [E3] Voir 梭子蟹 suō zi xiè.

强瞿 qiáng qú [B9] Voir 百合 bǎi hé.

呛 qiàng [L1] Alcooliser et épicer (surtout des crevettes).

炝 qiàng [L2] Préparer la poêle en y mettant des épices dans un peu d'huile.

qiao

敲肉锤 qiāo ròu chuí [K1] Voir 松肉器 sōng ròu qì.

荞麦 qiáo mài [A] Sarrasin.

荞麦面 qiáo mài miàn [N1] Nouilles de sarrasin; soba.

荞麦蔬菜卷 qiáo mài shū cài juǎn [N28] Rouleaux de sarrasin enveloppant des légumes assortis pimentés et épicés.

荞头 qiáo tóu [B10] Voir 藠头 jiào tóu.

荞子 qiáo zi [A] Voir 荞麦 qiáo mài.

巧克力 qiǎo kè lì [G6] Chocolat.

巧克力豆 qiǎo kè lì dòu [G6] Pépites de chocolat.

巧克力糖 qiǎo kè lì táng [G6] Bonbon au chocolat.

qie

切 qiē [L1] Découper; couper; détailler; trancher.

切糕 qiē gāo [N30] Sokmak; gâteau ouïghour à noix et fruits séchés.

切面 qiē miàn [M1] Pâte coupée en lanière.

切仔面 qiē zǎi miàn [N32] Voir 担仔面 dàn zǎi miàn.

茄瓜 qié guā [F6] Voir 人参果 rén shēn guǒ.

茄果类 qié guǒ lèi [B3] Solanacées; *Solanaceae*.

茄莲 qié lián [B4] Voir 苤蓝 piě lán.

茄子 qié zi [B3] Aubergine.

qin

芹菜 qín cài [B4] Céleri; *Apium graveolens*.

芹菜吊片 qín cài diào piàn [N12] Mérou et calmar sautés avec céleri.

芹菜香干炒肉丝 qín cài xiāng gān chǎo ròu sī [N33] Juliennes de porc sautées avec céleri et tablettes de ṭofu émincées.

芹芽 qín yá [B4] Pousse d'œnanthe enchaussée.

秦菜 qín cài [N27] Voir 陕菜 shǎn cài.

秦椒 qín jiāo [B10] 1. Voir 辣椒 là jiāo; 2. voir 花椒 huā jiāo.

秦哪 qín nǎ [B4] Voir 当归 dāng guī.

秦味汆双脆 qín wèi cuān shuāng cuì [N27] Voir 口蘑桃仁汆双脆 kǒu mó táo rén cuān shuāng cuì.

琴酒 qín jiǔ [J1] Voir 金酒 jīn jiǔ.

勤瓜 qín guā [B5] Voir 黄瓜 huáng guā.

勤母 qín mǔ [B4] Voir 川贝 chuān bèi.

qing

青棒 qīng bàng [E1] Voir 青鱼 qīng yú.

青菜 qīng cài [B1] 1. Bok (pak) choy (choï); chou chinois non pommé; *Brassica rapa* L. ssp. *chinensis* (L.) Hanelt; 2. appellation générale des légumes-feuilles cultivés.

青茶 qīng chá [J5] Voir 乌龙茶 wū lóng chá.

青岛啤酒 qīng dǎo pí jiǔ [P2] « Bière de Tsingtao », brasserie de réputation asiatique, fondée en 1903 par des commerçants allemands et anglais.

青豆 qīng dòu [B6] Voir 豌豆 wān dòu.

青梗 qīng gěng [B1] Voir 上海青 shàng hǎi qīng.

青瓜 qīng guā [B5] Voir 黄瓜 huáng guā.

青果 qīng guǒ [G2] Voir 橄榄 gǎn lǎn.

青蚵 qīng hé [E4] Voir 牡蛎 mǔ lì.

青红丝 qīng hóng sī [G2] Radis, papaye et zeste d'orange émincés puis colorés en rouge et en vert avant d'être confits et séchés au soleil.

青花菜 qīng huā cài [B2] Voir 西兰花 xī lán huā.

青花鱼 qīng huā yú [E2] Voir 鲐鱼 tái yú.

青鲩 qīng huàn [E1] Voir 青鱼 qīng yú.

青江白菜 qīng jiāng bái cài [B1] Voir 上海青 shàng hǎi qīng.

青姜 qīng jiāng [B10] Voir 姜黄 jiāng huáng.

青椒炒蛋 qīng jiāo chǎo dàn [N33] Omelette aux poivrons (ou piments) verts.

青椒炒肉丝 qīng jiāo chǎo ròu sī [N33] Juliennes de porc sautées avec celles de poivrons (ou piments) verts.

青椒童子鸡 qīng jiāo tóng zǐ jī [N13] Jeune poulet cuit avec poivron vert dans une petite marmite.

青椒土豆丝 qīng jiāo tǔ dòu sī [N33] Juliennes de pomme de terre sautées avec celles de poivron (ou piment) vert.

青稞 qīng kē [A] Orge du Tibet; *Hordeum vulgare* Linn. var. *nudum*

Hook.f.

青稞酒 qīng kē jiǔ [N31] Eau-de-vie d'orge du Tibet.

青口 qīng kǒu [E4] *Perna viridis*; (littéralement) moule de jade.

青鳞子 qīng lín zi [E1] Voir 白条鱼 bái tiáo yú.

青楼菜 qīng lóu cài [S] Mets préparés par les chefs des maisons closes (sous les dynasties et la République de Chine).

青鲈 qīng lú [E2] Voir 花鲈 huā lú.

青萝卜 qīng luó bo [B4] Radis oriental vert; radis vert de Tianjin (ou de Shandong).

青螺炖鸭 qīng luó dùn yā [N8] Canard braisé avec une espèce d'escargot d'eau douce.

青梅 qīng méi [F2] Voir 梅子 méi zi.

青梅酒 qīng méi jiǔ [J3] Voir 梅酒 méi jiǔ.

青茄 qīng qié [B3] Aubergine verte (ronde ou un peu allongée).

青芹 qīng qín [B4] Voir 芹菜 qín cài.

青鳝 qīng shàn [E1] Voir 鳗鱼 mán yú.

青蒜 qīng suàn [B10] Pousse d'ail (on mange plutôt ses feuilles).

青笋 qīng sǔn [B4] Voir 莴笋 wō sǔn.

青苔菜 qīng tái cài [B8] Voir 海白菜 hǎi bái cài.

青团 qīng tuán [G4] Boulette de riz gluant verdie aux herbes, farcie de purée de haricot rouge ou de celle de graines de lotus sucrée.

青蛙 qīng wā [D3] Voir 田鸡 tián jī.

青虾 qīng xiā [E3] Voir 河虾 hé xiā.

青苋 qīng xiàn [B1] Amarante verte; Amaranthus viridis.

青小豆 qīng xiǎo dòu [B6] Voir 绿豆 lǜ dòu.

青蟹 qīng xiè [E3] Crabe des palétuviers; crabe de mangrove; *Scylla serrata*.

青岩豆腐果 qīng yán dòu fu guǒ [N23] Fromage de soja fermenté grillé, spécialité de Qingyan (Guizhou).

青鱼 qīng yú [E1] Carpe noire; *Mylopharyngodon piceus*.

青芋 qīng yù [B4] Voir 芋头 yù tóu.

青仔 qīng zǎi [F2] Voir 槟榔 bīn láng.

青占 qīng zhàn [E2] Voir 鲐鱼 tái yú.

氢化植物油 qīng huà zhí wù yóu [H3] Voir 起酥油 qǐ sū yóu.

清炒虾仁 qīng chǎo xiā rén [N10] Crevettes d'eau douces décortiquées, frites et sautées.

清炖鳗鲡汤 qīng dùn mán lí tāng [N12] Anguille d'eau douce et côtelettes de porc mijotées ensemble (soupe).

清炖蟹粉狮子头 qīng dùn xiè fěn shī zi tóu [N3] Grosse boulette de porc braisée et mélangée à de la chair et à des œufs de crabe (littéralement, « tête de lion », puisque la texture et la couleur de grosse boulette après la friture seraient associée à la fourrure de la tête de lion).

清酒 qīng jiǔ [J2] Voir 日本酒 rì běn jiǔ.

清冽橄榄肺 qīng liè gǎn lǎn fèi [N12] Poumon et côtelettes de porc mijotés avec olives de Chine (soupe).

清水爆肚 qīng shuǐ bào dǔ [N29] Voir 爆肚 bào dǔ.

清水蟹 qīng shuǐ xiè [E3] Voir 大闸蟹 dà zhá xiè.

清汤 qīng tāng [S] Bouillon.

清汤鲍鱼 qīng tāng bào yú [N19] Tranches d'ormeau cuites au bouillon avec volvaire.

清汤鸡把 qīng tāng jī bǎ [N4] Rouleaux de poulet cuits à la vapeur enveloppant de bâtonnets de porc, de jambon chinois, de pousse de bambou et de tiges de moutarde chinoise salées.

清汤西施舌 qīng tāng xī shī shé [N1] Chair de *Mactra antiquata* (une espèce de palourde) au bouillon.

清香 qīng xiāng [Q3/Q4] 1. Voir 香 xiāng; 2. arôme de type de Fenjiu (汾酒, marque d'alcool).

清真菜 qīng zhēn cài [N29] Les spécialités halal.

清蒸桂鱼 qīng zhēng guì yú [N33] Voir 清蒸鳜鱼 qīng zhēng guì yú.

清蒸鳜鱼 qīng zhēng guì yú [N33] Poisson mandarin cuit à la vapeur puis arrosé de sauce de soja et d'huile en ébullition.

清蒸海上鲜 qīng zhēng hǎi shàng xiān [N12] Mérou cuit à la vapeur et arrosé de sauce de soja et d'huile en ébullition.

清蒸加吉鱼 qīng zhēng jiā jí yú [N1] Dorade japonaise cuite à la vapeur avec pousses de bambou et shiitakes puis arrosée de chaude graisse de poulet.

清蒸鲈鱼 qīng zhēng lú yú [N33] Perche cuit à la vapeur puis arrosé de sauce de soja et d'huile en ébullition.

清蒸石鸡 qīng zhēng shí jī [N8] Grenouilles de la Montagne Jaune (littéralement « poulet de roche ») cuites à la vapeur.

清蒸武昌鱼 qīng zhēng wǔ chāng yú [N15] Brème de Wuchang cuite à la vapeur, puis arrosée de sauce de soja, spécialité de Wuhan.

鲭鱼 qīng yú [E2] Maquereau commun; maquereau espagnol; *Scomber scombrus*.

qiong

琼菜 qióng cài [N25] Les spécialités du Hainan.

qiu

秋虫 qiū chóng [D4] Voir 蟋蟀 xī shuài.

秋葵 qiū kuí [B3] Gombo; cabo (à l'île de la Réunion); calou (en Guyane); okra (en Louisiane et plus généralement dans le sud des États-Unis); *Abelmoschus esculentus*.

球葱 qiú cōng [B4] Voir 洋葱 yáng cōng.

球茎甘蓝 qiú jīng gān lán [B4] Voir 苤蓝 piě lán.

球生菜 qiú shēng cài [B1] Laitue batavia américaine; laitue iceberg; laitue croquante.

qu

曲端 qū duān [N31] Porridge salé et pimenté au mouton et au fromage concassé.

曲奇 qū qí [G4] Cookie.

蛆 qū [D4] Larve de mouche; asticot; ver.

蛐蛐 qū qu [D4] Voir 蟋蟀 xī shuài.

籧蔬 jǔ shū [B8] Voir 茭白 jiāo bái.

去骨 qù gǔ [L1] Désosser.

去壳 qù ké [L1] Décortiquer.

去皮刀 qù pí dāo [K1] Rasoir-rabot.

quan

全家福 quán jiā fú [N8] Assortiment de boulettes, de raviolis d'œuf, d'abattis (de porc et de volaille) et de légumes, braisé au bouillon de porc ou de poisson.

全聚德 quán jù dé [P1] Littéralement « Rassemblement des vertus », restaurant fondé en 1864 à Beijing (Pékin), réputé pour le canard laqué.

拳头菜 quán tóu cài [B9] Voir 蕨菜 jué cài.

que

雀麦 què mài [A] Voir 燕麦 yàn mài.

鹊豆 què dòu [B6] Voir 扁豆biǎn dòu.

qun

裙带菜 qún dài cài [B8] Wakame ; *Undaria pinnatifida*.

R

ran

燃面 rán miàn [N2] Nouilles refroidies pimentées et épicées (sans bouillon: elles sont si sèches que l'on nomme littéralement « nouilles combustibles »).

rang

蘘荷 ráng hé [B10] Voir 茗荷 míng hé.

re

热冬果 rè dōng guǒ [N28] Poire mijotée au bouillon sucré.
热干面 rè gān miàn [N15] Nouilles au beurre de sésame (sans bouillon).
热技法 rè jì fǎ [L2] Techniques culinaires à feu.
热酒 rè jiǔ [J3] Vin chaud.
热巧克力 rè qiǎo kè lì [J5] Chocolat chaud (au lait).
热情果 rè qíng guǒ [F5] Voir 西番莲 xī fān lián.

热水壶 rè shuǐ hú [K6] Voir 热水瓶 rè shuǐ píng.

热水瓶 rè shuǐ píng [K6] Bouteille isotherme.

热饮 rè yǐn [J5] Boissons chaudes.

ren

人参 rén shēn [B4] Ginseng; *Panax ginseng* C. A. Mey.

人参果 rén shēn guǒ [F6] Pepino; poire-melon; morelle de Wallis; *Solanum muricatum*.

人参果拌酸奶 rén shēn guǒ bàn suān nǎi [N31] Poire-melon bouillie puis macérée dans le yaourt.

人蓡 rén shēn [B4] Voir 人参 rén shēn.

人头疙瘩 rén tóu gē da [B4] Voir 苤蓝 piě lán.

人衔 rén xián [B4] Voir 人参 rén shēn.

人造黄油 rén zào huáng yóu [H3] Margarine.

仁果 rén guǒ [F1] Fruits à pépins.

稔子 rěn zi [F5] Voir 桃金娘 táo jīn niáng.

ri

日本对虾 rì běn duì xiā [E3] Voir 竹节虾 zhú jié xiā.

日本花鲈 rì běn huā lú [E2] Voir 花鲈 huā lú.

日本酒 rì běn jiǔ [J2] Saké.

日本料理 rì běn liào lǐ [S] Cuisine japonaise.

日本真鲈 rì běn zhēn lú [E2] Voir 花鲈 huā lú.

日料 rì liào [S] Voir 日本料理 rì běn liào lǐ.

日式饭团 rì shì fàn tuán [M2] Voir 饭团 fàn tuán.

rou

柔鱼 róu yú [E5] Voir 鱿鱼 yóu yú.

肉豆 ròu dòu [B6] Voir 扁豆 biǎn dòu.

肉脯 ròu fǔ [G3] Roti de viande assaisonnée en lamelle.

肉干 ròu gān [G3] Voir 肉脯 ròu fǔ.

肉羹 ròu gēng [N32] Soupe à morceaux de hachis de porc.

肉骨茶 ròu gǔ chá [N34] Bak (bah) kut teh; soupe aux travers de porc épicée à la malaisienne.

肉桂 ròu guì [B10] (Écorce de) cannelle.

肉合饼 ròu hé bǐng [M1] Petite galette farcie de viande.

肉鸡 ròu jī [C2] Poulet de l'élevage industriel.

肉夹馍 ròu jiā mó [N27] Pain pita à la viande mijotée.

肉夹芋泥 ròu jiā yù ní [N34] Voir 芋泥肉 yù ní ròu.

肉类 ròu lèi [C1] Viande.

肉类休闲食品 ròu lèi xiū xián shí pǐn [G3] Amuse-bouches de viande ou de poisson.

肉末茄子 ròu mò qié zi [N33] Aubergines cuites avec hachis de porc.

肉末蒸蛋 ròu mò zhēng dàn [N33] Œufs battus au hachis cuits à la vapeur.

肉酿面筋 ròu niàng miàn jīn [N10] Voir 面筋塞肉 miàn jīn sāi ròu.

肉松 ròu sōng [G3] Filaments de viande séchée.

肉丸 ròu wán [C3] Boulette de viande; boule(tte) de porc.

肉蟹 ròu xiè [E3] Crabe des palétuviers (*Scylla serrata*) mâle.

肉芽 ròu yá [D4] Voir 蛆 qū.

肉圆 ròu yuán [C3] Voir 肉丸 ròu wán.

肉柱 ròu zhù [E6] Voir 干贝 gān bèi.

ru

乳瓜 rǔ guā [B5] Voir 小黄瓜 1 xiǎo huáng guā 1.

乳糖 rǔ táng [R] Lactose.

乳制品 rǔ zhì pǐn [J4] Voir 奶制品 nǎi zhì pǐn.

ruan

软 ruǎn [Q2] Mou; tendre.

软兜鳝鱼 ruǎn dōu shàn yú [N3] Voir 软兜长鱼 ruǎn dōu cháng yú.

软兜长鱼 ruǎn dōu cháng yú [N3] Anguilles de rizière désossées sautées au saindoux et à l'ail haché.

软荚豌豆 ruǎn jiá wān dòu [B6] Voir 荷兰豆 hé lán dòu.

软熘黄鱼扇 ruǎn liū huáng yú shàn [N17] Morceaux de sciène (en aspect d'un éventail) frits et saucés de fécule et d'huile au poivre du Sichuan.

软熘鱼扇 ruǎn liū yú shàn [N17] Voir 软熘黄鱼扇 ruǎn liū huáng yú shàn.

软哨面 ruǎn shào miàn [N23] Nouilles à petits dés de porc entrelardé et de tofu frit.

软糖 ruǎn táng [G6] Fondant.

软饮 ruǎn yǐn [J4] Boissons non alcoolisées.

软炸石鸡 ruǎn zhá shí jī [N8] Grenouilles de la Montagne Jaune frites puis sautées à l'huile de sésame épicée.

rui

瑞草 ruì cǎo [B7] Voir 灵芝 líng zhī.

run

润饼 rùn bǐng [N32] Nem originaire du Fujian du sud.

ruo

蒻头 ruò tóu [B4] Voir 魔芋 mó yù.
鰯 ruò [E2] Voir 沙丁鱼 shā dīng yú.

S

sa

撒撇 sā piē [N22] Hachis de viande ou de poisson rapidement ébouillanté, puis mélangé à du bouillon amer de tripes de bœuf (qui contient de la bile), spécialité de l'ethnie Dai (Yunnan).

潵汤 sá tāng [N34] Bouillon supérieur à graines de larmille et à l'œuf battu.

撒 sǎ [L1] Saupoudrer; parsemer.

萨其马 sà qí mǎ [G4] Voir 沙琪玛 shā qí mǎ.

sai

赛螃蟹 sài páng xiè [N33] 1. Dés de sciène (ou tofu) sautés avec jaune d'œuf battu; 2. purée de carotte et de pomme de terre sautée avec shiitakes séchés émincés.

赛蟹羹 sài xiè gēng [N7] Chair de perche nappée de jaune d'œuf battu et cuite à la vapeur.

赛熊掌 sài xióng zhǎng [N13] Peau de porc (ou courge cireuse) en aspect de patte d'ours, garnie de fruits de mer et de champignon hachés et saucés, cuite à la vapeur puis saucée de fécule.

san

三杯鸡 sān bēi jī [N32/N14] Poulet cuit à trois verres de sauce (un verre de saindoux, un verre de vin de riz et un verre de sauce soja).

三杯鸭 sān bēi yā [N7] Canard cuit à trois verres de sauce (un verre de saindoux, un verre de vin de riz et un verre de sauce soja).

三尺农味 sān chǐ nóng wèi [F2] Voir 龙眼 lóng yǎn.

三大炮 sān dà pào [N2] Trois boulettes de riz glutineux cuit, jetées dans un van (comme trois boulet de canon) et y enrobées de farine de soja, puis mouillées à la sauce de sucre brun et parsemées de sésame blanc.

三点蟹 sān diǎn xiè [E3] Voir 梭子蟹 suō zi xiè.

三合汁 sān hé zhī [H2] Sauce triplée: sauce de soja, vinaigre et huile de sésame.

三和四美 sān hé sì měi [P2] Littéralement « Triple harmonie et quadruple beauté », entreprise fondée en 1796 à Yangzhou, produisant des légumes fermentés.

三黄鸡 sān huáng jī [C2/N11] 1. Poulet indigène sans stabulation (dont le plumage, les pattes et le bec sont tous jaunes, littéralement « poulet à trois jaunes »); 2. « poulet à trois jaunes » ébouillanté et refroidi à l'eau glacée, dégusté avec de la sauce de soja aux épices et à l'huile de sésame.

三角麦 sān jiǎo mài [A] Voir 荞麦 qiáo mài.

三来鱼 sān lái yú [E1] Voir 鲥鱼 shí yú.

三黎鱼 sān lí yú [E1] Voir 鲥鱼 shí yú.

三明治 sān míng zhì [N34] Sandwich; tartine à l'anglaise.

三皮丝 sān pí sī [N27] Juliennes saucées de (peau de) poulet, de peau frit de porc et de méduse comestible.

三七 sān qī [B5] Racine de pseudo-ginseng.

三七汽锅鸡 sān qī qì guō jī [N22] Poulet braisé avec pseudo-ginseng dans un tajine chinois.

三色苋 sān sè xiàn [B1] Voir 红苋 hóng xiàn.

三丝拌蛏 sān sī bàn chēng [N4] Salade de la chair de couteau aux juliennes de jambon chinois, de shiitake séché réhydraté et aux ciboulettes chinoises.

三丝干巴菌 sān sī gān bā jūn [N22] Juliennes de champignon gris (*Thelephora ganbajun*), de poulet et de jambon du Yunnan sautées aux piments.

三丝鱼翅 sān sī yú chì [N1] Ailerons de requin déchirés et mijotés avec juliennes de poulet, de pousse de bambou et de concombre de mer.

三套鸭 sān tào yā [N3] Trio de volaille braisé (un canard emboîté d'un canard sauvage, lui-même emboîté d'un pigeon, tout comme une poupée russe).

三文鱼 sān wén yú [E2] Voir 鲑鱼 guī yú.

三虾豆腐 sān xiā dòu fu [N8] Fromage de soja cuit aux crevettes décortiquées, aux œufs de crevettes séchés et à la sauce de fruits de mer fermentée.

三鲜豆皮 sān xiān dòu pí [N15] Peaux de tofu poêlés, enveloppant riz glutineux et hachis de viande, de crevettes et de légumes.

馓子 sǎn zi [G4] Faisceau de nouilles frites.

散丹 sǎn dān [C1] Voir 羊百叶 yáng bǎi yè.

散叶生菜 sǎn yè shēng cài [B1] Laitue frisée; *Lactuca sativa* var. *Crispa* L.

sang

桑果 sāng guǒ [F5] Voir 桑葚 sāng shèn.

桑葚 sāng shèn [F5] Mûre (fruit des mûriers, à comparer avec 黑莓 hēi méi).

桑葚酱 sāng shèn jiàng [H4] Confiture de mûre.

sao

骚 sāo [Q3] (Rognon d'animal) fétide.

se

色拉油 sè lā yóu [H3] Huile végétale de qualité.

色素 sè sù [R] Colorant; substance colorante.

涩 sè [Q2] Âpre.

僧笠蕈 sēng lì xùn [B7] Voir 竹荪 zhú sūn.

sha

杀猪菜 shā zhū cài [N13] Porc entrelardé, abats de porc et charcuterie (intestins, sang coagulé, boudin noir, etc.) braisés ensemble avec tofu en ruche et nouilles de farine de patate douce (littéralement « mets préparé après la boucherie »).

沙蚕 shā cán [E5] Néréide; gravette; *Nereis*.

沙茶酱 shā chá jiàng [H4] Saté (sauce originaire de l'Asie du Sud-Est).

沙茶牛肉 shā chá niú ròu [N12] Filet de bœuf sauté au saté avec légumes.

沙葱 shā cōng [B9] *Allium mongolicum* Regel.

沙地鲫鱼 shā dì jì yú [N8] Carpe bâtarde cuite aux œufs battus à la vapeur, parsemée de jambon chinois granulé.

沙爹酱 shā diē jiàng [H4] Voir 沙茶酱 shā chá jiàn.

沙爹鲜鱿 shā diē xiān yóu [N22] Calmar cuit au saté.

沙丁鱼 shā dīng yú [E2] Sardine; pilchard; royan; *Sardina pilchardus*.

沙果 shā guǒ [F1] (Fruit de) *Malus asiatica*; pommette.

沙葛 shā gé [B4] Voir 豆薯 dòu shǔ.

沙蛤 shā gé [E4] Voir 西施舌 xī shī shé.

沙棘 shā jí [F5] Argouse.

沙拉酱 shā lā jiàng [H4] Voir 蛋黄酱 dàn huáng jiàng.

沙朗 shā lǎng [C1] Faux-filet; contre-filet; New York Strip.

沙琪玛 shā qí mǎ [G4] Nouilles frites agglutinées au beurre et au sucre, coupées en rectangles (beignet à la mandchoue).

沙滩鲫鱼 shā tān jì yú [N8] Voir 沙地鲫鱼 shā dì jì yú.

沙塘鳢 shā táng lǐ [E1] Éléotridés; *Eleotridaes*.

沙湾大盘鸡 shā wān dà pán jī [N30] Voir 新疆大盘鸡 xīn jiāng dà pán jī.

沙虾 shā xiā [E3] Voir 基围虾 jī wéi xiā.

砂锅 shā guō [K2] Terrine; marmite en (de) terre.

砂锅散丹 shā guō sǎn dān [N1] Feuillet de mouton émincé et braisé au bouillon dans une marmite de terre.

砂锅鸭馄饨 shā guō yā hún tun [N8] Canard braisé dans une marmite de terre où l'on ébouillante des raviolis huntun.

砂糖 shā táng [H1] Voir 白糖 bái táng.

砂糖橘 shā táng jú [F3] Petite clémentine.

啥汤 shá tāng [N34] Voir 潵汤 sá tāng.

shai

筛子 shāi zi [K1] Passoire en bambou; zaru.

shan

山板栗 shān bǎn lì [G1] Voir 榛子 zhēn zi.

山葱 shān cōng [B10] Voir 茖葱 gé cōng.

山丹 shān dān [B9] 百合 bǎi hé.

山蛤 shān há [D3] Voir 石鸡 1 shí jī 1.

山核桃 shān hé tao [G1] Noix de Chine; noix de caryer de Chine; *Carya cathayensis* Sarg.

山茴香 shān huí xiāng [B1] Voir 藿香 huò xiāng.

山鸡 shān jī [C2] Faisan de Colchide domestiqué. (À comparer avec 野鸡 yě jī.)

山菊花 shān jú huā [B9] Voir 野菊 yě jú.

S

山葵 shān kuí [B10] Wasabi; moutarde japonaise; raifort japonais; *Eutrema japonicum*; *Wasabia japonica*.

山榄子 shān lǎn zǐ [G2] Voir 橄榄 gǎn lǎn.

山里果 shān lǐ guǒ [F1] Voir 山楂 shān zhā.

山里红 shān lǐ hóng [F1] Voir 山楂 shān zhā.

山荵 shān rěn [F5] Voir 桃金娘 táo jīn niáng.

山蒜 shān suàn [B10] Voir 野蒜 yě suàn.

山外山 shān wài shān [P2] Littéralement « Montagne hors des montagnes », restaurant fondé en 1903 à Hangzhou (près du Lac de l'Ouest), réputé pour les spécialités de Hangzhou.

山药 shān yào [B4] 1. Igname de Chine; tubercule de *Dioscorea polystachya*; 2. voir 马铃薯 mǎ líng shǔ.

山药蛋 shān yào dàn [B4] 1. Voir 红薯 hóng shǔ; 2. voir 马铃薯 mǎ líng shǔ.

山芋 shān yù [B4] Voir 红薯 hóng shǔ.

山芋粉丝 shān yù fěn sī [B4] Vermicelle translucide de (farine de) patate douce.

山芋藤 shān yù téng [B4] Feuilles et tiges de patate douce.

山楂 shān zhā [F1] Cenelle; azerole.

山竹 shān zhú [F1] Mangoustan.

膻 shān [Q3] Odeur d'ovins.

陕菜 shǎn cài [N27] Les spécialités du Shaanxi.

扇贝 shàn bèi [E4] Pétoncle; Saint-Jacques; pinne du Japon; pecten; peigne.

膳食纤维 shàn shí xiān wéi [R] Fibres alimentaires.

鳝鱼 shàn yú [E1] Voir 黄鳝 huáng shàn.

鳝鱼凉米线 shàn yú liáng mǐ xiàn [N22] Vermicelle de riz aux tronçons d'anguille de rizière, à servir froid.

鱓鱼 shàn yú [E1] Voir 黄鳝 huáng shàn.

shang

商芝肉 shāng zhī ròu [N27] Porc entrelardé cuit à la vapeur avec fougère-aigle.

上党参 shàng dǎng shēn [B4] Voir 党参 dǎng shēn.

上海白菜 shàng hǎi bái cài [B1] Voir 上海青 shàng hǎi qīng.

上海老饭店 shàng hǎi lǎo fàn diàn [P2] Littéralement « Le vieux restaurant de Shanghai », fondé en 1875 dans le Jardin Yu, réputé pour les plats shanghaïens.

上海青 shàng hǎi qīng [B1] Chou de Shanghai (une variété de bok choy à taille moyenne).

上海小绍兴 shàng hǎi xiǎo shào xīng [P2] Littéralement « Le petit Shaoxing à Shanghai », marque de restaurant créée en 1943, aujourd'hui sous la gestion du Groupe Xinghualou (杏花楼 xìng huā lóu), réputée pour les plats shanghaïens.

上河帮 shàng hé bāng [N2] Les spécialités de la Haute Rivière (Chongqing et ses alentours).

上汤时蔬 shàng tāng shí shū [N33] Légumes-feuilles cuits au bouillon de poulet.

shao

烧 shāo [L2] 1. Cuire (souvent après la friture); 2. chauffer; 3. rôtir à la cantonaise.

烧饼 shāo bǐng [M1] Galette cuite au four ou au foyer.

烧大葱 shāo dà cōng [N26] Tronçons de poireau frits puis cuits à la vapeur avec litchis.

烧二冬 shāo èr dōng [N1] Shiitakes sautés avec pousses de bambou à la sauce de soja.

烧酒 shāo jiǔ [J1] Eau-de-vie.

烧麦 shāo mài [M1] Voir 烧卖 shāo mài.

烧卖 shāo mài [M1] Shaomai; siumai; petit pain farci cuit à la vapeur dont la tête plissée. (À comparer avec 包子 bāo zi.)

烧梅 shāo méi [M1] Voir 烧卖 shāo mài.

烧肉 shāo ròu [N5] Voir 广式脆皮烧肉 guǎng shì cuì pí shāo ròu.

烧仙草 shāo xiān cǎo [N32] Tisane sucrée à la gelée d' « herbe immortelle » (*Platostoma palustre* ou *Mesona chinensis*).

烧鸭 shāo yā [N5] Voir 广式烧鸭 guǎng shì shāo yā.

烧云腿 shāo yún tuǐ [N22] Jambon du Yunnan enrobé d'œuf et rôti à la broche.

稍麦 shāo mài [M1] Voir 烧卖 shāo mài.

稍美 shāo měi [M1] Voir 烧卖 shāo mài.

勺子 sháo zi [K5] Cuiller.

绍酒 shào jiǔ [J2] Voir 黄酒 huáng jiǔ.

烧酒
Alcool chinois

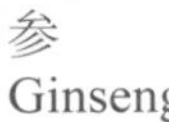

参
Ginseng

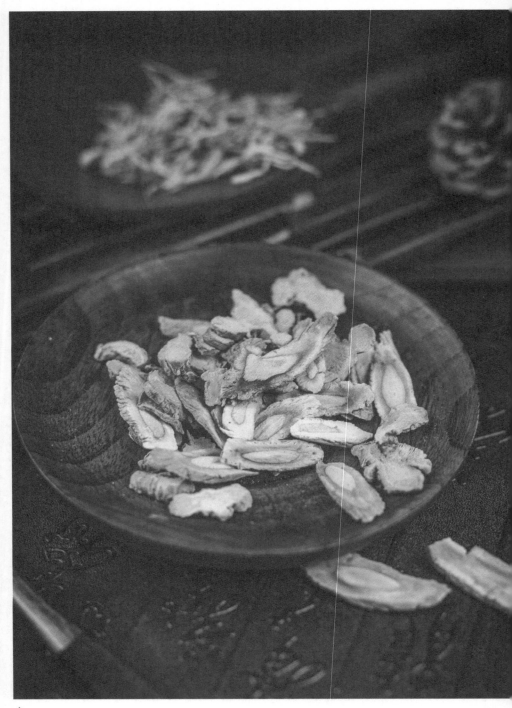

she

蛇 shé [D3] Serpent.

蛇胆 shé dǎn [D3] Fiel de serpent.

蛇豆 shé dòu [B5] Voir 蛇瓜 shé guā.

蛇瓜 shé guā [B5] Littéralement « gourde de serpent » (une variété de cucubirtacée); *Trichosanthes anguina*; *Trichosanthes cucumerina*; chichinga.

蛇果 shé guǒ [F1] Red delicious.

蛇蒿 shé hāo [B10] Voir 龙蒿 lóng hāo.

蛇酒 shé jiǔ [J3] Eau-de-vie au serpent.

蛇皮果 shé pí guǒ [F2] Salak; *Salacca zalacca*.

蛇丝瓜 shé sī guā [B5] Voir 蛇瓜 shé guā.

蛇甜瓜 shé tián guā [B5] Voir 菜瓜 1 cài guā1.

蛇头鱼 shé tóu yú [E1] Voir 黑鱼 hēi yú.

蛇王瓜 shé wáng guā [B5] Voir 蛇瓜 shé guā.

蛇血 shé xuè [D3] Sang de serpent.

蛇鱼 shé yú [E1] Voir 黄鳝 huáng shàn.

射尿龟 shè niào guī [D4] Voir 龙虱 lóng shī.

麝香草 shè xiāng cǎo [B10] Voir 百里香 bǎi lǐ xiāng.

麝香酒 shè xiāng jiǔ [J3] Eau-de-vie au musc.

麝香鸭 shè xiāng yā [C2] Voir 番鸭 fān yā.

shen

参 shēn [B4] Voir 人参 rén shēn.

参茶 shēn chá [J5] Tisane à base de ginseng.

参茸酒 shēn róng jiǔ [J3] Eau-de-vie au ginseng et au corne de cerf sika.

参薯 shēn shǔ [B4] Voir 紫薯 zǐ shǔ.

深井烧鹅 shēn jǐng shāo é [N5] Voir 广式烧鹅 guǎng shì shāo é.

神仙果 shén xiān guǒ [F1] Voir 罗汉果 luó hàn guǒ.

sheng

生菜 shēng cài [B1] 1. (Feuille de) laitue; 2. laitue batavia; 3. salade (verte).

生菜大虾 shēng cài dà xiā [N17] Crevettes poêlées puis garnies de crème au hachis de poireau, de céleri et de poivron rouge avant d'être mises sur feuilles de laitue.

生抽 shēng chōu [H2] Sauce (de) soja légère; sauce (de) soja claire.

生粉 shēng fěn [H1] Fécule; amidon.

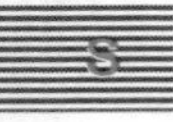

生瓜 shēng guā [B5] Voir 西葫芦 xī hú lu.

生滚牛肉粥 shēng gǔn niú ròu zhōu [N5] Bouillies de riz où sont ébouillantés à point des lamelles de bœuf.

生滚鱼片粥 shēng gǔn yú piàn zhōu [N5] Bouillies de riz où sont ébouillantés à point des lamelles de poisson.

生滚粥 shēng gǔn zhōu [N5] Bouillies de riz où sont ébouillantés à point les différents ingrédients (lamelles de poisson, de bœuf, de rognon de porc, etc.).

生蚝 shēng háo [E4] Voir 牡蛎 mǔ lì.

生煎包 shēng jiān bāo [M1] Petit pain farci cuit dans un très gros poêle en fonte (sans manche).

生煎馄饨 shēng jiān hún tun [M1] Ravioli huntun poêlé.

生姜 shēng jiāng [B10] Voir 姜 jiāng.

生啤 shēng pí [J2] Bière à la pression; bière non-pasteurisée.

圣代 shèng dài [G8] Sundae.

圣女果 shèng nǚ guǒ [F6] Tomate cerise.

圣生梅 shèng shēng méi [F2] Voir 杨梅 yáng méi.

胜瓜 shēng guā [B5] Voir 丝瓜 sī guā.

shi

诗礼银杏 shī lǐ yín xìng [N1] Fruits de ginkgo braisés et saucés de miel, de sucre et de saindoux.

湿淀粉 shī diàn fěn [H2] Fécule mouillée.

狮头参 shī tóu shēn [B4] Voir 党参 dǎng shēn.

虱目鱼 shī mù yú [E2] Poisson-lait; *Chanos chanos*.

虱目鱼肚粥 shī mù yú dǔ zhōu [N32] Bouillie de riz au ventre de poisson-lait.

什锦凉米线 shí jǐn liáng mǐ xiàn [N22] Vermicelle de riz aux épices et à juliennes assorties, à servir froid.

什锦蔬菜 shí jǐn shū cài [B] Macédoine.

石斑鱼 shí bān yú [E2] Mérou; *Epinephelus*.

石壁花 shí bì huā [B7] Voir 石耳 shí ěr.

石崇鱼 shí chóng yú [E2] Voir 石头鱼 1 shí tou yú 1.

石莼 shí chún [B8] Voir 海白菜 hǎi bái cài.

石耳 shí ěr [B7] Littéralement « oreille de Judas sur la roche » (un lichen montagneux comestible); iwatake; *Umbilicaria esculenta* Miyoshi.

石耳炖石鸡 shí ěr dùn shí jī [N8] Voir 黄山双石 huáng shān shuāng shí.

石锅拌饭 shí guō bàn fàn [M2] Bibimbap; mélange de riz, de viande et de légumes à la pâte de piment coréenne fermentée dans un bol en pierre.

石蛤 shí há [D3] Voir 石鸡 1 shí jī 1.

石斛 shí hú [J5] Tisane à base de *dendrobium nobile* (un genre d'orchidée montagneuse).

石灰草 shí huī cǎo [B10] Voir 芸香 yún xiāng.

石鸡 shí jī [D3/D2] 1. *Quasipaa spinosa* (une espèce de grenouille montagneuse comestible); 2. perdrix choukar; *Alectoris chukar*.

石镜 shí jìng [E5] Voir 海蜇 hǎi zhé.

石决明 shí jué míng [E4] Voir 鲍鱼 1 bào yú 1.

石莲花 shí lián huā [B1] *Graptopetalum paraguayense* (une plante succulente dont les feuilles comestibles).

石榴 shí liu [F5] Grenade.

石榴酒 shí liu jiǔ [J2] Vin de grenade.

石螺 shí luó [E4] Voir 螺蛳 luó sī.

石码五香 shí mǎ wǔ xiāng [N7] Rouleaux de feuilles de tofu farcis de porc épicé à la friture, dégustés avec de la sauce de tomate ou de piment.

石首鱼 shí shǒu yú [E2] Voir 大黄鱼 dà huáng yú.

石首鱼鲞 shí shǒu yú xiǎng [E6] Voir 黄鱼鲞 huáng yú xiǎng.

石头鱼 shí tou yú [E2] 1. Poisson-pierre; synancée; *Synanceia verrucosa*; 2. voir 大黄鱼 dà huáng yú.

石蛙 shí wā [D3] Voir 石鸡 1 shí jī1.

石盐 shí yán [H1] Voir 岩盐 yán yán.

S

食醋 shí cù [H2] Voir 醋 cù.

食具 shí jù [K5] Couverts.

食疗 shí liáo [S] Gastrothérapie; diétothérapie; sitothérapie.

食堂 shí táng [S] Cantine.

食堂菜 shí táng cài [S] Mets banaux aux cantines des entreprises ou des universités, parfois d'une combinaison d'ingrédients très bizarre.

食盐 shí yán [H1] Voir 盐 yán.

食用金箔 shí yòng jīn bó [S] Feuille d'or comestible; feuille d'or destinée à l'usage culinaire.

食用色素 shí yòng sè sù [R] Voir 色素 sè sù.

食用香精 shí yòng xiāng jīng [R] Voir 香精 xiāng jīng.

莳萝 shí luó [B10] Aneth.

鲥鱼 shí yú [E1] *Tenualosa reevesii* (Richardson); *Hilsa reevesii*.

柿子 shì zi [F1] Kaki; plaquemine.

柿子椒 shì zi jiāo [B3] Voir 菜椒 cài jiāo.

释迦果 shì jiā guǒ [F1] Voir 番荔枝 fān lì zhī.

shou

手擀面 shǒu gǎn miàn [M1] Nouilles préparées par un rouleau à pâtisserie.
寿司 shòu sī [M2] Sushi.
寿阳油柿子 shòu yáng yóu shì zi [N26] Donut de Shouyang (Shanxi).
受难果 shòu nàn guǒ [F5] Voir 西番莲 xī fān lián.

shu

菽 shū [B6] Légumineuses.
蔬菜 shū cài [B] Légumes.
熟啤 shú pí [J2] Bière pasteurisée.
黍 shǔ [A] Millet glutineux.
蜀椒 shǔ jiāo [B10] Voir 花椒 huā jiāo.
蜀芹 shǔ qín [B8] Voir 水芹 shuǐ qín.
蜀黍 shǔ shǔ [A] Voir 高粱 gāo liang.
薯片 shǔ piàn [G5] Chips.
薯蓣 shǔ yù [B4] Voir 山药 1 shān yào 1.
薯蔗 shǔ zhè [F6] Voir 甘蔗 gān zhè.
树菠萝 shù bō luó [F6] Voir 波罗蜜 bō luó mì.
树梅 shù méi [F2] Voir 杨梅 yáng méi.
树莓 shù méi [F5] Voir 覆盆子 fù pén zǐ.
莪药 shù yào [B10] Voir 姜黄 jiāng huáng.

shua

刷锅水 shuā guō shuǐ [S] Voir 泔水 gān shuǐ.

shuai

帅鱼 shuài yú [E1] Voir 银鱼 yín yú.

shuan

涮 shuàn [L2] Ébouillanter des aliments émincés dans la fondue.

涮羊肉 shuàn yáng ròu [N16] Fondue mongole; fondue pékinoise (qui contient essentiellement du mouton).

S

shuang

双孢菇 shuāng bāo gū [B7] Voir 口蘑 2 kǒu mó 2.

双皮奶 shuāng pí nǎi [N5] Gel de lait à doubles peaux.

shui

水 shuǐ [R] Eau.

水爆肚 shuǐ bào dǔ [N29] Voir 爆肚 bào dǔ.

水鳖 shuǐ biē [D4] Voir 龙虱 lóng shī.

水菜 shuǐ cài [B1] Voir 京水菜 jīng shuǐ cài.

水产 shuǐ chǎn [E] Poissons et fruits de mer.

水产制品 shuǐ chǎn zhì pǐn [E6] Produits de poisson et de fruits de mer.

水淀粉 shuǐ diàn fěn [H2] Voir 湿淀粉 shī diàn fěn.

水发 shuǐ fā [L1] Réhydrater (des ingrédients séchés); (faire) gonfler à l'eau.

水龟子 shuǐ guī zi [D4] Voir 龙虱 lóng shī.

水果 shuǐ guǒ [F] Fruits.

水果萝卜 shuǐ guǒ luó bo [B4] Littéralement « radis fruit » : l'ensemble de radis qui peuvent se manger crues ou à la salade, y compris radis oriental vert, radis melon d'eau, radis-cerise, etc.

水果西米露 shuǐ guǒ xī mǐ lù [G7] Bouillie de sagou aux fruits.

水蒿 shuǐ hāo [B9] Voir 芦蒿 lú hāo.

水壶 shuǐ hú [K6] 1. Bouilloire; 2. bidon.

水饺 shuǐ jiǎo [M1] Raviolis jiaozi bouillis.

水晶虾仁 shuǐ jīng xiā rén [N11] Crevettes décortiquées frites et saucées.

水晶肴肉 shuǐ jīng yáo ròu [N3] Terrine de jarret de porc déchiré.

水晶肴蹄 shuǐ jīng yáo tí [N3] Voir 水晶肴肉 shuǐ jīng yáo ròu.

水葵 shuǐ kuí [B8] Voir 莼菜 chún cài.

水萝卜 shuǐ luó bo [B4] 1. Radis d'été demi-long; 2. voir 樱桃萝卜 yīng tao luó bo.

水蜜桃 shuǐ mì táo [F2] Voir 桃 táo.

水磨丝 shuǐ mó sī [N27] Juliennes fines d'oreille de porc et de poireau à la sauce vinaigrée.

水母鲜 shuǐ mǔ xiān [E5] Voir 海蜇 hǎi zhé.

水蒲桃 shuǐ pú tao [F1] Voir 莲雾 lián wù.

水芹 shuǐ qín [B8] 1. Œnanthe; ache d'eau; *Oenanthe javanica*; *Oenanthe stolinifera*; 2. cresson alénois; *Lepidium sativum*.

水生类蔬菜 shuǐ shēng lèi shū cài [B8] Légumes aquatiques.

水石榴 shuǐ shí liu [F1] Voir 莲雾 lián wù.

水田芥 shuǐ tián jiè [B1] Voir 豆瓣菜 dòu bàn cài.

水蟹 shuǐ xiè [E3] Crabe des palétuviers (*Scylla serrata*) immature.

水信玄饼 shuǐ xìn xuán bǐng [G4] Gâteau de goutte à la japonaise; gâteau de Takeda Shingen (daimyō à l'époque Sengoku du Japon).

水英 shuǐ yīng [B8] Voir 水芹 shuǐ qín.

水盂 shuǐ yú [K6] Voir 工夫茶具 gōng fu chá jù.

水鱼 shuǐ yú [E5] Voir 甲鱼 jiǎ yú.

水芝丹 shuǐ zhī dān [B8] Voir 莲子 lián zǐ.

水煮蛋 shuǐ zhǔ dàn [N34] Œuf cuit à l'eau dans sa coquille.

水煮肉片 shuǐ zhǔ ròu piàn [N2] Lamelles de porc (ou bœuf)

ébouillantées au bouillon épicé et arrosées d'huile pimentée en ébullition.

水煮鱼 shuǐ zhǔ yú [N2] Lamelles de poisson herbivore ébouillantées au bouillon épicé et arrosées d'huile pimentée en ébullition.

shun

顺德鱼豆腐 shùn dé yú dòu fu [N5] Quenelle de poisson de Shunde (Guangdong).

si

丝瓜 sī guā [B5] Courge éponge; *Luffa aegyptiaca*.

丝瓜炖黄鱼 sī guā dùn huáng yú [N4] Voir 丝瓜黄鱼汤 sī guā huáng yú tāng.

丝瓜黄鱼汤 sī guā huáng yú tāng [N4] Soupe de *Larimichthys polyactis* (poisson marin proche de la sciène) à la courge éponge émincée.

丝瓜鸡蛋汤 sī guā jī dàn tāng [N33] Potage d'œuf à la courge éponge émincée.

丝路驼掌 sī lù tuó zhǎng [N28] Voir 雪山驼掌 xuě shān tuó zhǎng.

丝螺 sī luó [E4] Voir 螺蛳 luó sī.

丝娃娃 sī wá wa [N23] Nem à la Guizhou; rouleau de printemps à juliennes de légumes (sans être frit).

死面 sǐ miàn [M1] Pâte non fermentée; pâte sans levain.

四川火锅 sì chuān huǒ guō [N2] Fondue à la Sichuan, souvent très pimentée et poivrée.

四川泡菜 sì chuān pào cài [H5] Voir 泡菜 1 pào cài 1.

四大扒 sì dà bā [N17] Les quatre plats (ou plus) cuits à la vapeur puis saucés, y compris poulet, canard, jarret de porc, concombre de mer, etc., spécialité de Tianjin.

四大菜系 sì dà cài xì [N] Les quatre régions bien réputées pour l'art culinaire : Lu (Shandong), Chuan (Sichuan), Yue (Guangdong), Huaiyang (région centrale du Jiangsu).

四季豆 sì jì dòu [B6] Haricot vert.

四季葱 sì jì cōng [B10] Voir 分葱 fēn cōng.

四星望月 sì xīng wàng yuè [N14/N21] Tranches de carpe herbivore mises sur vermicelle de riz pimentés, puis cuites à la vapeur.

song

松板肉 sōng bǎn ròu [C1] Voir 猪颈 zhū jǐng.

松糕 sōng gāo [N4] Gâteau de riz non gluant cuit à la vapeur, spécialité du Zhejiang.

松鹤楼 sōng hè lóu [P2] Littéralement « Pavillon aux pins et à la grue », restaurant fondé en 1757 à Suzhou, fréquenté par l'Empereur Qianlong (1711–1799), réputée pour les spécialités de Suzhou.

松花蛋 sōng huā dàn [C4] Voir 皮蛋 pí dàn.

松口蘑 sōng kǒu mó [B7] Voir 松茸 sōng róng.

松露 sōng lù [B7] Truffe; *Tuber*.

松仁玉米 sōng rén yù mǐ [N3] Grains de maïs et pignons de pin sautés.

松茸 sōng róng [B7] Champignon des pins; matsutake; *Tricholoma matsutake*.

松肉 sōng ròu [N16/N29] Filet de mouton ou de bœuf enrobé de peau de tofu frite, cuit à la vapeur avant d'être saucé de bouillon et d'huile de sésame.

松肉器 sōng ròu qì [K1] Attendrisseur.

松鼠鳜鱼 sōng shǔ guì yú [N10] Poisson mandarin (ou sciène) tailladé en croix à maintes reprises, puis frit et arrosé de sauce aigre-douce (après la friture, le poisson donne l'aspect de la fourrure d'écureuil, d'où le nom

« poisson écureuil »).

松鼠黄鱼 sōng shǔ huáng yú [N10] Voir 松鼠鳜鱼 sōng shǔ guì yú.

松蕈 sōng xùn [B7] Voir 松茸 sōng róng.

松叶生菜 sōng yè shēng cài [B1] Voir 散叶生菜 sǎn yè shēng cài.

松叶蟹 sōng yè xiè [E3] Voir 雪蟹 xuě xiè.

松子 sōng zǐ [G1] Pignon de pin; noix de pin.

宋嫂鱼羹 sòng sǎo yú gēng [N4] Potage au poisson émincé vinaigré, créé par une dame de la Dynastie des Song.

sou

馊 sōu [Q3] Fétide de putréfaction.

su

苏菜 sū cài [N10] Les spécialités du Jiangsu (notamment celles de la région Suzhou-Wuxi).

苏打粉 sū dǎ fěn [H1] Voir 纯碱 chún jiǎn.

苏打水 sū dǎ shuǐ [J4] Soda.

苏锡菜 sū xī cài [N10] Les spécialités de la région Suzhou-Wuxi.

苏州稻香村 sū zhōu dào xiāng cūn [P2] Littéralement « Village au parfum de riz », pâtisserie fondée en 1773 à Suzhou, réputée pour les gâteaux traditionnels. (À comparer avec la pâtisserie du même nom de Beijing (Pékin) 北京稻香村 běi jīng dào xiāng cūn).

苏州卤汁豆腐干 sū zhōu lǔ zhī dòu fu gān [N10] Tablettes de tofu frites et mijotées à la sauce de soja, spécialité de Suzhou.

苏州青 sū zhōu qīng [B1] Voir 上海青 shàng hǎi qīng.

酥 sū [Q2] 1. Croustillant; 2. fondant.

酥皮叉烧角 sū pí chā shāo jiǎo [N5] Feuilleté au porc rôti à la cantonaise.

酥糖 sū táng [G6] Bonbon de farine croustillant.

酥油 sū yóu [H3] Beurre de yak; beurre de chèvre à la tibétaine.

酥油茶 sū yóu chá [N31] Thé noir au beurre de yak.

酥炸全蝎 sū zhá quán xiē [N1] Scorpions frits.

素春卷 sù chūn juǎn [N23] Voir 丝娃娃 sī wá wa.

素火腿 sù huǒ tuǐ [B6] Produit de soja en aspect de saucisson.

素鸡 sù jī [B6] Produit de soja à la saveur de poulet.

素什锦 sù shí jǐn [N9] Macédoine à la nankinoise.

素鸭 sù yā [B6] Voir 素鸡 sù jī.

速溶咖啡 sù róng kā fēi [J5] Café soluble; café instantané.

粟 sù [A] Voir 小米 xiǎo mǐ.

粟米 sù mǐ [A] 1. Voir 小米 xiǎo mǐ; 2. voir 玉米 yù mǐ.

粟米油 sù mǐ yóu [H3] Voir 玉米油 yù mǐ yóu.

塑料水杯 sù liào shuǐ bēi [K6] Gobelet en plastique.

suan

酸 suān [Q1] Aigre; vinaigré; acidulé.

酸菜 suān cài [H5/N13] 1. Moutarde chinoise fermentée acidulée; 2. choucroute à la mandchoue.

酸菜鱼 suān cài yú [N2] Tranches minces de poisson ébouillantées puis braisées au bouillon de moutarde fermentée, acidulée et pimentée.

酸橙 suān chéng [F3] Bigarade; orange amère; *Citrus aurantium*.

酸刺 suān cì [F5] Voir 沙棘 shā jí.

酸度调节剂 suān dù tiào jié jì [R] Régulateur alimentaire de pH.

酸果蔓 suān guǒ màn [F5] Voir 蔓越莓 màn yuè méi.

酸浆 suān jiāng [F5] Physalis; alkékenge; coquerelle; coqueret; cerise de terre; cerise d'hiver; cerise des Juifs; lanterne chinoise; amour-en-cage; mirabelle de Corse; groseille du Cap; *Physalis alkekengi*.

酸辣海蜇头 suān là hǎi zhé tóu [N2] Tête de la méduse comestible marinée de sauce de soja, de vinaigre, d'huile de sésame et d'huile pimentée.

酸辣青蚝 suān là qīng háo [N12] Moules de jade sautées et arrosées de sauce aigre-pimentée en ébullition.

酸辣土豆丝 suān là tǔ dòu sī [N2] Juliennes de pomme de terre sautées aux piments et au vinaigre.

酸梅 suān méi [F2] Voir 梅子 méi zi.

酸梅汤 suān méi tāng [J4] Décoction d'abricot du Japon sucrée.

酸奶 suān nǎi [J4] Yaourt.

S

酸汤面 suān tāng miàn [N27] Nouilles au bouillon vinaigré et épicé.

酸汤羊肉 suān tāng yáng ròu [N33] Mouton braisé au bouillon vinaigré avec nouilles de fécule de pomme de terre.

酸甜藠头 suān tián jiào tóu [H5] Voir 糖醋藠头 táng cù jiào tóu.

蒜 suàn [B10] Ail.

蒜瓣 suàn bàn [B10] Gousse d'ail.

蒜罐 suàn guàn [K1] Voir 蒜臼 suàn jiù.

蒜毫 suàn háo [B4] Voir 蒜薹 suàn tái.

蒜黄 suàn huáng [B1] Jeune plant d'ail conservé et jauni dans l'obscurité artificielle.

蒜臼 suàn jiù [K1] Moulin à ail.

蒜苗 suàn miáo [B4/B10] 1. Voir 蒜薹 suàn tái; 2. voir 青蒜 qīng suàn.

蒜脑薯 suàn nǎo shǔ [B9] Voir 百合 bǎi hé.

蒜泥白肉 suàn ní bái ròu [N2] 1. Lamelles de porc cuit, dégustées avec de la sauce pimentée à purée d'ail; 2. lamelles de porc cuit enveloppant des salades de légume, dégustées avec de la sauce pimentée à purée d'ail.

蒜蓉空心菜 suàn róng kōng xīn cài [N33] Liseron d'eau sauté à l'ail haché.

蒜蓉娃娃菜 suàn róng wá wa cài [N33] Endive chinoise cuite à la vapeur à l'ail haché.

蒜薹 suàn tái [B4] Tige floral d'ail; fleur d'ail.

蒜汁 suàn zhī [H2] Sauce mixte (sauce de soja légère, vinaigre et huile) à l'ail.

蒜籽 suàn zǐ [B10] Voir 蒜瓣 suàn bàn.

sun

孙旺 sūn wàng [D4] Voir 蟋蟀 xī shuài.

笋 sǔn [B4] Pousse de bambou.

笋虫 sǔn chóng [D4] Voir 笋子虫 sǔn zi chóng.

笋干烧肉 sǔn gān shāo ròu [N33] Porc braisé à la sauce de soja avec pousses de bambou réhydratées.

笋瓜 sǔn guā [B5] Voir 西葫芦 xī hú lu.

笋壳鱼 sǔn ké yú [E1] Gobie marbré; *Oxyeleotris marmorata*.

笋蛹 sǔn yǒng [D4] Voir 笋子虫 sǔn zi chóng.

笋子虫 sǔn zi chóng [D4] Pupe de *Cyrtotracjelus longimanus* (une espèce de ver parasitant le bambou).

隼人瓜 sǔn rén guā [B5] Voir 佛手瓜 fó shǒu guā.

suo

梭子蟹 suō zi xiè [E3] *Portunidae*; *Portunus trituberculatus* (crabe capturé au large des côtes de l'Asie de l'Est).

缩项鳊 suō xiàng biān [E1] Voir 武昌鱼 wǔ chāng yú.

索康必喜 suǒ kāng bì xǐ [N31] Pâte farcie de viande frite dans le beurre de yak (auparavant, ce fut l'aliment réservé à Dalaï-lama et à Panchen-lama).

T

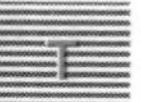

T 骨牛排 T gǔ niú pái [C1] Voir 丁骨牛排 dīng gǔ niú pái.

ta

它似蜜 tā sì mì [N29] Lamelles de filet de mouton frites puis sautées à la sauce douce.

塌 tā [L2] Poêler dans un peu d'huile pour « aplatir » l'aliment.

塌菜 tā cài [B1] Voir 乌菜 wū cài.

塔菜 tǎ cài [B1] Voir 乌菜 wū cài.

塔奇拉 tǎ qí lā [J1] Voir 龙舌兰酒 lóng shé lán jiǔ.

挞 tǎ [G4] Voir 派 1 pài 1.

鳎蟆 tǎ ma [E2] Voir 龙利鱼 lóng lì yú.

鳎目鱼 tǎ mù yú [E2] Voir 龙利鱼 lóng lì yú.

鳎沙鱼 tǎ shā yú [E2] Voir 龙利鱼 lóng lì yú.

tai

台菜 tái cài [N32] Les spécialités du Taïwan.

台湾莴苣 tái wān wō jù [B1] Voir 莜麦菜 yóu mài cài.

鲐鱼 tái yú [E2] *Pneumatophorus japonicus*.

太白粉 tài bái fěn [H1] Voir 土豆淀粉 tǔ dòu diàn fěn.

太白韭 tài bái jiǔ [B10] Voir 野葱 2 yě cōng 2.

太古菜 tài gǔ cài [B1] Voir 乌菜 wū cài.

太湖白虾 tài hú bái xiā [E3] Voir 白米虾 bái mǐ xiā.

太湖秀丽长臂虾 tài hú xiù lì cháng bì xiā [E3] Voir 白米虾 bái mǐ xiā.

太平猴魁 tài píng hóu kuí [J5] Littéralement « roi des singes de Taiping », thé vert originaire de l'Anhui.

太平洋潜泥蛤 tài píng yáng qián ní gé [E4] Voir 象拔蚌 xiàng bá bàng.

泰国大米 tài guó dà mǐ [A] Riz thaï; riz jasmin.

泰国虾 tài guó xiā [E3] Crevette géante d'eau douce; *Macrobrachium rosenbergii*.

泰山三美汤 tài shān sān měi tāng [N1] Potage de chou chinois au tofu (spécialité de la Montagne Taishan où le chou chinois, le tofu ainsi que l'eau du pays sont nommés « trois délicieux »).

tan

坛子 tán zi [K4] Cruche; pot.

坛子辣椒 tán zi là jiāo [H4] Voir 剁椒 duò jiāo.

谭家菜 tán jiā cài [P1] Littéralement « Chez M. Tan », marque réputée pour la cuisine fusion cantonaise-pékinoise.

碳水化合物 tàn shuǐ huà hé wù [R] Hydrate de carbone; glucide.

碳酸饮料 tàn suān yǐn liào [J4] Boissons gazeuses.

tang

汤包 tāng bāo [M1] Petit pain farci cuit à la vapeur, dans lequel le saindoux solide farci transformé en sauce chaude lors de la dégustation.

汤匙 tāng chí [K5] Cuiller(-ère) à soupe; cuiller(-ère) à table; cuiller(-ère) à bouche.

汤匙菜 tāng chí cài [B1] Voir 上海青 shàng hǎi qīng.

汤粉 tāng fěn [M2] Vermicelle de riz au bouillon.

汤锅 tāng guō [K2] Marmite de soupe.

汤力水 tāng lì shuǐ [J4] Eau tonique; tonic.

汤面 tāng miàn [M1] Nouilles au bouillon.

汤盘 tāng pán [K4] Assiette à soupe; assiette creuse.

汤勺 tāng sháo [K4/K5] 1. Louche ; 2. voir 汤匙 tāng chí.

汤碗 tāng wǎn [K4] Jatte; jale.

汤圆 tāng yuán [G7] Voir 元宵 yuán xiāo.

唐生菜 táng shēng cài [B1] Voir 生菜 2 shēng cài 2.

堂子菜 táng zi cài [S] Voir 青楼菜 qīng lóu cài.

塘虱 táng shī [E1] Voir 鲇鱼 nián yú.

搪瓷茶缸 táng cí chá gāng [K6] Voir 茶缸 chá gāng.

搪瓷缸 táng cí gāng [K4] Grosse tasse émaillée contenant des aliments. (À comparer avec 茶缸 chá gāng.)

溏心蛋 táng xīn dàn [N34] Œuf mollet.

糖 táng [H1] Voir 白糖 bái táng.

糖拌西红柿 táng bàn xī hóng shì [N33] Salade de tomate sucrée.

糖炒板栗 táng chǎo bǎn lì [G1] Châtaigne (marron) torréfié(e) au sucre dans des graviers.

糖醋藠头 táng cù jiào tóu [H5] Bulbe d'oignon de Chine fermentée au sucre et au vinaigre blanc.

糖醋里脊 táng cù lǐ ji [N1] Filet de porc frit à la sauce aigre-douce.

糖醋鲤鱼 táng cù lǐ yú [N1] Carpe (du Fleuve Jaune) frite puis braisée à la sauce aigre-douce.

糖醋软熘鱼焙面 táng cù ruǎn liū yú bèi miàn [N19] Carpe frite et braisée à la sauce aigre-douce couverte de vermicelle frit doré.

糖醋鱼 táng cù yú [N33] Poisson frit et arrosé de sauce aigre-douce.

糖耳朵 táng ěr duo [N16] Voir 蜜麻花 mì má huā.

糖粉 táng fěn [H1] Sucre glace; sucre en poudre.

糖桂花 táng guì huā [H4] Voir 桂花糖 guì huā táng.

糖果 táng guǒ [G6] Confiserie.

糖果盒 táng guǒ hé [K4] Bonbonnière; drageoir.

糖葫芦 táng hú lu [G6] Fruits (typiquement azeroles) sucrés par glaçage en brochette; tanghulu.

糖酒 táng jiǔ [J1] Voir 朗姆酒 lǎng mǔ jiǔ.

糖人 táng rén [G6] Figurines (de personnes ou d'animaux) en sucre.

糖三角 táng sān jiǎo [G4] Petit pain en pyramide farci de sucre brun.

糖蒜 táng suàn [H5] Gousse d'ail fermentée au sucre et au vinaigre blanc.

糖稀 táng xī [G6] Voir 麦芽糖 2 mài yá táng 2.

糖衣果仁 táng yī guǒ rén [G6] Dragée.

糖蔗 táng zhè [F6] Voir 甘蔗 gān zhè.

糖渍 táng zì [L1] Confire avec du sucre.

螳螂虾 táng láng xiā [E3] Voir 皮皮虾 pí pi xiā.

烫 tàng [L2] Ébouillanter; blanchir; pocher; cuire dans l'eau bouillante.

烫面 tàng miàn [M1] Pâte pétrie à l'eau chaude.

tao

滔婆 tāo pó [F1] Voir 苹果 píng guǒ.

桃 táo [F2] Pêche.

桃豆 táo dòu [G1] Voir 鹰嘴豆 yīng zuǐ dòu.

桃酱 táo jiàng [H4] Confiture de pêche.

桃金娘 táo jīn niáng [F5] Myrte rose; *Rhodomyrtus tomentosa*.

桃仁 táo rén [G1] Amande (noyau de pêche). (À comparer avec 杏仁 xìng rén, 巴旦木 bā dàn mù.)

桃酥 táo sū [G4] Palet à noix.

桃汁 táo zhī [J4] Jus de pêche.

淘大 táo dà [P3] En anglais « Amoy » (ancien nom de sa ville natale, Xiamen), marque hongkongaise (rachetée par le groupe Danone en 1991), réputée pour des produits de condiment et des aliments congelés.

陶陶居 táo táo jū [P3] « To To Kui », restaurant fondé en 1880 (ou 1893) à Canton, réputé pour gâteaux de lune et cochon de lait rôti.

套餐 tào cān [S] Menu.

te

特价菜 tè jià cài [S] Plat du jour.

特奎拉 tè kuí lā [J1] Voir 龙舌兰酒 lóng shé lán jiǔ.

teng

腾冲坛子鸡 téng chōng tán zi jī [N22] Poulet étuvé dans le pot aux herbes et aux épices, spécialité de Tengchong (Yunnan).

腾鸭 téng yā [C2] Voir 番鸭 fān yā.

藤菜 téng cài [B1] 1. Voir 空心菜 kōng xīn cài; 2. voir 木耳菜 mù ěr cài.

藤豆 téng dòu [B6] Voir 扁豆 biǎn dòu.

藤椒 téng jiāo [B10] Voir 花椒 huā jiāo.

藤椒油 téng jiāo yóu [H2] Voir 花椒油 huā jiāo yóu.

藤梨 téng lí [F5] Voir 猕猴桃 mí hóu táo.

藤桃 téng táo [F5] Voir 西番莲 xī fān lián.

ti

剔凳 tī dèng [K5] Voir 蟹八件 xiè bā jiàn.

提子 tí zi [F5] 1. Voir 葡萄 pú tao (appellation cantonaise); 2. raisin d'exportation (des États-Unis surtout).

鳀鱼 tí yú [E2] Anchois; engraulidé; *Engraulis encrasicolus*.

tian

天瓜 tiān guā [B5] Voir 瓠子 hù zi.

天浆 tiān jiāng [F5] Voir 石榴 shí liu.

天麻 tiān má [B4] *Gastrodia elata* (une espèce d'orchidée saprophyte).

天麻鸳鸯鸽 tiān má yuān yāng gē [N23] Pigeon braisé à la *Gastrodia elata* (une espèce d'orchidée saprophyte) avec boulettes de poulet.

天然子 tiān rán zǐ [F1] Voir 苹果 píng guǒ.

天水浆水面 tiān shuǐ jiāng shuǐ miàn [N28] Nouilles au bouillon des herbes fermentées, spécialité de Tianshui (Gansu).

天香菜 tiān xiāng cài [B9] Voir 苦苣菜 kǔ jù cài.

添加剂 tiān jiā jì [R] Additifs alimentaires.

田鸡 tián jī [D3] Grenouille.

田螺 tián luó [E4] Paludine commune; *Viviparidae*.

田七 tián qī [B4] Voir 三七 sān qī.

甜 tián [Q1] Sucré; douce.

甜不辣 tián bu là [N32] Quenelle de poisson ou de crevette (souvent en cylindre) à la friture; tempura de hachis de poisson ou de crevette à la taïwanaise.

甜菜 tián cài [B4] Betterave (à sucre).

甜草根 tián cǎo gēn [B9] Voir 茅根 máo gēn.

甜点 tián diǎn [G4] Pâtisserie.

甜豆 tián dòu [B6] Voir 荷兰豆 hé lán dòu.

甜瓜 tián guā [F4] Melon.

甜瓠 tián hù [B5] Voir 瓠子 hù zi.

甜酱 tián jiàng [H4] Voir 甜面酱 tián miàn jiàng.

甜椒 tián jiāo [B3] Voir 菜椒 cài jiāo.

甜酒 tián jiǔ [G7] Voir 酒酿 jiǔ niàng.

甜米酒 tián mǐ jiǔ [G7] Voir 酒酿 jiǔ niàng.

甜面酱 tián miàn jiàng [H4] Sauce de pâte fermentée sucrée.

甜胚子 tián pēi zi [N28] Vin d'avoine doux.

甜品 tián pǐn [G7] Soupes (bouillies, gelées) sucré(e)s.

甜葡萄酒 tián pú tao jiǔ [J2] Vin liquoreux; vin doux naturel.

甜荞 tián qiáo [A] Voir 荞麦 qiáo mài.

甜烧酒 tián shāo jiǔ [J3] Voir 利口酒 lì kǒu jiǔ.

甜食酒 tián shí jiǔ [J3] Vin liquoreux.

甜薯 tián shǔ [B4] Voir 红薯 hóng shǔ.

甜味剂 tián wèi jì [R] Édulcorant.

甜虾 tián xiā [E3] Crevette nordique; *Pandalus borealis*.

甜杏仁 tián xìng rén [G1] Voir 杏仁 xìng rén.

填鸭 tián yā [C2] Canard gavé.

tiao

调羹 tiáo gēng [K5] 1. Voir 汤匙 tāng chí.

调和油 tiáo hé yóu [H3] Huile raffinée assortie.

调味品 tiáo wèi pǐn [H] Condiments.

调味汁壶 tiáo wèi zhī hú [K4] Saucière.

调制酒 tiáo zhì jiǔ [J3] Voir 配制酒 pèi zhì jiǔ.

tie

贴 tiē [L2] Cuire au bord d'un wok ou dans une très grosse poêle sans manche.

贴秋膘 tiē qiū biāo [S] Bien manger dès l'arrivée de l'automne (pour se grossir un peu à cause de l'inanition en été).

铁板 tiě bǎn [K2/L2] 1. Plaque en inox; 2. assiette en fonte; 3. sauter ou griller sur une plaque en inox; teppanyaki; 4. remettre des matières déjà cuites sur une assiette en fonte chauffée.

铁板鲳鱼 tiě bǎn chāng yú [N5] Stromatée poêlée puis remise sur une assiette en fonte chauffée.

铁板黑椒牛柳 tiě bǎn hēi jiāo niú liǔ [N5] Filet de bœuf émincé poivré puis remis sur une assiette en fonte chauffée.

铁板土豆片 tiě bǎn tǔ dòu piàn [N34] Lamelles de pomme de terre sautées aux épices puis remises sur une assiette en fonte chauffée.

铁板鱿鱼 tiě bǎn yóu yú [N34] 1. Teppanyaki de calmar; 2. calmar sauté aux épices puis remis sur une assiette en fonte chauffée.

铁锅 tiě guō [K2] 1. Voir 炒锅 chǎo guō; 2. marmite en fonte.

铁锅蛋 tiě guō dàn [N19] Quiche dans une marmite en fonte.

ting

艇鲅鱼 tǐng bà yú [E1] Voir 河豚 hé tún.

艇仔粥 tǐng zǎi zhōu [N5] Bouillie de riz aux tripes de porc, au canard rôti et aux fruits de mer assortis.

tong

通菜 tōng cài [B1] Voir 空心菜 kōng xīn cài.

同蒿 tóng hāo [B1] Voir 茼蒿 tóng hāo.

同里状元蹄 tóng lǐ zhuàng yuán tí [N10/N23] Voir 状元蹄 zhuàng yuán tí.

同庆楼 tóng qìng lóu [P2] Littéralement « Pavillon pour fêter ensemble », restaurant fondé en 1925 à Wuhu (Anhui), restitué en 2004 à Hefei, réputé pour les spécialités de l'Anhui et celles de la région Huaiyang.

茼蒿 tóng hāo [B1] Chrysanthème à couronnes; chrysanthème couronné; chrysanthème des jardins; chrysanthème comestible; shungiku; *Chrysanthemum coronarium* L.

桐花菜 tóng huā cài [B1] Voir 茼蒿 tóng hāo.

铜锅 tóng guō [K2] Voir 火锅 1 huǒ guō 1.

铜火锅 tóng huǒ guō [K2] Voir 火锅 1 huǒ guō1.

铜盆鱼 tóng pén yú [E2] Voir 真鲷 zhēn diāo.

童子尿煮鸡蛋 tóng zǐ niào zhǔ jī dàn [N34] Œufs bouillis dans l'urine de garçon/fille vierge.

桶鲜鱼 tǒng xiān yú [N8/N19] 1. Voir 臭鳜鱼 chòu guì yú; 2. voir 筒鲜鱼 tǒng xiān yú.

筒头 tǒng tóu [C1] Voir 猪大肠 zhū dà cháng.

筒鲜鱼 tǒng xiān yú [N19] Morceaux de poisson salés, pimentés et fermentés dans un tronçon de bambou.

筒仔米糕 tǒng zǎi mǐ gāo [N32] Riz gluant assaisonné cuit à la vapeur dans un petit cylindre.

tou

头抽 tóu chōu [H2] Sauce (de) soja de la première extraction.

头发藻 tóu fa zǎo [B9] Voir 发菜 fà cài.

头脑 tóu nǎo [N26/N22/N29] 1. Mouton braisé avec rhizome de lotus et igname de Chine; 2. pâte de riz gluant émincée frite puis arrosée de vin de riz sucré avec œufs à la poêle et juliennes assorties; 3. nouilles de fécule de patate douce au bouillon de champignon avec dés de mouton et légumes assortis.

tu

凸顶柑 tū dǐng gān [F3] Voir 丑橘 chǒu jú.

秃黄油 tū huáng yóu [N10] Œufs et spermatozoïdes de crabe préparés braisés aux lardons et au saindoux.

土步鱼 tǔ bù yú [E1] Voir 沙塘鳢 shā táng lǐ.

土豆 tǔ dòu [B4] Voir 马铃薯 mǎ líng shǔ.

土豆淀粉 tǔ dòu diàn fěn [H1] Fécule de pomme de terre. (À comparer avec « farine de pomme de terre » qui est produite ou utilisée rarement en Chine.)

土豆粉 tǔ dòu fěn [B4] Nouilles de fécule de pomme de terre.

土豆馍馍 tǔ dòu mó mo [N31] Boulettes de pomme de terre frites, farcie de viande et enrobée de miettes de pain.

土豆烧牛肉 tǔ dòu shāo niú ròu [N33] 1. Bœuf braisé aux épices avec pommes de terre; 2. goulash (plat hongrois).

土耳瓜 tǔ ěr guā [B5] Voir 佛手瓜 fó shǒu guā.

土耳其烤肉 tǔ er qí kǎo ròu [N34] Kebab.

土瓜 tǔ guā [B4] Voir 豆薯 dòu shǔ.

土茴香 tǔ huí xiāng [B10] Voir 莳萝 shí luó.

土鸡 tǔ jī [C2] Poulet indigène; poulet fermier.

土鸡蛋 tǔ jī dàn [C4] Œuf de poule indigène.

土精 tǔ jīng [B4] Voir 人参 rén shēn.

土芹 tǔ qín [B4] Céleri chinois; céleri à couper; *Apium graveolens* var. *secalinum*.

土虱 tǔ shī [E1] Voir 鲇鱼 nián yú.

土苤蓝 tǔ piě lan [B4] Voir 芜菁甘蓝 wú jīng gān lán.

土笋冻 tǔ sǔn dòng [N7] Gel d'une espèce de vers marin (*Phascolosoma esculenta*), dégustée avec de la sauce épicée.

土蜇 tǔ zhé [D4] Voir 蟋蟀 xī shuài.

吐绶鸡 tǔ shòu jī [C2] Voir 火鸡 huǒ jī.

兔肉 tù ròu [C1] Lapin.

兔头 tù tóu [C1] Tête de lapin.

tuan

团头鲂 tuán tóu fáng [E1] Voir 武昌鱼 wǔ chāng yú.

团鱼 tuán yú [E5] Voir 甲鱼 jiǎ yú.

tun

吞拿鱼 tūn ná yú [E2] Voir 金枪鱼 jīn qiāng yú.

屯溪徽菜馆 tún xī huī cài guǎn [P2] Littéralement « Restaurant des plats de Hui à Tunxi », fondé en 1933 (près de la Montagne Jaune), réputé pour les spécialités de la région Huizhou (Anhui).

tuo

托盘 tuō pán [K4] Plateau.

驼掌 tuó zhǎng [D1] Patte de chameau.

鸵鸟 tuó niǎo [C2] Autruche.

wa

蛙鱼 wā yú [N1/N16/N20/N27] Voir 漏鱼 lòu yú.

娃娃菜 wá wa cài [B1] Endive chinoise; chou bébé.

娃娃鱼 wá wa yú [E1] Salamandre géante de Chine; *Andrias davidianus*.

娃鱼 wá yú [N1/N16/N20/N27] Voir 漏鱼 lòu yú.

瓦缸 wǎ gāng [K2] Cuve à eau en terre qui sert à cuire à l'étuvée.

瓦罐 wǎ guàn [K2] Jarre; cruche à soupe.

瓦罐鹿肉 wǎ guàn lù ròu [N16/N26] Voir 罐焖鹿肉 guàn mèn lù ròu.

瓦罐汤 wǎ guàn tāng [N14] Voir 瓦罐煨汤 wǎ guàn wēi tāng.

瓦罐煨鸡 wǎ guàn wēi jī [N14] Poulet mijoté au bouillon dans une jarre.

瓦罐煨汤 wǎ guàn wēi tāng [N14] Soupe de viande ou d'abats mis dans de petites jarres, lesquelles sont mijotées dans une grosse cruche comme four.

瓦莎荜 wǎ shā bì [B10] Voir 山葵 shān kuí.

wai

歪儿 wāir [E4] Voir 河蚌 hé bàng.

wan

豌豆 wān dòu [B6] Pois.

豌豆黄 wān dòu huáng [N16] Cube de purée de pois.

豌豆尖 wān dòu jiān [B9] Jets de pois. (À comparer avec 豆苗 dòu miáo.)

豌豆苗 wān dòu miáo [B6] Voir 豆苗dòu miáo.

豌豆藤 wān dòu téng [B9] Voir 豌豆尖 wān dòu jiān.

豌豆头 wān dòu tóu [B9] Voir 豌豆尖 wān dòu jiān.

宛鹑 wǎn chún [C2] Voir 鹌鹑 ān chún.

皖北油茶 wǎn běi yóu chá [N8] Potage épicé au peau de tofu, au gluten émincé et aux cacahuètes, spécialité du Nord de l'Anhui.

碗 wǎn [K4] Bol.

万峦猪脚 wàn luán zhū jiǎo [N32] Pied de cochon braisé à la sauce de soja, spécialité de Pingdong (Taïwan).

万年蕈 wàn nián xùn [B7] Voir 灵芝 líng zhī.

万氏对虾 wàn shì duì xiā [E3] Voir 白虾 1 bái xiā 1.

wang

汪丫鱼 wāng yā yú [E1] Voir 黄颡鱼 huáng sǎng yú.

汪丫鱼烧豆腐 wāng yā yú shāo dòu fu [N33] *Tachysurus fulvidraco* (une espèce de poisson d'eau douce de petite taille) braisé avec tofu à la sauce de soja.

王八 wáng ba [E5] Voir 甲鱼 jiǎ yú.

王瓜 wáng guā [B5] Voir 黄瓜 huáng guā.

王致和 wáng zhì hé [P1] Fondée en 1669 à Beijing (Pékin), marque réputée pour le tofu fermenté.

网纱菌 wǎng shā jūn [B7] Voir 竹荪 zhú sūn.

网纹瓜 wǎng wén guā [F4] Voir 哈密瓜 hā mì guā.

网纹牛肝菌 wǎng wén niú gān jūn [B7] Voir 白牛肝菌 bái niú gān jūn.

忘忧草 wàng yōu cǎo [B2] Voir 金针菜 jīn zhēn cài.

旺蛋 wàng dàn [C4] Œuf à embryon de poulet.

望果 wàng guǒ [F2] Voir 杧果 máng guǒ.

wei

威士忌 wēi shì jì [J1] Whisky.

微波炉 wēi bō lú [K3] Micro-onde.

微型大白菜 wēi xíng dà bái cài [B1] Voir 娃娃菜 wá wa cài.

煨 wēi [L2] Mijoter; faire mijoter; braiser.

煨炖炉 wēi dùn lú [K3] Voir 电炖锅 diàn dùn guō.

薇菜 wēi cài [B9] Osmonde; *osmunda japonica*.

薇菜里脊丝 wēi cài lǐ ji sī [N27] Juliennes de filet de porc sautées avec osmonde (plante sauvage montagneuse).

维生素 wéi shēng sù [R] Vitamine.

维他命 wéi tā mìng [R] Voir 维生素 wéi shēng sù.

维也纳咖啡 wéi yě nà kā fēi [J5] Café viennois.

尾梨 wěi lí [B8] Voir 马蹄 mǎ tí.

鲔鱼 wěi yú [E2] Voir 金枪鱼 jīn qiāng yú.

卫青 wèi qīng [B4] Voir 青萝卜 qīng luó bo.

味噌 wèi cēng [H4] Miso.

味道 wèi dào [Q1] Saveur; goût.

味精 wèi jīng [H1] Glutamate (de monosodium); glutamate monosodique;

monosodium glutamate; GMS; MSG.
味美思 wèi měi sī [J3] Vermouth.

wen

温拌腰丝 wēn bàn yāo sī [N27] Salade de juliennes de rognon de porc au vermicelle et à celles d'oreille de Judas et de laitue asperge.
温公粗斋煲 wēn gōng cū zhāi bāo [N5] Voir 南乳粗斋煲 nán rǔ cū zhāi bāo.
温公斋 wēn gōng zhāi [N5] Voir 南乳粗斋煲 nán rǔ cū zhāi bāo.
温普 wēn pǔ [F5] Voir 越橘 yuè jú.
榅桲 wēn bó [F1] Coing.
鳁 wēn [E2] Voir 沙丁鱼 shā dīng yú.
文昌鸡饭 wén chāng jī fàn [N25] Voir 海南鸡饭 hǎi nán jī fàn.
文旦 wén dàn [F3] Voir 柚子 yòu zi.
文蛤 wén gé [E4] Meretrix meretrix (une variété de palourde).
文火煲 wén huǒ bāo [K3] Voir 电炖锅 diàn dùn guō
文思豆腐 wén sī dòu fu [N3] Tofu extrêmement émincé cuit au bouillon de poulet avec juliennes assorties.
文仙果 wén xiān guǒ [F1] Voir 无花果 wú huā guǒ.
炆 wén [L2] Voir 煨 wēi.
闻喜煮饼 wén xǐ zhǔ bǐng [N26] Grosses boulettes sucrées frites enrobées de sésames blancs, spécialité de Wenxi (Shanxi).
闻香杯 wén xiāng bēi [K6] Voir 工夫茶具 gōng fu chá jù.
问政山笋 wèn zhèng shān sǔn [N8] Pousses de bambou de la Montagne Wenzheng, braisées dans une marmite de terre cuite avec jambon chinois (ou saucisses chinoises) et shiitakes.

weng

瓮菜 wèng cài [B1] Voir 空心菜 kōng xīn cài.

蕹菜 wèng cài [B1] Voir 空心菜 kōng xīn cài.

wo

倭瓜 wō guā [B5] Voir 南瓜 nán guā.

莴菜 wō cài [B4] Voir 莴笋 wō sǔn.

莴苣缬草 wō jù xié cǎo [B1] Voir 野苣 yě jù.

莴苣叶 wō jù yè [B1] Voir 莜麦菜 yóu mài cài.

莴笋 wō sǔn [B4] Laitue asperge; laitue tige; *Lactuca sativa* var. *angustana.*

莴笋叶 wō sǔn yè [B1] Voir 莜麦菜 yóu mài cài.

窝瓜子 wō guā zǐ [G1] Voir 南瓜子 nán guā zǐ.

蜗螺牛 wō luó niú [E4] Voir 螺蛳 luó sī.

wu

乌棒 wū bàng [E1] Voir 黑鱼 hēi yú.

乌藨子 wū biāo zǐ [F5] Voir 覆盆子 fù pén zǐ.

乌菜 wū cài [B1] Tatsoi; tat choy; *Brassica narisona.*

乌冬 wū dōng [M1] Udon.

乌肚子 wū dù zǐ [F5] Voir 桃金娘 táo jīn niáng.

乌骨鸡 wū gǔ jī [C2] Voir 乌鸡 wū jī.

乌鲩 wū huàn [E1] Voir 青鱼 qīng yú.

乌鸡 wū jī [C2] Poule soie; nègre soie.

乌江豆腐鱼 wū jiāng dòu fu yú [N23] Poisson braisé avec tofu aux piments et aux épices, spécialité de Wujiang (Guizhou).

乌鳢 wū lǐ [E1] Voir 黑鱼 hēi yú.

乌溜 wū liū [E1] Voir 青鱼 qīng yú.

乌龙茶 wū lóng chá [J5] Thé Oolong; thé Wulong.

乌麦 wū mài [A] Voir 荞麦 qiáo mài.

乌梅 wū méi [G2] Abricot du Japon séché (à la chinoise). (À comparer avec 梅干 méi gān.)

乌青 wū qīng [E1] Voir 青鱼 qīng yú.

乌塌菜 wū tā cài [B1] Voir 乌菜 wū cài.

乌鱼 wū yú [E1/E2] 1. Voir 黑鱼 hēi yú; 2. voir 鲻鱼 zī yú.

乌鱼蛋 wū yú dàn [E6] Œufs (et ovaire) de seiche.

乌鱼蛋汤 wū yú dàn tāng [N1] Soupe d'œufs de seiche, légèrement épicée et vinaigrée.

乌鱼卵 wū yú luǎn [E6] Œufs de mulet cabot séchés.

乌鱼钱 wū yú qián [E6] Voir 乌鱼卵 wū yú luǎn.

乌鱼子 wū yú zǐ [E6] Voir 乌鱼卵 wū yú luǎn.

乌芋 wū yù [B8] Voir 马蹄 mǎ tí.

乌云托月 wū yún tuō yuè [N1] Soupe d'œuf entier au nori.

乌贼 wū zéi [E5] Voir 墨鱼 mò yú.

无公害蔬菜 wú gōng hài shū cài [S] Légumes exempts de pollution.

无花果 wú huā guǒ [F1] Figue.

无菌包装盒 wú jūn bāo zhuāng hé [S] Voir 利乐包 lì lè bāo.

无漏子 wú lòu zǐ [F2] Voir 椰枣 yē zǎo.

无名子 wú míng zǐ [G1] Voir 开心果 kāi xīn guǒ.

无锡脆鳝 wú xī cuì shàn [N10] Voir 梁溪脆鳝 liáng xī cuì shàn.

无锡酱排骨 wú xī jiàng pái gǔ [N10] Travers de porc cuits à la sauce de soja.

无香菜 wú xiāng cài [B9] Voir 苦苣菜 kǔ jù cài.

吴公 wú gōng [D4] Voir 蜈蚣 wú gōng.

吴山贡鹅 wú shān gòng é [N8] Oie pochée à la sauce salée, spécialité de Wushan (Anhui), tribut à la cour impériale.

芜菁 wú jīng [B4] Navet; rave; *Brassica rapa* subsp. *rapa*.

芜菁甘蓝 wú jīng gān lán [B4] Rutabaga; chou-navet; chou de Siam; chou de Suède; *Brassica napus napobrassica*.

梧州纸包鸡 wú zhōu zhǐ bāo jī [N24] Poulet épicé enveloppé dans des papiers de bambou, cuit à la friture, spécialité de Wuzhou (Guangxi).

蜈蚣 wú gōng [D4] Scolopendre (insecte).

五彩绣球 wǔ cǎi xiù qiú [N8] Voir 五色绣球 wǔ sè xiù qiú.

五方草 wǔ fāng cǎo [B9] Voir 马齿苋 mǎ chǐ xiàn.

五芳斋 wǔ fāng zhāi [P2] Littéralement « Maison aux cinq parfums », fondée en 1921 à Jiaxing (Zhejiang), marque d'aliments traditionnels, réputée pour des pyramides de riz gluant farcies.

五花肉 wǔ huā ròu [C1] Porc entrelardé.

五敛子 wǔ liǎn zǐ [F5] Voir 杨桃 yáng táo.

五粮液 wǔ liáng yè [P4] Littéralement « Liquide des cinq céréales », marque fameuse de l'eau-de-vie de Yibing (Sichuan), sa production pourrait remonter en 1909.

五色绣球 wǔ sè xiù qiú [N8] Boulettes de porc à juliennes de cinq couleurs (celles de radis blanc, de carottes, de concombre, de shiitake et d'oreille de Judas), cuites à la vapeur.

五香豆 wǔ xiāng dòu [G1] Fèves braisées aux épices et séchées.

五行草 wǔ xíng cǎo [B9] Voir 马齿苋 mǎ chǐ xiàn.

五元龙凤汤 wǔ yuán lóng fèng tāng [N14] Poulet et tronçons de serpent cuits à la vapeur avec litchi, longane, graines de lotus, baies de goji séchées et jujubes séchées (soupe).

武昌鱼 wǔ chāng yú [E1] Brème de Wuchang; *Megalobrama amblycephala*.

武汉鸭脖 wǔ hàn yā bō [N15] Cou de canard épicé, spécialité de Wuhan.

武夷岩茶 wǔ yí yán chá [J5] Littéralement « thé de rocher » de la Montagne Wuyi, thé Oolong originaire du Fujian.

焐 wù [L2] 1. Mijoter; 2. pocher à l'eau chaude (moins de 70℃) dans l'emballage sous vide.

X

xi

吸管 xī guǎn [K6] Paille; pipette; chalumeau à cocktail.

息烽阳朗鸡 xī fēng yáng lǎng jī [N23] Morceaux de poulet frits puis cuits aux piments et aux épices, spécialité de Xifeng (Guizhou).

稀饭 xī fàn [M2] Voir 粥 zhōu.

蟋蟀 xī shuài [D4] Grillon.

西餐 xī cān [S] Cuisine occidentale.

西点 xī diǎn [G4] Voir 甜点 tián diǎn.

西番莲 xī fān lián [F5] Fruit de la passion; grenadille; *Passiflora edulis*.

西番麦 xī fān mài [A] Voir 玉米 yù mǐ.

西凤酒 xī fèng jiǔ [P4] Littéralement « Phénix de l'ouest », marque fameuse de l'eau-de-vie de Fengxiang (Shaanxi).

西瓜 xī guā [F4] Pastèque; melon d'eau.

西瓜汁 xī guā zhī [J4] Jus de pastèque.

西瓜子 xī guā zǐ [G1] Graines de pastèque torréfiées.

西红花 xī hóng huā [B10] Voir 藏红花 zàng hóng huā.

西红柿 xī hóng shì [B3] Voir 番茄 fān qié.

西红柿鸡蛋汤 xī hóng shì jī dàn tāng [N33] Soupe d'œuf à la tomate.

西湖莼菜汤 xī hú chún cài tāng [N4] Potage à *brasenia schreberi* (feuilles tendres d'une plante aquatique) du Lac de l'Ouest.

西湖醋鱼 xī hú cù yú [N4] Carpe herbivore (parfois poisson mandarin ou

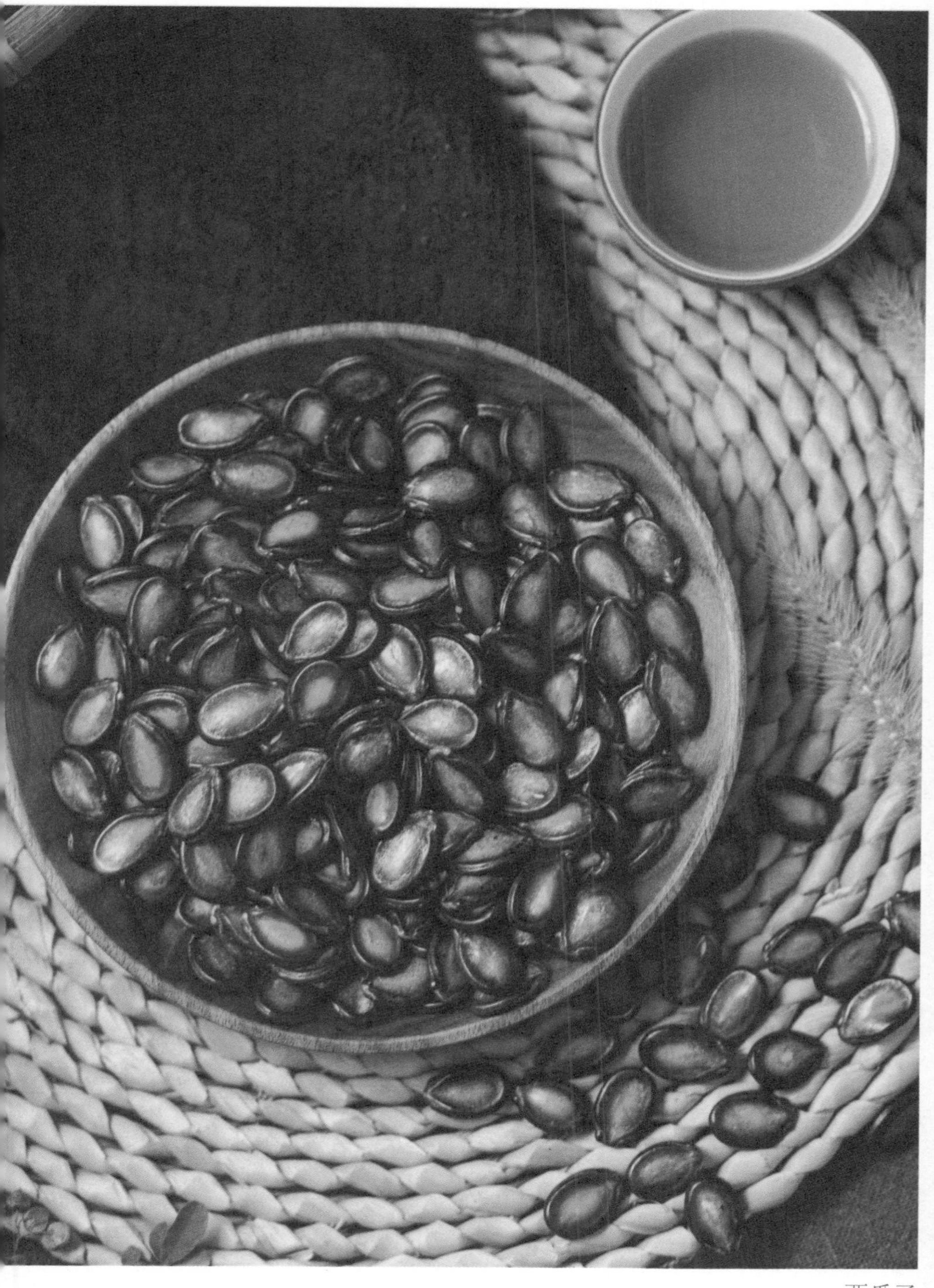

西瓜子
Graines de pastèque torréfiées

西湖龙井
Thé vert Longjing originaire du Lac de l'Ouest

perche) braisée à la sauce aigre-douce.

西湖龙井 xī hú lóng jǐng [J5] Littéralement « puits de Dragon du Lac de l'Ouest », thé vert originaire de Hangzhou.

西葫芦 xī hú lu [B5] Courgette; zucchini.

西兰花 xī lán huā [B2] Brocoli.

西兰苔 xī lán tái [B2] Brocoli à tige longue.

西冷 xī lěng [C1] Voir 沙朗 shā lǎng.

西梅 xī méi [G2] Pruneau (d'Agen).

西米 xī mǐ [G7] Sagou.

西芹 xī qín [B4] Céleri-branche; céleri à côtes; *Apium graveolens* var. *dulce*.

西生菜 xī shēng cài [B1] Voir 球生菜 qiú shēng cài.

西施舌 xī shī shé [E4] *Mactra antiquata*.

西天麦 xī tiān mài [A] Voir 玉米 yù mǐ.

西洋菜 xī yáng cài [B1] Voir 豆瓣菜 dòu bàn cài.

西洋芹菜 xī yáng qín cài [B4] Voir 西芹 xī qín.

西洋参 xī yáng shēn [B4] Ginseng américain.

西洋鸭 xī yáng yā [C2] Voir 番鸭 fān yā.

西柚 xī yòu [F3] Pomélo; *Citrus ×paradisi*.

席卡 xí kǎ [K5] Porte-noms de table.

洗手水 xǐ shǒu shuǐ [S] Rince-doigts.

洗碗机 xǐ wǎn jī [K3] Lave-vaisselle.

喜蛋 xǐ dàn [C4] 1. Œuf rougi artificiellement (pour célébrer l'accouchement); 2. voir 旺蛋 wàng dàn.

细韭 xì jiǔ [B10] Voir 野蒜 yě suàn.

细香葱 xì xiāng cōng [B10] Voir 小葱 xiǎo cōng.

xia

虾 xiā [E3] Crevette.

虾爆鳝 xiā bào shàn [N4] Anguilles de rizière désossées et tronçonnées avec crevettes d'eau douce décortiquées, frites et sautées à la sauce brune aigre-douce.

虾糕 xiā gāo [H4] Voir 虾膏 2 xiā gāo 2.

虾膏 xiā gāo [H4] 1. Œufs de crevette (dans la tête); 2. pâte de crevette salée et fermentée puis concentrée. (À comparer avec 虾酱 xiā jiàng, 虾头油 xiā tóu yóu.)

虾狗弹 xiā gǒu dàn [E3] Voir 皮皮虾 pí pi xiā.

虾蛄 xiā gū [E3] Voir 皮皮虾 pí pi xiā.

虾虎 xiā hǔ [E3] Voir 皮皮虾 pí pi xiā.

虾滑 xiā huá [E6] Hachis de crevette (mis en morceau dans la fondue chinoise).

虾酱 xiā jiàng [H4] Pâte de crevette salée et fermentée.

虾魁 xiā kuí [E3] Voir 龙虾 1/2 lóng xiā 1/2.

虾米 xiā mǐ [E6] Petite crevette séchée.

虾爬子 xiā pá zi [E3] Voir 皮皮虾 pí pi xiā.

虾婆 xiā pó [E3] Voir 皮皮虾 pí pi xiā.

虾皮 xiā pí [E6] *Acetes chinensis* (une espèce de petite crevette) séché.

虾片 xiā piàn [G5] Chips à la saveur de crevette.

虾仁肠粉 xiā rén cháng fěn [N5] Rouleau de farine de riz enveloppant des crevettes décortiquées, cuit à la vapeur et nappé de sauce de soja, tronçonné avant le service.

虾仁滑蛋 xiā rén huá dàn [N5] Voir 滑蛋虾仁 huá dàn xiā rén.

虾条 xiā tiáo [G5] Bâtonnets frits à la saveur de crevette.

虾头膏 xiā tóu gāo [H4] Voir 虾膏 1 xiā gāo 1.

虾头油 xiā tóu yóu [H4] Pâte d'œufs de crevette confite à l'huile.

虾丸 xiā wán [E6] Boulette de crevette.

虾油 xiā yóu [H2] Voir 鱼露 yú lù.

虾油卤 xiā yóu lǔ [H2] Sauce de fruits de mer fermentée.

虾籽 xiā zǐ [E6] Œufs de crevette séchés.

虾子羊肉粉 xiā zǐ yáng ròu fěn [N23] Nouilles de riz au mouton pimentées, spécialité de Xiazi (Guizhou).

下河帮 xià hé bāng [N2] Les spécialités de la Basse Rivière (Chengdu et ses alentours).

下水 xià shuǐ [C1] Abats; triperie.

夏瓜 xià guā [F4] Voir 西瓜 xī guā.

夏河蹄筋 xià hé tí jīn [N28] Tendon d'Achille de mouton frit et poché puis cuit avec oreilles de Judas et boutons de hémérocalle réhydratés, spécialité de Xiahe (Gansu).

夏威夷果 xià wēi yí guǒ [G1] Noix de *Macadamia ternifolia*.

xian

仙人掌 xiān rén zhǎng [B4] Nopal.

籼米 xiān mǐ [A] Riz (précoce) non gluant; *Oryza sativa* subsp. *indica*.

籼糯米 xiān nuò mǐ [A] Voir 江米 jiāng mǐ.

鲜 xiān [Q1] 1. Délicieux; succulent; 2. frais.

鲜奶炖蛋 xiān nǎi dùn dàn [N5] Gel de lait aux œufs battus (cuit).

咸 xián [Q1] Salé.

咸菜 xián cài [H5] 1. Appellation générale de légumes salés fermentés à la chinoise; 2. voir 雪菜 xuě cài.

咸菜缸 xián cài gāng [K4] Cuve de terre qui sert à faire fermenter des légumes.

咸蛋 xián dàn [C4] Voir 咸鸭蛋 xián yā dàn.

咸蛋黄 xián dàn huáng [C4] Jaune d'œuf de cane salé.

咸鹅 xián é [C3] Voir 腌鹅 yān é.

咸亨酒店 xián hēng jiǔ diàn [P2] Littéralement « Bonne chance à tout le monde », bistrot-restaurant fondé en 1894 (rouvert en 1981) à Shaoxing (Zhejiang), mentionné dans la nouvelle *Kong Yiji* de Lu Xun; à la carte:

vin jaune, fèves braisées aux épices et séchés, aliments fermentés dans la lie de vin de riz, etc.

咸肉 xián ròu [C3] Porc salé séché.

咸鸭蛋 xián yā dàn [C4] Œuf de cane salé.

咸鸭蛋拌豆腐 xián yā dàn bàn dòu fu [N33] Salade de tofu aux œufs de cane salés.

咸鸭蛋黄 xián yā dàn huáng [C4] Voir 咸蛋黄 xián dàn huáng.

咸鱼 xián yú [E6] Poisson salé séché.

蚬子 xiǎn zi [E4] 1. *Corbicula*; 2. voir 花蛤 huā gé.

苋菜 xiàn cài [B1] Amarante (comestible) ; *Amaranthus*.

线苕 xiàn sháo [B4] Voir 红薯 hóng shǔ.

馅 xiàn [M1] Farce.

仙蜜果 xiān mì guǒ [F5] Voir 火龙果 huǒ lóng guǒ.

仙人冻 xiān rén dòng [N21] Gelée de farine de riz à « l'herbe d'immortels », dégustée avec de la sauce épicée et pimentée.

xiang

香 xiāng [Q3] Aromatique; parfumé; odoriférant.

香槟杯 xiāng bīn bēi [K6] Flûte (à champagne); coupe (verre) à champagne.

香槟酒 xiāng bīn jiǔ [J2] Champagne.

香菜 xiāng cài [B10] Coriandre; *Coriandrum sativum* L.

香草 xiāng cǎo [B10] 1. Vanille; 2. appellation générale d'herbes aromatiques.

香草乳酒 xiāng cǎo rǔ jiǔ [J3] Crème de vanille (boisson alcoolique).

香肠 xiāng cháng [C3] 1. Saucisse crue à la chinoise; 2. saucisse; merguez.

香橙 xiāng chéng [F3] Voir 橙 chéng.

香椿 xiāng chūn [B9] Jets de cédrèle odoriférant; jets de *Toona sinensis*.

香椿炒蛋 xiāng chūn chǎo dàn [N33] Omelette aux jets de cédrèle odoriférant.

香椿头 xiāng chūn tóu [B9] Voir 香椿 xiāng chūn.

香啡菇 xiāng fēi gū [B7] Voir 大褐菇 dà hè gū.

香榧 xiāng fěi [G1] Graines de torreya de Chine (*Torreya grandis*).

香干 xiāng gān [B6] Voir 豆干 dòu gān.

香菇 xiāng gū [B7] 1. Shiitake séché; champignon parfumé; champignon sèche; 2. voir 冬菇 dōng gū.

香菇菜心 xiāng gū cài xīn [N33] Voir 香菇青菜 xiāng gū qīng cài.

香菇青菜 xiāng gū qīng cài [N33] Bok choy sauté avec shiitakes.

香菇油菜 xiāng gū yóu cài [N3] Colza sauté avec shiitakes.

香瓜 xiāng guā [F4] Voir 甜瓜 tián guā.

香瓜茄 xiāng guā qié [F6] Voir 人参果 rén shēn guǒ.

香蕉 xiāng jiāo [F6] Banane.

香精 xiāng jīng [R] Aromatisant.

香辣虾 xiāng là xiā [N2] Crevettes frites pimentées et épicées.

香料 xiāng liào [B10/R] 1. Épices; 2. voir 香精 xiāng jīng.

香露河鳗 xiāng lù hé mán [N7] Anguille de rivière cuite à la vapeur aux ciboulettes et au gingembre.

香栾 xiāng luán [F3] Voir 柚子 yòu zi.

香茅 xiāng máo [B10] Citronnelle; verveine des Indes; *Cymbopogon citratus*.

香米 xiāng mǐ [A] Riz parfumé.

香芹 xiāng qín [B10] Voir 欧芹 ōu qín.

香丝菜 xiāng sī cài [B10] Voir 茴香菜 huí xiāng cài.

香酥鸡 xiāng sū jī [N1] Poulet épicé, cuit à la vapeur puis à la friture.

香酥焖肉 xiāng sū mèn ròu [N4] Cubes de porc entrelardé braisés à la sauce de soja et cuits à la vapeur.

香荽 xiāng suī [B10] Voir 香菜 xiāng cài.

香味剂 xiāng wèi jì [R] Voir 香精 xiāng jīng.

香型 xiāng xíng [Q4] Voir 白酒香型 bái jiǔ xiāng xíng.

香蕈 xiāng xùn [B7] Voir 冬菇 dōng gū.

香艳梨 xiāng yàn lí [F6] Voir 人参果 rén shēn guǒ.

香叶芹 xiāng yè qín [B10] Cerfeuil.

香油 xiāng yóu [H2] Voir 麻油 má yóu.

香芋扣肉 xiāng yù kòu ròu [N5] Porc entrelardé bouilli et cuit à la vapeur avec taro dans un bol, avant d'être renversé sur une assiette.

香质肉 xiāng zhì ròu [N14] Morceaux de porc entrelardé marinés de vin de riz et de beurre de soja fermentée, cuits à la vapeur dans un bol qui va être renversé sur une assiette.

香桩头 xiāng zhuāng tóu [B9] Voir 香椿 xiāng chūn.

湘菜 xiāng cài [N6] Les spécialités du Hunan.

湘西酸肉 xiāng xī suān ròu [N6] Porc fermenté au maïzena, sauté aux piments et à l'ail.

响油鳝糊 xiǎng yóu shàn hú [N10] Juliennes d'anguille de rizière sautées aux épices et arrosées d'huile de sésame en ébullition.

鲞鱼 xiǎng yú [E6] Voir 黄鱼鲞 huáng yú xiǎng.

象拔蚌 xiàng bá bàng [E4] Panope du Pacifique; palourde royale; panopée; *Panopea generosa*.

象眼鸽蛋 xiàng yǎn gē dàn [N1] Petites tranches de toast en forme de losange, couvertes de purée de crevette, dans lesquelles sont incrustées des œufs de pigeon (une moitié chacune, donnant l'aspect d'un œil d'éléphant), cuites à la vapeur puis poêlées dans un wok.

橡叶生菜 xiàng yè shēng cài [B1] Laitue de chêne.

xiao

肖米 xiāo mǐ [M1] Voir 烧卖 shāo mài.

消泡剂 xiāo pào jì [R] Agent anti-mousse.

小白菜 xiāo pào cài [B1] 1. Voir 小青菜 xiǎo qīng cài; 2. jeune chou chinois.

小包脚菇 xiǎo bāo jiǎo gū [B7] Voir 草菇 cǎo gū.

小葱 xiǎo cōng [B10] Ciboulette; cive; civette.

小葱蒸蛋 xiǎo cōng zhēng dàn [N33] Œufs battus aux ciboulettes émincées cuits à la vapeur.

小豆 xiǎo dòu [B6] Voir 赤豆 chì dòu.

小番茄 xiǎo fān qié [F6] Voir 圣女果 shèng nǚ guǒ.

小蜂儿 xiǎo fēngr [D4] Voir 蚕蛹 cán yǒng.

小根菜 xiǎo gēn cài [B10] Voir 野蒜 yě suàn.

小根蒜 xiǎo gēn suàn [B10] Voir 野蒜 yě suàn.

小瓜 xiǎo guā [B5] Voir 西葫芦 xī hú lu.

小河帮 xiǎo hé bāng [N2] Les spécialités de la Petite Rivière (Luzhou et Zigong dans la province du Sichuan).

小核桃 xiǎo hé tao [G1] Voir 山核桃 shān hé tao.

小红莓 xiǎo hóng méi [F5] Voir 蔓越莓 màn yuè méi.

小黄瓜 xiǎo huáng guā [B5/E2] 1. Cornichon; 2. voir 小黄鱼 xiǎo huáng yú.

小黄花 xiǎo huáng huā [E2] Voir 小黄鱼 xiǎo huáng yú.

小黄鱼 xiǎo huáng yú [E2] *Larimichthys polyactis* (Bleeker, 1877). (À comparer avec 大黄鱼 dà huáng yú.)

小黄鱼丝瓜汤 xiǎo huáng yú sī guā tāng [N4] Voir 丝瓜黄鱼汤 sī guā huáng yú tāng.

小茴香 xiǎo huí xiāng [B10] Graines de fenouil (en Chine on n'en utilise que les graines).

小鸡炖蘑菇 xiǎo jī dùn mó gu [N13] Poulet braisé avec champignons et nouilles de fécule de patate douce.

小龙虾 xiǎo lóng xiā [E3] Écrevisse de Louisiane; *Procambarus clarkii.*

小笼包 xiǎo lóng bāo [M1] Petit pain farci cuit à la vapeur.

小萝卜 xiǎo luó bo [B4] Voir 樱桃萝卜 yīng tao luó bo.

小麦 xiǎo mài [A] Blé.

小门子 xiǎo mén zi [E3] Voir 梭子蟹 suō zi xiè.

小米 xiǎo mǐ [A] 1. Millet commune; millet blanc; millet à grappes;

Panicum miliaceum; 2. millet des oiseaux; *Setaria italica*.

小米饭 xiǎo mǐ fàn [M2] Millet cuit.

小米锅巴 xiǎo mǐ guō ba [G5] Lamelles de millet frites et épicées.

小米鲊 xiǎo mǐ zhǎ [N23] Millet au sucre brun cuit à la vapeur.

小米粥 xiǎo mǐ zhōu [M2] Bouillie de millet.

小排 xiǎo pái [C1] Côtelette de porc; travers de porc.

小平菇 xiǎo píng gū [B7] Voir 秀珍菇 xiù zhēn gū.

小苹果 xiǎo píng guǒ [F1] Voir 海棠果 hǎi táng guǒ.

小青菜 xiǎo qīng cài [B1] Bok (pak) choy (choï) à feuilles minces.

小人仙 xiǎo rén xiān [E4] Voir 蛏子 chēng zi.

小苏打 xiǎo sū dǎ [H1] Sel de Vichy; bicarbonate de soude; bicarbonate de sodium; hydrogénocarbonate de sodium.

小蒜 xiǎo suàn [B10] Voir 野蒜 yě suàn.

小棠菜 xiǎo táng cài [B1] Voir 上海青 shàng hǎi qīng.

小小酥 xiǎo xiǎo sū [G5] Petite bouchée de friture croquante.

小圆子 xiǎo yuán zi [G7] Petites boulettes de riz gluant.

小灶 xiǎo zào [S] Littéralement « petit fourneau »: plats préparés avec plus de soin.

孝感麻糖 xiào gǎn má táng [P3] Marque de nougat au sésame chinois, fondée en 1954 à Xiaogan (Hubei).

xie

蝎子 xiē zi [D4] Scorpion.

薤 xiè [B10] Voir 野蒜 yě suàn.

薤白 xiè bái [B10] Voir 野蒜 yě suàn.

薤白头 xiè bái tóu [B10] Voir 藠头 jiào tóu.

蟹 xiè [E3] Crabe.

蟹八件 xiè bā jiàn [K5] Les huit outils traditionnels aidant à manger des crabes: petit marteau (腰圆锤 yāo yuán chuí), petite hache à long manche (长柄斧 cháng bǐng fǔ), aiguillon (签子 qiān zi), petite cuillère à long manche (长柄勺 cháng bǐng sháo), pincette (镊子 niè zi), ciseaux, godet (à mettre de la carapace), planche en fer où sera martelées les pinces de crabe (剔凳 tī dèng).

蟹棒 xiè bàng [E6] Surimi; baguette à base de hachis de poisson à l'aspect et au goût de crabe, invention japonaise.

蟹粉 xiè fěn [E6] Chair et œufs de crabe.

蟹粉蛋羹 xiè fěn dàn gēng [N33] Voir 蟹黄蛋羹 xiè huáng dàn gēng.

蟹粉小笼 xiè fěn xiǎo lóng [M1] Petit pain farci de chair et œufs de crabe, cuit à la vapeur.

蟹黄 xiè huáng [E6] Œufs de crabe.

蟹黄蛋羹 xiè huáng dàn gēng [N33] Chair et œufs de crabe mélangés à des œufs battus, cuits à la vapeur.

蟹黄鱼翅 xiè huáng yú chì [N9/N15/N1] Purées de jaune d'œuf de cane, de carotte, de shiitake et de pousse de bambou (imitation d'œufs de crabe) sautées puis braisées avec feuilles de tofu taillées en franges (imitation d'ailerons de requin).

蟹黄蒸蛋 xiè huáng zhēng dàn [N33] Voir 蟹黄鱼翅 xiè huáng yú chì.

蟹壳黄烧饼 xiè ké huáng shāo bǐng [N10] Galette farcie cuite au four (dont la coque jaunie ressemble à la forme de carapace de crabe et au couleur d'œuf de crabe).

蟹味菇 xiè wèi gū [B7] Voir 海鲜菇 hǎi xiān gū.

xin

心里美 xīn lǐ měi [B4] Radis oriental rouge; radis melon d'eau.

新长发 xīn cháng fā [P2] Littéralement « Nouveau-longtemps-fortune », entreprise fondée en 1935 à Shanghai, spéciale pour des produits de châtaigne (marron).

新地 xīn dì [G8] Voir 圣代 shèng dài.

新疆菜 xīn jiāng cài [N30] Les spécialités du Xinjiang.

新疆大盘鸡 xīn jiāng dà pán jī [N30] Poulet braisé aux épices avec pommes de terre et lanières de pâte, spécialité du Xinjiang.

信丰萝卜饺 xìn fēng luó bo jiǎo [N14] Raviolis jiaozi farcis de purée de radis blanc, de porc et de poisson puis cuits à la vapeur, spécialité de Xinfeng (Jiangxi).

信阳毛尖 xìn yáng máo jiān [J5] Littéralement « pointe du duvet de Xinyang », thé vert originaire du Henan.

xing

兴国豆腐 xīng guó dòu fu [N14] Triangles de tofu frits puis farcis de porc, de shiitakes séchés, de crevettes séchés et de ciboulettes chinoises avant d'être cuits à la vapeur.

星洲炒粉 xīng zhōu chǎo fěn [N5] Voir 星洲炒米粉 xīng zhōu chǎo mǐ fěn.

星洲炒米 xīng zhōu chǎo mǐ [N5] Riz sautés au curry avec crevettes, porc rôti et œuf.

星洲炒米粉 xīng zhōu chǎo mǐ fěn [N5] Vermicelle de riz sauté au curry avec crevettes, porc rôti et œuf.

腥 xīng [Q3] (Poisson, crustacées, coquillage) fétide.

醒 xǐng [L1] 1. Laisser reposer (la pâte) pour un peu de temps avant la préparation suivante; 2. carafier; décanter (du vin, de l'eau-de-vie).

醒酒器 xǐng jiǔ qì [K6] Décanteur.

杏鲍菇 xìng bào gū [B7] Pleurote du panicaut; *Pleurotus eryngii*.

杏脯 xìng fǔ [G2] Abricot confit.

杏核仁 xìng hé rén [G1] Voir 杏仁 xìng rén.

杏花楼 xìng huā lóu [P2] Littéralement « Restaurant aux fleurs d'abricotier », fondé en 1851 à Shanghai, réputé pour des gâteaux de lune et des plats et des dimsums cantonais.

杏仁 xìng rén [G1] Amande douce; noyau d'abricot (*Prunus dulcis*). (À comparer avec 苦杏仁 kǔ xìng rén, 桃仁 táo rén, 巴旦木 bā dàn mù.)

杏仁茶 xìng rén chá [J5] Voir 杏仁露 xìng rén lù.

杏仁豆腐 xìng rén dòu fu [G7] Gelée de jus d'amande et de lait.

杏仁利口酒 xìng rén lì kǒu jiǔ [J3] Liqueurs d'amandes.

杏仁露 xìng rén lù [J5] Lait aux amandes sucré.

杏仁奶 xìng rén nǎi [J5] Voir 杏仁露 xìng rén lù.

杏仁霜 xìng rén shuāng [J5] Poudre d'amande à diluer.

杏子 xìng zi [F2] Abricot.

杏子酱 xìng zi jiàng [H4] Confiture d'abricot.

xiong

雄瓜 xióng guā [B5] Voir 西葫芦 xī hú lu.

雄鱼 xióng yú [E1] Voir 鳙鱼 yōng yú.

熊葱 xióng cōng [B10] Voir 野韭菜 yě jiǔ cài.

熊瓜 xióng guā [B5] Voir 西葫芦 xī hú lu.

熊蒜 xióng suàn [B10] Voir 野韭菜 yě jiǔ cài.

xiu

修道院黄酒 xiū dào yuàn huáng jiǔ [J3] Chartreuse jaune.

修道院酒 xiū dào yuàn jiǔ [J3] Chartreuse.

修道院绿酒 xiū dào yuàn lǜ jiǔ [J3] Chartreuse verte.

修士酒 xiū shì jiǔ [J3] Bénédictine.

秀丽白虾 xiù lì bái xiā [E3] Voir 白米虾 bái mǐ xiā.

秀珍菇 xiù zhēn gū [B7] Petite pleurote; *Pleurotus geesteranus*.

袖珍菇 xiù zhēn gū [B7] Voir 秀珍菇 xiù zhēn gū.

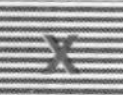

xu

徐海菜 xú hǎi cài [N20] Les spécialités de la région Xuzhou-Lianyungang.

xuan

玄酒 xuán jiǔ [J4] Eau servie au rituel.

玄米 xuán mǐ [A] Voir 糙米 cāo mǐ.

玄米茶 xuán mǐ chá [J5] Thé vert à riz brun torréfié; genmaicha.

xue

学果馍馍 xué guǒ mó mo [N31] Voir 土豆馍馍 tǔ dòu mó mo.

雪碧 xuě bì [J4] Sprite.

雪菜 xuě cài [H5] Moutarde salée fermentée.

雪菜大汤黄鱼 xuě cài dà tāng huáng yú [N4] Voir 雪笋大黄鱼 xuě sǔn dà huáng yú.

雪豆 xuě dòu [B6] Haricot de Lima; *Phaseolus lunatus*.

雪耳 xuě ěr [B7] Voir 银耳 yín ěr.

雪舫蒋 xuě fǎng jiǎng [P2] Marque de jambon chinois fondée en 1860 à Jinhua (Zhejiang) par JIANG Xuefang.

雪糕 xuě gāo [G8] Voir 冰棍 bīng gùn.

雪蛤 xuě há [D3] 1. *Rana chensinensis* (de Mandchourie); 2. tube utérin de *Rana chensinensis*.

雪蛤膏 xuě há gāo [D3] Voir 雪蛤 2 xuě há 2.

雪蛤油 xuě há yóu [D3] Voir 雪蛤 2 xuě há 2.

雪花牛肉 xuě huā niú ròu [C1] Bœuf marbré.

雪里红 xuě lǐ hóng [H5] Voir 雪菜 xuě cài.

雪利酒 xuě lì jiǔ [J3] Xérès; sherry.

雪葩 xuě pā [G8] Voir 冰激淋 2 bīng jī lín 2.

雪片糕 xuě piàn gāo [G4] Voir 方片糕 fāng piàn gāo.

雪裙仙子 xuě qún xiān zǐ [B7] Voir 竹荪 zhú sūn.

雪山驼掌 xuě shān tuó zhǎng [N28] Patte de chameau braisée et saucée avec blanc d'œuf (qui symbolise la montagne couverte de neige).

雪笋大黄鱼 xuě sǔn dà huáng yú [N4] Sciène frite et mijotée à la moutarde fermentée émincée.

雪蟹 xuě xiè [E3] Crabe des neiges; *Chionoecetes opilio*.

鳕场蟹 xuě chǎng xiè [E3] Voir 帝王蟹 dì wáng xiè.

鳕鱼 xuě yú [E2] Colin; *Gadus*.

血肠 xuè cháng [C3] Boudin noir.

血橙 xuè chéng [F3] Orange sanguine.

血枸子 xuè gǒu zǐ [F5] Voir 枸杞 gǒu qǐ.

xun

熏 xūn [L2] 1. Fumer; 2. frire, saucer et épicer (surtout du filet de poisson servis froid).

熏豆茶 xūn dòu chá [J5] Tisane à base de soja vert torrifié.

熏瓜 xūn guā [B5] Voir 西葫芦 xī hú lu.

熏鸡 xūn jī [N34] Poulet fumé aux épices.

熏梅 xūn méi [G2] Voir 乌梅 wū méi.

熏鱼 xūn yú [N10] Morceaux de filet de carpe noire (ou carpe herbivore) frits puis baignés ou trempés dans la sauce sucrée.

浔阳鱼片 xún yáng yú piàn [N14] Tranches de carpe noire poêlées et sautées avant d'être saucées de fécule et d'huile de sésame.

荨瓜 xún guā [B5] Voir 西葫芦 xī hú lu.

荨麻酒 xún má jiǔ [J3] Voir 修道院酒 xiū dào yuàn jiǔ.

鲟鳇鱼 xún huáng yú [E1] Voir 鳇鱼 huáng yú.

鲟鱼 xún yú [E2] Esturgeon; *Acipenseridae*.

Y

ya

压 yā [L1] Voir 拍 pāi.

压力锅 yā lì guō [K2] Autocuiseur; cocotte-minute; marmite à pression; marmite autoclave.

压柠檬器 yā níng méng qì [K1] Presse-citron.

压蒜器 yā suàn qì [K1] Presse-ail.

鸭脖 yā bó [C2] Cou de canard.

鸭肠 yā cháng [C2] Intestins de canard.

鸭蛋 yā dàn [C4] Œuf de cane.

鸭肝 yā gān [C2] Foie de canard.

鸭架 yā jià [C2] Carcasse de canard (laqué).

鸭架熬白菜 yā jià áo bái cài [N16] Chou chinois braisé avec carcasse de canard.

鸭架蒸蛋羹 yā jià zhēng dàn gēng [N16] Œufs battus et cuits à la vapeur dans la graisse de canard.

鸭梨 yā lí [F1] Voir 梨 lí.

鸭肉 yā ròu [C2] Canard.

鸭头 yā tóu [C2] Tête de canard.

鸭下巴 yā xià ba [C2] Menton de canard.

鸭心 yā xīn [C2] Cœur de canard.

鸭血 yā xuè [C3] Sang de canard coagulé.

鸭血粉丝 yā xuè fěn sī [N9] Vermicelle translucide de patate douce au bouillon de canard avec sang, gésier, foie et intestins de canard et petites boulettes de tofu frites.

鸭腰 yā yāo [C2] Rognon de canard.

鸭油 yā yóu [H3] Graisse de canard.

鸭掌 yā zhǎng [C2] Patte de canard.

鸭爪 yā zhuǎ [C2] Voir 鸭掌 yā zhǎng.

鸭胗 yā zhēn [C2] Gésier de canard.

牙带鱼 yá dài yú [E2] Voir 带鱼 dài yú.

牙疙瘩 yá gē da [F5] Voir 越橘 yuè jú.

牙签 yá qiān [K5] Cure-dent(s).

牙签罐 yá qiān guàn [K5] Boîte de cure-dent(s).

牙鳕 yá xuě [E2] Merlan; *Merlangius merlangus*.

亚麻油 yà má yóu [H3] Huile de lin.

yan

烟仔虎 yān zǎi hǔ [E2] Voir 鲣鱼 jiān yú.

胭脂菜 yān zhī cài [B1] Voir 木耳菜 mù ěr cài.

腌 yān [L1] 1. Saler; 2. faire/laisser mariner.

腌鹅 yān é [C3] Oie salée et séchée.

腌藠头 yān jiào tóu [H5] Voir 糖醋藠头 táng cù jiào tóu.

腌萝卜 yān luó bo [H5] Radis blanc fermenté.

腌泡汁 yān pào zhī [H2] Marinade.

腌肉 yān ròu [C3] Voir 咸肉 xián ròu.

腌生姜 yān shēng jiāng [H5] Gingembre fermenté.

腌鱼 yān yú [E6] Voir 咸鱼 xián yú.

腌仔姜 yān zǐ jiāng [H5] Voir 腌生姜 yān shēng jiāng.

芫爆鱿鱼卷 yán bào yóu yú juǎn [N1] Rouleaux de calmar tailladés en croix à maintes reprises (ce qui donne l'aspect des fleurs de chrysanthème) et sautés au coriandre.

芫荽 yán suī [B10] Voir 香菜 xiāng cài.

芫茜 yán xī [B10] Voir 香菜 xiāng cài.

岩菇 yán gū [B7] Voir 石耳 shí ěr.

岩盐 yán yán [H1] Sel gemme; halite.

研磨 yán mó [L1] Moudre.

盐 yán [H1] Sel; sel de table; sel de cuisine.

盐豆 yán dòu [N20] Soja fermenté, salé et pimenté.

盐发 yán fā [L1] (Faire) gonfler au sel (des ingrédients séchés).

盐焗 yán jú [L2] Cuire au dedans de gros sels des ingrédients enveloppés par un papier d'étain.

盐焗鸡 yán jú jī [N21] Poulet cuit au dedans de sel de mer dans une jarre.

盐肉 yán ròu [C3] Voir 咸肉 xián ròu.

盐水花生 yán shuǐ huā shēng [N33] Cacahuètes salées ébouillantées.

盐水毛豆 yán shuǐ máo dòu [N33] Edamame salé ébouillanté.

盐水鸭 yán shuǐ yā [N9] Canard saumuré aux épices, spécialité de Nanjing (Nankin).

盐须 yán xū [B10] Voir 香菜 xiāng cài.

奄仔蟹 yǎn zǐ xiè [E3] Jeune crabe des palétuviers (*Scylla serrata*).

艳果 yàn guǒ [F6] Voir 人参果 rén shēn guǒ.

宴春酒楼 yàn chūn jiǔ lóu [P2] Littéralement « Banquet pour le printemps », restaurant fondé en 1890 à Zhenjiang, à la carte: terrine de jarret de porc déchiré, pain farci d'œufs de crabe cuit à la vapeur et d'autres spécialités de la région Huaiyang.

雁喙实 yàn huì shí [B8] Voir 芡实 qiàn shí.

雁来红 yàn lái hóng [B1] Voir 红苋 hóng xiàn.

燕麦 yàn mài [A] Avoine; fromental.

燕麦片 yàn mài piàn [A] Gruau.

燕窝 yàn wō [D2] Nid de salanganes.

燕鱼 yàn yú [E2] Voir 鲅鱼 bà yú.

yang

扬州炒饭 yáng zhōu chǎo fàn [N3] Riz sauté avec œufs, jambon, crevettes décortiquées et assortiment de légumes, spécialité de Yangzhou (Jiangsu).

羊百叶 yáng bǎi yè [C1] Feuillet de mouton; omasum de mouton.

羊鞭 yáng biān [C1] Pénis d'ovins.

羊肠 yáng cháng [C1] Intestins d'ovins.

羊肚 yáng dǔ [C1] Tripes d'ovins.

羊肚菜 yáng dǔ cài [B7] Voir 羊肚菌 yáng dǔ jūn.

羊肚菌 yáng dǔ jūn [B7] Morille; *Morchella*.

羊方藏鱼 yáng fāng cáng yú [N20] Filet d'ovins farci de tranches minces de poisson mandarin, mijoté au bouillon de poisson: les ingrédients de ce plat (« poisson » 鱼+ « mouton » 羊) représentent la construction du caractère chinois « délicieux » (鲜).

羊羹 yáng gēng [G4] Gelée de farine de haricot rouge (ou de châtaigne, de patate douce) sucrée à la japonaise; yokan.

羊后腿 yáng hòu tuǐ [C1] Gigot.

羊角豆 yáng jiǎo dòu [B3] Voir 秋葵 qiū kuí.

羊角瓜 yáng jiǎo guā [B5] Voir 西葫芦 xī hú lu.

羊角面包 yáng jiǎo miàn bāo [G4] Voir 牛角面包 niú jiǎo miàn bāo.

羊奶 yáng nǎi [J4] 1. Lait de chèvre; 2. lait de brebis.

羊腩 yáng nán [C1] Flanchet d'ovins.

羊排 yáng pái [C1] Côtelette d'ovins.

羊栖菜 yáng qī cài [B8] Hijiki; *Sargassum fusiforme* (algue marine comestible).

羊球 yáng qiú [C1] Testicule d'ovins.

羊肉 yáng ròu [C1] 1. Mouton; 2. chèvre; 3. agneau; 4. la viande ovine.

羊肉串 yáng ròu chuàn [N30] Mouton (ou agneau) rôti à la brochette.

羊肉冻豆腐 yáng ròu dòng dòu fu [N27] Mouton braisé avec tofu en ruche.

羊肉火锅 yáng ròu huǒ guō [N16] Voir 涮羊肉 shuàn yáng ròu.

羊肉泡馍 yáng ròu pào mó [N27] Soupe de mouton à morceaux de galette.

羊肉杂面 yáng ròu zá miàn [N16] Nouilles de mouton aux abats de mouton au bouillon.

羊上脑 yáng shàng nǎo [C1] Macreuse d'ovins.

羊桃 yáng táo [F5] 1. Voir 杨桃 yáng táo; 2. voir 猕猴桃 mí hóu táo.

羊头 yáng tóu [C1] Tête d'ovins.

羊蝎子 yáng xiē zi [C1] Filet d'ovins à vertèbre.

羊蝎子火锅 yáng xiē zi huǒ guō [N16] Filet de mouton à vertèbre à la fondue chinoise.

羊油 yáng yóu [H3] Graisse d'ovins.

阳城烧肝 yáng chéng shāo gān [N26] Tranches de pâté de foie de porc à l'ail frites puis cuites à la vapeur, spécialité de Yangcheng (Shanxi).

阳春白雪 yáng chūn bái xuě [N18] Œufs battus au lait sautés avec crevettes décortiquées et petits pois (littéralement « la neige printanière »).

阳春面 yáng chūn miàn [M1] Nouilles au bouillon de la sauce de soja, sans viande ni légumes.

阳关三叠 yáng guān sān dié [N1] Lasagne poêlée au poulet, aux oeufs et à l'épinard (qui est associée à une pièce musicale à trois refrains à thème nostalgique, chantée ou jouée quand on quitte le pays chinois par la Passe Yangguan pour aller en Asie centrale).

阳荷 yáng hé [B10] Voir 茗荷 míng hé.

阳郎鸡 yáng láng jī [N23] Voir 息烽阳朗鸡 xī fēng yáng lǎng jī.

阳泉压饼 yáng quán yā bǐng [N26] Gros biscuit de diveses céréales, spécilité de Yangquan (Shanxi).

阳桃 yáng táo [F5] 1. Voir 杨桃 yáng táo; 2. voir 猕猴桃 mí hóu táo.

阳新屯鸟 yáng xīn tún niǎo [C2] Voir 番鸭 fān yā.

杨花萝卜 yáng huā luó bo [B4] Voir 樱桃萝卜 yīng tao luó bo.

杨梅 yáng méi [F2] Fraise chinoise; yangmei; *Myrica rubra*.

杨梅丸子 yáng méi wán zi [N8] Boulettes de porc frites à la sauce de fraise chinoise.

杨汤梨 yáng tāng lí [F5] Voir 猕猴桃 mí hóu táo.

杨桃 yáng táo [F5] Carambole.

杨枝甘露 yáng zhī gān lù [G7] Bouillie de sagou au crème et aux fruits tropicaux (pamplemousse, mangue, etc.).

洋葱 yáng cōng [B4] Oignon.

洋葱炒蛋 yáng cōng chǎo dàn [N33] Omelette à l'oignon.

洋大头菜 yáng dà tóu cài [B4] Voir 芜菁甘蓝 wú jīng gān lán.

洋橄榄 yáng gǎn lǎn [F2] Voir 油橄榄 yóu gǎn lǎn.

洋疙瘩 yáng gē da [B4] Voir 芜菁甘蓝 wú jīng gān lán.

洋瓜 yáng guā [B5] Voir 佛手瓜 fó shǒu guā.

洋鸡 yáng jī [C2] Voir 肉鸡 ròu jī.

洋蓟 yáng jì [B2] Artichaut.

洋辣椒 yáng là jiāo [B3] Voir 秋葵 qiū kuí.

洋蔓菁 yáng màn jīng [B4] Voir 芜菁甘蓝 wú jīng gān lán.

洋蘑菇 yáng mó gu [B7] Voir 口蘑 2 kǒu mó 2.

洋蒲桃 yáng pú tao [F1] Voir 莲雾 lián wù.

洋山芋 yáng shān yù [B4] Voir 马铃薯 mǎ líng shǔ.

洋柿子 yáng shì zi [B3] Voir 番茄 fān qié.

洋香菜 yáng xiāng cài [B10] Voir 欧芹 ōu qín.

洋鸭 yáng yā [C2] Voir 番鸭 fān yā.

洋芫荽 yáng yán suī [B10] Voir 欧芹 ōu qín.

洋芋 yáng yù [B4] Voir 马铃薯 mǎ líng shǔ.

yao

腰果 yāo guǒ [G1] Noix de cajou; anacarde.

腰圆锤 yāo yuán chuí [K5] Voir 蟹八件 xiè bā jiàn.

瑶柱 yáo zhù [E6] Voir 干贝 gān bèi.

鳐鱼 yáo yú [E2] Raie; batoïde; *Batoidea*.

药炖排骨 yào dùn pái gǔ [N32] Côtelettes braisées aux herbes médicinales.

药炖土虱 yào dùn tǔ shī [N32] Poisson chat braisé aux herbes médicinales.

药芹 yào qín [B4] Voir 土芹 tǔ qín.

药糖 yào táng [G6] Bonbon aux herbes médicinales.

药香 yào xiāng [Q4] Arôme de type de Dongjiu (董酒, marque d'alcool).

ye

椰干 yē gān [G2] Copra(h).

椰皇 yē huáng [F6] Noix de coco mûr (dont l'on consomme à la fois le lait et l'albumen).

椰青 yē qīng [F6] Noix de coco vert (dont l'on consomme plutôt le lait).

椰蓉糯米糍 yē róng nuò mǐ cí [G4] Boulette de riz gluant à la poudre de coco; « perle de coco ».

椰肉 yē ròu [F6] Albumen de coco.

椰丝糯米粑 yē sī nuò mǐ bā [N25] Pâte de riz gluant farcie de sésame, de cacahuètes moulues et de l'albumen de coco émincé, sur une feuille de cocotier taillée.

椰丝球 yē sī qiú [G4] Boulette à l'albumen de coco émincé.

椰枣 yē zǎo [F2] Datte.

椰汁 yē zhī [J4] Lait de coco.

椰子 yē zi [F6] Coco; noix de coco.

野葱 yě cōng [B10] 1. *Allium chrysanthum*; 2. *Allium prattii*.

野鸡 yě jī [D2] Faisan(e); *Phasianus colchicus*.

野姜 yě jiāng [B10] Voir 茗荷 míng hé.

野韭 yě jiǔ [B10] Voir 野蒜 yě suàn.

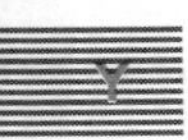

野韭菜 yě jiǔ cài [B10] Ail des ours; *Allium ursinum*; ail sauvage; ail des bois.

野菊 yě jú [B9] Camomille de Chine; chrysanthème d'Inde; *Chrysanthemum indicum*.

野苣 yě jù [B1] Mâche; *Valerianella locusta*.

野麦子 yě mài zi [A] Voir 燕麦 yàn mài.

野毛鱼 yě máo yú [E1] Voir 刀鱼 1 dāo yú 1.

野生鸟类 yě shēng niǎo lèi [D2] Gibier à plumes.

野生兽类 yě shēng shòu lèi [D1] Gibier.

野蒜 yě suàn [B10] Oignon de Chine; oignon chinois; *Allium chinense*; *Allium macrostemon* Bunge (un genre de ciboulette chinoise plantée en Chine du Sud, en Asie et en Amérique).

野味 yě wèi [D] Animaux sauvages comestibles.

野小蒜 yě xiǎo suàn [B10] Voir 野蒜 yě suàn.

野鸭 yě yā [D2] Canard sauvage; cane sauvage; sarcelle.

叶菜类 yè cài lèi [B1] Légumes-feuille.

叶酸 yè suān [R] Acide folique; folacine.

夜鸣虫 yè míng chóng [D4] Voir 蟋蟀 xī shuài.

夜息香 yè xī xiāng [B10] Voir 薄荷 bò he.

液态调味 yè tài tiáo wèi [H2] Condiments liquides.

yi

一次性纸杯 yī cì xìng zhǐ bēi [K6] Voir 纸杯 zhǐ bēi.

一品锅 yī pǐn guō [N8] Voir 胡适一品锅 hú shì yī pǐn guō.

一品香酥鸭 yī pǐn xiāng sū yā [N9/N2/N6] Canard mariné, cuit à la vapeur et à la friture.

一期一会 yī qī yī huì [S] « Ichi-go Ichi-e », littéralement « une vie, une rencontre » terme-clé du rite japonais du thé, signifiant la seule occasion dans la vie pour la présente rencontre dans le pavillon du thé, suggérant

que l'on la traite avec soin et gratitude.

伊拉克枣 yī lā kè zǎo [F2] Voir 椰枣 yē zǎo.

衣扎拉酒 yī zhā lā jiǔ [J3] Izarra.

饴糖 yí táng [G6] Voir 麦芽糖 2 mài yá táng 2.

贻贝 yí bèi [E4] Moule; mytiloïdés; *Mytilida*.

彝乡锅仔 yí xiāng guō zǎi [N22] Jambon du Yunnan, vermicelle de riz et assortiment de légumes braisés dans une petite marmite à réchaud, spécialité de l'ethnie Yi du Yunnan.

苡米 yǐ mǐ [A] Voir 薏仁 yì rén.

苡仁 yǐ rén [A] Voir 薏仁 yì rén.

蚁茸 yǐ róng [B7] Voir 鸡纵 jī zōng.

蚁纵 yǐ zōng [B7] Voir 鸡纵 jī zōng.

义菜 yì cài [B1] Voir 茼蒿 tóng hāo.

义河蚶 yì hé hān [E4] *Solenaia iridinea* (une espèce de longue moule perlière d'eau douce).

意餐 yì cān [S] Cuisine italienne.

意大利菊苣 yì dà lì jú jù [B1] Radicchio.

意大利馅饼 yì dà lì xiàn bǐng [N34] Voir 比萨饼 bǐ sà bǐng.

缢蛏 yì chēng [E4] Voir 蛏子 chēng zi.

薏米 yì mǐ [A] Voir 薏仁 yì rén.

薏仁 yì rén [A] Larme-de-Job; (graine de) larmille; graine chapelet; *Coix lacryma-jobi*.

薏珠子 yì zhū zi [A] Voir 薏仁 yì rén.

yin

银丹草 yín dān cǎo [B10] Voir 薄荷 bò he.

银耳 yín ěr [B7] Trémelle (blanche); trémelle en fuseau; « oreille d'argent »; *Tremella fuciformis* Berkeley.

银杏子 yín xìng zǐ [G1] Voir 白果 bái guǒ.

银芽 yín yá [B6] Voir 绿豆芽 lǜ dòu yá.

银鱼 yín yú [E1] Salangidé; Salangidae; Salanx chinensis.

银鱼炒蛋 yín yú chǎo dàn [N10] Œufs battus et sautés avec salangidés; omelette chinoise aux salangidés.

饮具 yǐn jù [K6] Récipients de boisson.

饮品 yǐn pǐn [J] Boisson.

饮食疗法 yǐn shí liáo fǎ [S] Voir 食疗 shí liáo.

饮用水 yǐn yòng shuǐ [J4] Eau potable; eau buvable.

ying

英桃 yīng tao [F2] Voir 樱桃 yīng tao.

莺桃 yīng tao [F2] Voir 樱桃 yīng tao.

樱蛤 yīng gé [E4] Voir 海瓜子 hǎi guā zǐ.

樱花虾 yīng huā xiā [E3] Sergia lucens (une espèce de crevettes de taille très petite, de la famille des *Sergestidae*).

樱桃 yīng tao [F2] Cerise.

樱桃椒 yīng tao jiāo [B3] *Capsicum annuum* subsp. *cerasiforme* (variété de poivron de taille très petite en diverses couleurs, origine du Japon).

樱桃萝卜 yīng tao luó bo [B4] Radis-cerise; radis d'été rond.

樱桃肉 yīng tao ròu [N10] Petits morceaux de porc entrelardé cuits à la sauce salée-douce, et rougis par la levure d'alcool (littéralement « porc cerise »).

樱珠 yīng zhū [F2] Voir 樱桃 yīng tao.

鹰嘴豆 yīng zuǐ dòu [G1] Pois chiche.

营养成分 yíng yǎng chéng fēn [R] Nutriments.

营养学 yíng yǎng xué [S] Diététique.

映日果 yìng rì guǒ [F1] Voir 无花果 wú huā guǒ.

硬 yìng [Q2] Dur.

硬糖 yìng táng [G6] Bonbon dur.

yong

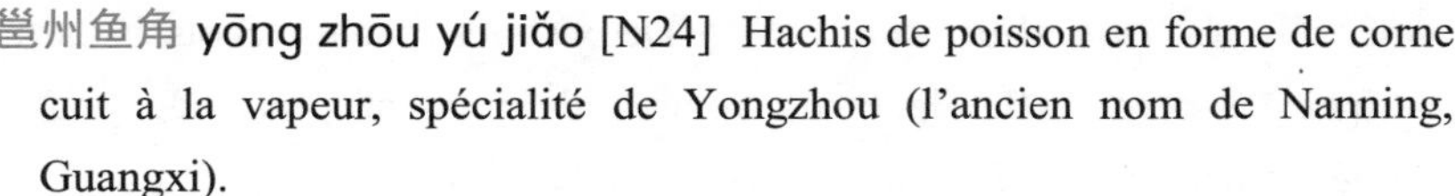

邕州鱼角 yōng zhōu yú jiǎo [N24] Hachis de poisson en forme de corne cuit à la vapeur, spécialité de Yongzhou (l’ancien nom de Nanning, Guangxi).

鳙鱼 yōng yú [E1] Carpe à grosse tête; carpe marbrée; *Hypophthalmichthys nobilis*; *Aristichthys nobilis* (Richardson).

永和豆腐 yǒng hé dòu fu [N14] Dés de tofu braisés avec ceux de shiitake, de carotte et pois, spécialité de Yonghe (Jiangxi).

永乐鱼酱 yǒng lè yú jiàng [H4] Voir 鱼酱 yú jiàng.

蛹虫草 yǒng chóng cǎo [B7] Voir 虫草花 chóng cǎo huā.

you

莜麦 yóu mài [A] Avoine nue; *Avena nuda*.

莜麦菜 yóu mài cài [B1] Feuillles de laitue asperge (*Lactuca sativa*).

莜麦面 yóu mài miàn [N26] Voir 莜面 yóu miàn.

莜面 yóu miàn [N26] 1. Pâte d’avoine nue; 2. nouilles d’avoine nue.

莜面栲栳 yóu miàn kǎo lǎo [N26] Petits tuyaux de pâte d’avoine nue cuits à la vapeur.

莜面鱼鱼 yóu miàn yú yu [N26] Petits morceaux de pâte d’avoine nue au bouillon.

鱿鱼 yóu yú [E5] Calmar; encornet; teuthide; *Teuthida*.

鱿鱼炖土鸡 yóu yú dùn tǔ jī [N23] Poulet indigène braisé avec calmar (soupe).

尤溪卜鸭 yóu xī bǔ yā [N7] Canard entier fumé avec du riz et du thé dans un wok bien fermé avant d'être mariné au bouillon de canard, spécialité de Youxi (Fujian).

油爆肚仁 yóu bào dǔ rén [N29] Lamelles de tripes d'ovins sautées à la graisse poivrée.

油爆河虾 yóu bào hé xiā [N11] Crevettes de rivière frites et saucées.

油爆双脆 yóu bào shuāng cuì [N1] Deux sortes d'abats (choisies parmi tripes de porc, celle de bœuf, rognon de porc et gésier de poulet, littéralement « deux croquants ») sautées à la sauce épicée.

油爆鱼芹 yóu bào yú qín [N1] Purée de carpe herbivore, de blanc de poulet et de porc gras, mélangée à du hachis de cœur de céleri, de shiitakes et de jambon chinois, frite en lamelles aux saindoux, puis sautée et saucée.

油鳊 yóu biān [E1] Voir 鳊鱼 biān yú.

油菜 yóu cài [B1] (Feuilles et tiges de) colza; *Brassica campestris* L. var. *oleifera* DC.

油菜花 yóu cài huā [B1] Fleur de colza (avec la tige).

油茶籽油 yóu chá zǐ yóu [H3] Voir 茶籽油 chá zǐ yóu.

油胴鱼 yóu dòng yú [E2] Voir 鲐鱼 tái yú.

油豆腐 yóu dòu fu [B6] Boulette de tofu frite; fromage de soja frit.

油发 yóu fā [L1] (Faire) gonfler à la friture (des ingrédients séchés) ; (faire) gonfler à l'huile bouillante.

油橄榄 yóu gǎn lǎn [F2] Olive.

油鲩 yóu huàn [E1] Voir 草鱼 cǎo yú.

油酱毛蟹 yóu jiàng máo xiè [N11] Crabes poilus de Shanghai frits et braisés à la sauce de soja.

油浸 yóu jìn [L1] Confire dans de l'huile ou de la graisse.

油京果 yóu jīng guǒ [G4] Beignet de riz glutineux à la friture.

油辣冬笋尖 yóu là dōng sǔn jiān [N6] Pointes de pousse de bambou sautées à l'huile pimentée.

油梨 yóu lí [F6] Voir 牛油果 niú yóu guǒ.

油麦 yóu mài [A] Voir 莜麦 yóu mài.

油麦菜 yóu mài cài [B1] Voir 莜麦菜 yóu mài cài.

油焖春笋 yóu mèn chūn sǔn [N4] Pousses de bambou printanières tronçonnées, sautées et braisées à la sauce de soja.

油焖大虾 yóu mèn dà xiā [N1/N15] 1. Crevettes charnues sautées et braisées aux épices; 2. écrevisses de Louisiane braisées aux épices et à la bière.

油面筋 yóu miàn jīn [N10] Grosse boulette de gluten frite.

油泡 yóu pào [B6] Voir 油豆腐 yóu dòu fu.

油皮 yóu pí [B6] Voir 豆腐皮 dòu fu pí.

油泼豆莛 yóu pō dòu tíng [N1] Germes de mungo arrosés d'huile en ébullition au poivre du Sichuan.

油泼鲤鱼 yóu pō lǐ yú [N33] Carpe cuite à la vapeur puis arrosée d'huile en ébullition.

油桃 yóu táo [F2] Nectarine.

油条 yóu tiáo [M1] Long beignet frit; youtiao.

油渣 yóu zhā [H3] Grattons.

油炸全蝎 yóu zhá quán xiē [N1] Voir 酥炸全蝎 sū zhá quán xiē.

油脂 yóu zhī [H3] Corps gras; huiles et graisses.

有机食品 yǒu jī shí pǐn [S] Produits bio.

又一村 yòu yī cūn [P2] Littéralement « Encore un village », snack-restaurant fondé en 1890 à Dezhou (Shandong), réputé pour des pains farcis cuits à la vapeur.

柚子 yòu zi [F3] Pamplemousse (véritable); *Citrus maxima*.

柚子茶 yòu zi chá [J5] Boisson de pamplemousse confit.

yu

纡粟 yū sù [A] Voir 玉米 yù mǐ.

余干辣椒炒肉 yú gān là jiāo chǎo ròu [N14] Porc entrelardé saucé aux piments verts et aux sojas fermentés, spécialité de Yugan (Jiangxi).

鱼鳔 yú biào [E6] Voir 鱼肚 yú dǔ.

鱼翅 yú chì [E6] Aileron de requin; nageoire de requin.

鱼翅瓜 yú chì guā [B5] Voir 金丝瓜 jīn sī guā.

鱼肚 yú dǔ [E6] Colle de poisson; gélatine de vessies natatoires de poisson.

鱼干片 yú gān piàn [G3] Lamelles de poisson rôties (prête à manger).

鱼糕 yú gāo [E6] Kamaboko; rouleau à base de hachis de poisson, invention japonaise.

鱼滑 yú huá [E6] Hachis de poisson (mis en morceau dans la fondue chinoise).

鱼酱 yú jiàng [H4] Poisson fermenté pimenté, spécialité de Yongle (Guizhou).

鱼酱油 yú jiàng yóu [H2] Voir 鱼露 yú lù.

鱼胶 yú jiāo [E6] Voir 鱼肚 yú dǔ.

鱼辣子 yú là zi [H4] Voir 泡椒 pào jiāo.

鱼露 yú lù [H2] Nuoc-mâm.

鱼盘 yú pán [K4] Plat à poisson.

鱼片肠粉 yú piàn cháng fěn [N5] Rouleau de farine de riz enveloppant du poisson, cuit à la vapeur et nappé de sauce de soja, tronçonné avant le service.

鱼松 yú sōng [G3] Filaments de poisson séchés.

鱼酥羹 yú sū gēng [N32] Soupe à morceaux de hachis de boisson frits.

鱼汤 yú tāng [N33/H2] 1. Soupe de poisson; 2. voir 鱼露 yú lù.

鱼头 yú tóu [E6] Tête de poisson.

鱼丸 yú wán [E6] Boulette de poisson.

鱼香茄子 yú xiāng qié zi [N33] Aubergines sautées à la sauce épicée et vinaigrée et au beurre de fève fermentée.

鱼香肉丝 yú xiāng ròu sī [N2] Juliennes de porc, d'oreille de Juda, de pousse de bambou et de carotte, sautées à la sauce épicée et vinaigrée (sauce de soja, vinaigre, sucre, vin de riz avec piment fermenté, gousse d'ail, ciboulette, gingembre: sauce typique que l'on emploie en Chine pour cuire du poisson) et au beurre de fève fermentée.

鱼腥草 yú xīng cǎo [B9] (Feuille de) *Houttuynia cordata* (une espèce de plantes herbacées vivaces de la famille des Saururacées).

鱼羊烧鲜 yú yáng shāo xiān [N27] Carpe farcie de mouton braisée à la sauce de soja.

鱼油 yú yóu [H3] Graisse de poisson.

鱼圆 yú yuán [E6] Voir 鱼丸 yú wán.

鱼籽 yú zǐ [E6] Œufs de poisson.

鱼籽酱 yú zǐ jiàng [E6] Caviar.

雨前虾仁 yǔ qián xiā rén [N1] Crevettes décortiquées sautées avec dés de concombre de mer à l'infusion du thé « avant la pluie ».

玉葱 yù cōng [B4] Voir 洋葱 yáng cōng.

玉瓜 yù guā [B5] Voir 西葫芦 xī hú lu.

玉桂 yù guì [B10] Voir 肉桂 ròu guì.

玉兰片 yù lán piàn [B4/G5] 1. Pousse de bambou en pièce; 2. voir 虾片 xiā piàn.

玉龙菇 yù lóng gū [B7] Voir 海鲜菇 hǎi xiān gū.

玉龙果 yù lóng guǒ [F5] Voir 火龙果 huǒ lóng guǒ.

玉露秫秫 yù lù shú shu [A] Voir 玉米 yù mǐ.

玉麦 yù mài [A] Voir 玉米 yù mǐ.

玉蔓菁 yù màn jīng [B4] Voir 苤蓝 piě lán.

玉米 yù mǐ [A] Maïs.

玉米淀粉 yù mǐ diàn fěn [H1] Voir 玉米粉 yù mǐ fěn.

玉米粉 yù mǐ fěn [H1] Maïzena; fécule de maïs.

玉米糊 yù mǐ hú [M2] Bouillie de maïs.

玉米面 yù mǐ miàn [A] Farine de maïs.

玉米胚芽油 yù mǐ pēi yá yóu [H3] Voir 玉米油 yù mǐ yóu.

玉米糁子 yù mǐ shēn zi [A] Voir 粗玉米粉 cū yù mǐ fěn.

玉米油 yù mǐ yóu [H3] Huile de maïs.

玉米汁 yù mǐ zhī [J4] Jus de maïs.

玉黍 yù shǔ [A] Voir 玉米 yù mǐ.

玉蜀黍 yù shǔ shǔ [A] Voir 玉米 yù mǐ.

玉蕈 yù xùn [B7] Voir 海鲜菇 hǎi xiān gū.

玉珧柱 yù yáo zhù [E6] Voir 干贝 gān bèi.

芋儿鸡 yùr jī [N2] Morceaux de poulet sautés et braisés avec taros.

芋艿 yù nǎi [B4] Voir 芋头 yù tóu.

芋泥肉饼 yù ní ròu bǐng [N34] Steak haché au taro.

芋头 yù tóu [B4] Taro; *Colocasia esculenta*.

芋子包 yù zi bāo [N21] Petit pain de farine de taro farci cuit à la vapeur.

芋子饺 yù zi jiǎo [N21] Ravioli de farine de taro farci cuit à la vapeur.

御麦 yù mài [A] Voir 玉米 yù mǐ.

豫菜 yù cài [N19] Les spécialités du Henan.

豫章酥鸡 yù zhāng sū jī [N14] Poulet mariné et cuit à la vapeur, puis frit et recuit à la vapeur, avant d'être poivré et saucé de fécule et d'huile pimentée.

yuan

鸳鸯锅 yuān yang guō [K2] Marmite à réchaud divisé moitié-moitié.

元宝肉 yuán bǎo ròu [N34] Cubes de porc entrelardé frits et braisés à la sauce de soja avec œufs de poule ou de caille.

元麦 yuán mài [A] Voir 青稞 qīng kē.

元宵 yuán xiāo [G7] Boulette de riz gluant.

原笼船板肉 yuán lóng chuán bǎn ròu [N14] Côtelettes de porc enrobées de farine de riz sautée et épicée, puis cuites à la vapeur.

原汁酒 yuán zhī jiǔ [J2] Voir 酿造酒 niàng zào jiǔ.

圆菜头 yuán cài tóu [B4] Voir 芜菁 wú jīng.

圆葱 yuán cōng [B10/B4] 1. Voir 大葱 dà cōng; 2. voir 洋葱 yáng cōng.

圆根 yuán gēn [B4] Voir 芜菁 wú jīng.

圆江米 yuán jiāng mǐ [A] Riz gluant rond.

圆蘑菇 yuán mó gu [B7] Voir 口蘑 2 kǒu mó 2.

圆参 yuán shēn [B4] Voir 人参 rén shēn.

yue

月饼 yuè bǐng [G4] Gâteau de lune: gâteau rond farci que l'on déguste à la Fête du Mi-automne.

粤菜 yuè cài [N5] Les spécialités du Guangdong.

越瓜 yuè guā [B5] Voir 西葫芦 xī hú lu.

越橘 yuè jú [F5] Myrtille.

越南春卷 yuè nán chūn juǎn [M2] Nem.

越南粉 yuè nán fěn [M2] Pho.

越前蟹 yuè qián xiè [E3] Voir 雪蟹 xuě xiè.

yun

云南春卷 yún nán chūn juǎn [N22] Rouleau de printemps à la Yunnan.

云片糕 yún piàn gāo [G4] Voir 方片糕 fāng piàn gāo.

云片猴头 yún piàn hóu tóu [N1] Lamelles de *Hericium erinaceus* (une espèce de champignon rond, littéralement « tête de singe »), de shiitakes séchés, de pousses de bambou, de jambon chinois et d'écorce de concombre, cuites à la vapeur et saucées.

云天菜 yún tiān cài [B1] Voir 红苋 hóng xiàn.

云吞 yún tūn [M1] Voir 馄饨 hún tun.

云香菜 yún xiāng cài [B1] Voir 红苋 hóng xiàn.

芸豆 yún dòu [B6] Haricot « coco ».

芸香 yún xiāng [B10] Rue des jardins; rue fétide; *Ruta graveolens* L.

Z

za

杂色蛤 zá sè gé [E4] Voir 花蛤 huā gé.

砸 zá [L1] Voir 拍 pāi.

zan

糌粑 zān ba [N31] Tsampa; pâte de farine cuite d'orge du Tibet, mélangée à du beurre et du thé.

zang

藏菜 zàng cài [N31] Les spécialités du Tibet.

藏红花 zàng hóng huā [B10] Safran; *Crocus sativus* L.

藏式甜茶 zàng shì tián chá [N31] Thé noir au lait sucré.

藏式血肠 zàng shì xuè cháng [N31] Boudin tibétain de bovins ou d'ovins ébouillanté.

爆炒杂色蛤
Petites palourdes sautées

糟毛豆
Edamame ébouillantés et marinés à la lie d'alcool

zao

糟 zāo [L1] Mariner au vin de riz ou à la lie de vin de riz (ou à celle d'eau-de-vie). (À comparer avec 醉 zùi.)

糟鸡 zāo jī [N11/N4] Poulet ébouillanté, étuvé puis mariné dans une jarre à la lie de vin de Shaoxing. (À comparer avec 花雕醉鸡 huā diāo zùi jī.)

糟茭白 zāo jiāo bái [N11] Zizanies ébouillantées et marinées à la lie d'eau-de-vie (ou à celle de vin de riz).

糟辣脆皮鱼 zāo là cuì pí yú [N23] Carpe frite et saucée de piments fermentés à la lie de vin de riz.

糟辣鱼酱 zāo là yú jiàng [H4] Voir 鱼酱 yú jiàng.

糟熘鱼片 zāo liū yú piàn [N1] Lamelles de poisson sautées à la fécule mélangée à de la lie de vin de riz.

糟卤 zāo lǔ [H2] Sauce à base de la lie de vin de riz.

糟毛豆 zāo máo dòu [N11] Sojas vertes à gousse (edamames) ébouillantées et marinées à la lie d'eau-de-vie (ou à celle de vin de riz).

糟门腔 zāo mén qiāng [N11] Langues de porc ébouillantées aux épices, marinées à la lie d'eau-de-vie (ou à celle de vin de riz).

糟猪爪 zāo zhū zhuǎ [N11] 1. Pieds de porc ébouillantés et marinés à la lie de vin de riz (ou de celle d'eau-de-vie); 2. châtaignes, shiitakes et pousses de bambou émincés et sautés, puis enveloppés dans des peaux de tofu (donnant l'aspect d'un pied de porc), frits et marinés à la lie d'eau-de-vie.

早园笋 zǎo yuán sǔn [B4] Voir 雷笋 léi sǔn.

枣椰子 zǎo yē zi [F2] Voir 椰枣 yē zǎo.

灶鸡子 zào jī zi [D4] Voir 蟋蟀 xī shuài.

灶具 zào jù [K3] 1. Fourneau; 2. réchaud.

ze

择耳根 zé ěr gēn [B9] Voir 折耳根 zhé ěr gēn.

zei

贼蒜 zéi suàn [B10] Voir 野蒜 yě suàn.

zeng

增稠剂 zēng chóu jì [R] Épaississant.

增味剂 zēng wèi jì [R] Exhausteur de goût.

甑儿糕 zèngr gāo [N16] Gâteau de riz cuit dans un tronçon de bambou.

zha

扎啤 zhā pí [J2] Voir 生啤 shēng pí.

渣滓 zhā zǐ [S] 1. Marc; 2. lie.

炸 zhá [L2] Frire à feu vif; cuire à la friture à feu vif.

炸八块 zhá bā kuài [N19] Huit morceaux de poulet épicés et frits.

炸弹鱼 zhá dàn yú [E2] Voir 鲣鱼 jiān yú.

炸回头 zhá huí tóu [N16] Ravioli rond frit, farci de bœuf et de chou chinois.

炸酱面 zhá jiàng miàn [M1] Nouilles aux légumes et aux dés de porc sautés au beurre de soja fermenté (sans bouillon).

炸蛎黄 zhá lì huáng [N7] Chair d'huître frite à l'huile de porc, dégusté avec du poudre mélangé à du sel et à du poivre du Sichuan.

炸烹虾段 zhá pēng xiā duàn [N18/N1] Voir 烹虾段 pēng xiā duàn.

炸三角 zhá sān jiǎo [N16/N18] Ravioli triangle frit, farci de porc, d'œuf et de ciboulette chinoise.

炸响铃 zhá xiǎng líng [N4] Voir 干炸响铃 gān zhá xiǎng líng.

炸紫酥肉 zhá zǐ sū ròu [N19] Filet de porc mariné dans la sauce épicée, cuit à la vapeur puis à la friture, enfin coupé en lamelle.

鲊 zhǎ [L1] 1. Saler (surtout des poissons); 2. préparer et conserver (des légumes émincés) avec de la farine de riz (de blé) et du sel.

鲊肉 zhǎ ròu [N33] Voir 米粉肉 mǐ fěn ròu.

鲊鱼 zhǎ yú [E5/E6/N2] 1. Voir 海蜇 hǎi zhé; 2. morceaux de poisson salés, fumés, séchés et fermentés dans l'alcool de sorgho avec de la levure rouge; 3. morceaux de poisson enrobés de farine de riz sautée et épicée et cuits à la vapeur.

蚱蜢 zhà měng [D4] Voir 蝗虫 huáng chóng.

榨菜 zhà cài [H5] Rhizome de moutarde brune salé fermenté.

榨菜肉丝汤 zhà cài ròu sī tāng [N33] Soupe de porc émincé au rhizome de moutarde brune salé fermenté.

zhai

斋菜煲 zhāi cài bāo [N25] Pot végétarien.

zhan

旃毛菜 zhān máo cài [B9] Voir 发菜 fà cài.

粘牙 zhān yá [Q2] Voir 糯 nuò.

蘸 zhàn [L1] Tremper.

zhang

张裕 zhāng yù [P2] Ou « Changyu », littéralement « Zhang le prospère », marque de vin, de champagne et de brandy, fondée en 1892 à Yantai (Shandong).

章鱼 zhāng yú [E5] Pieuvre; octopode; poulpe; *Octopoda*.

獐 zhāng [D1] Hydropote; cerf d'eau; chevreuil des marais; *Hydropotes inermis*.

樟树包面 zhāng shù bāo miàn [N14] Voir 樟树清汤 zhāng shù qīng tāng.

樟树清汤 zhāng shù qīng tāng [N14] Petits raviolis huntun au bouillon.

掌中宝 zhǎng zhōng bǎo [C2] Cartilage au milieu de patte de poulet.

胀发 zhàng fā [L1] (Faire) gonfler (des ingrédients séchés).

zhao

招牌菜 zhāo pái cài [S] Plat signature.

沼虾 zhǎo xiā [E3] Voir 河虾 hé xiā.

照蛋 zhào dàn [C4] Voir 旺蛋 wàng dàn.

zhe

折当果折 zhé dāng guǒ zhé [N31] Beignet frit enrobé de sucre brun.

折耳根 zhé ěr gēn [B9] Racine de *Houttuynia cordata* (une espèce de plantes herbacées vivaces de la famille des Saururacées).

折耳根炒腊肉 zhé ěr gēn chǎo là ròu [N23] Racines de *Houttuynia cordata* (une espèce d'herbe) sautées avec viande salée, fumée et séchée.

哲色莫古 zhé sè mò gǔ [N31] Riz cuit enrobé de beurre de yak fondu,

puis sucré et salé.

哲学 zhé xué [N31] Voir 米饭拌酸奶 mǐ fàn bàn suān nǎi.

浙菜 zhè cài [N4] Les spécialités du Zhejiang.

蔗糖 zhè táng [H1] Sucre de canne.

zhen

贞丰糯米饭 zhēn fēng nuò mǐ fàn [N23] Riz gluant cuit à la vapeur avec du porc fermenté aux épices (en quelques jours) avant d'être frit et émincé.

针良鱼 zhēn liáng yú [E2] Orphie; *Belone belone*.

珍珠鸡 zhēn zhū jī [C2] Pintade.

珍珠芦粟 zhēn zhū lú sù [A] Voir 玉米 yù mǐ.

珍珠米 zhēn zhū mǐ [A] Littéralement « riz perle »: variété du riz légèrement gluant.

珍珠肉丸 zhēn zhū ròu wán [N5/N6] Grosses boulettes de hachis de porc et de crevette, enrobées de riz glutineux, cuites à la vapeur.

真鲷 zhēn diāo [E2] Dorade japonaise; *Pagrus major*.

真姬菇 zhēn jī gū [B7] Voir 海鲜菇 hǎi xiān gū.

榛子 zhēn zi [G1] Noisette.

zheng

蒸 zhēng [L2] 1. Cuire à la vapeur; 2. cuire au bain-marie.

蒸蛋 zhēng dàn [N33] Voir 蛋羹 dàn gēng.

蒸锅 zhēng guō [K2] Cuiseur (à vapeur); cuiseur vapeur; cuit vapeur.

蒸饺 zhēng jiǎo [M1] Ravioli jiaozi cuit à la vapeur.

蒸馏酒 zhēng liú jiǔ [J1] Boisson spiritueuse; alcool par distillation.

蒸笼 zhēng lóng [K2] Panier à vapeur (en bambou).

蒸牛舌 zhēng niú shé [N31] Langue de bœuf cuite à la vapeur.

蒸双臭 zhēng shuāng chòu [N4] Tofu puant couvert de tiges d'amarante moisies, cuit à la vapeur.

蒸屉 zhēng tì [K2] Voir 蒸笼 zhēng lóng.

蒸箱 zhēng xiāng [K3] Four à vapeur.

正鲣 zhèng jiān [E2] Voir 鲣鱼 jiān yú.

正樱虾 zhèng yīng xiā [E3] Voir 樱花虾 yīng huā xiā.

zhi

芝麻菜 zhī ma cài [B1] Roquette; *Eruca sativa*.

芝麻糊 zhī ma hú [G7] Bouillie de sésame sucrée.

芝麻酱 zhī ma jiàng [H4] Beurre (ou pâte) de sésame; sauce de sésame (si c'est moins épais).

芝麻糖 zhī ma táng [G6] Nougat chinois au sésame.

芝麻香 zhī ma xiāng [Q4] Voir 芝香 zhī xiāng.

芝士 zhī shì [H4] Voir 奶酪 nǎi lào.

芝香 zhī xiāng [Q4] Arôme de type de Jingzhi (景芝, marque d'alcool).

支解香 zhī jiě xiāng [B10] Voir 丁香 dīng xiāng.

枝豆 zhī dòu [B6] Voir 毛豆 máo dòu.

知味观 zhī wèi guàn [P2] Littéralement « Temple sachant les goûts », fondé en 1913, snack-restaurant réputé pour les spécialités de Hangzhou.

脂肪 zhī fáng [R] Graisse.

直隶海参 zhí lì hǎi shēn [N18] Concombre de mer farci de riz mijoté au vinaigre et au poivre, dégusté avec feuilles d'œuf frites (ce plat fut apprécié par YUAN Shikai, gouverneur du Zhili).

植物油 zhí wù yóu [H3] Huile végétale.

纸杯 zhǐ bēi [K6] Gobelet en carton; gobelet de papier; gobelet jetable.

治净 zhì jìng [L1] Habiller (poisson, volaille, gibier, etc.).
炙子 zhì zi [K2] Voir 烤架 kǎo jià.
栉江珧 zhì jiāng yáo [E4] Voir 带子 dài zi.
智慧果 zhì huì guǒ [F1] Voir 苹果 píng guǒ.
智力菇 zhì lì gū [B7] Voir 金针菇 jīn zhēn gū.
雉 zhì [D2] Voir 野鸡 yě jī.

zhong

中东米 zhōng dōng mǐ [A] Voir 粗燕麦粉 cū yàn mài fěn.
中国白酒 zhōng guó bái jiǔ [J1] Voir 白酒 bái jiǔ.
中国花鲈 zhōng guó huā lú [E2] Voir 花鲈 huā lú.
中国毛虾 zhōng guó máo xiā [E3] Voir 毛虾 máo xiā.
中国对虾 zhōng guó duì xiā [E3] Voir 对虾 duì xiā.
中和汤 zhōng hé tāng [N8] Potage de poule à dés de tofu, de jambon chinois, de crevette séchée, de shiitake séché et de pousse de bambou.
中华虫草 zhōng huá chóng cǎo [B7] Voir 冬虫夏草 dōng chóng xià cǎo.
中华绒螯蟹 zhōng huá róng áo xiè [E3] Voir 大闸蟹 dà zhá xiè.
中灵草 zhōng líng cǎo [B4] Voir 党参 dǎng shēn.
中秋叠肉 zhōng qiū dié ròu [N5] Voir 香芋扣肉 xiāng yù kòu ròu.
中式炒锅 zhōng shì chǎo guō [K2] Voir 炒锅 chǎo guō.
中式铁锅 zhōng shì tiě guō [K2] Voir 炒锅 chǎo guō.
中式香肠 zhōng shì xiāng cháng [C3] Voir 香肠 1 xiāng cháng 1.
忠果 zhōng guǒ [G2] Voir 橄榄 gǎn lǎn.
钟水饺 zhōng shuǐ jiǎo [P4] Littéralement « Zhong-ravioli », snack fondé par ZHONG Shaobai en 1931 à Chengdu, réputé pour des raviolis à l'huile pimentée.
种料利口酒 zhǒng liào lì kǒu jiǔ [J3] Liqueurs de graines.

zhou

粥 zhōu [M2] Bouillie.

肘子 zhǒu zi [C1] Jarret de porc ; jambonneau.

绉叶苣 zhòu yè jù [B1] Voir 苦菊 kǔ jú.

皱叶生菜 zhòu yè shēng cài [B1] Voir 散叶生菜 sǎn yè shēng cài.

zhu

朱果 zhū guǒ [F1] Voir 柿子 shì zi.

朱鸿兴 zhū hóng xīng [P2] Littéralement « Zhu le grandiose et prospère », snack fondé en 1938 à Suzhou, réputé pour les nouilles à la Suzhou.

朱栾 zhū luán [F3] 1. Voir 柚子 yòu zi; 2. *Citrus aurantium* cv. Zhulan (une variété de bagarade).

珠鸡 zhū jī [C2] Voir 珍珠鸡zhēn zhū jī.

诸葛菜 zhū gě cài [B4/B9] 1. Voir 芜菁 wú jīng; 2. voir 二月兰 èr yuè lán.

猪棒骨 zhū bàng gǔ [C1] Voir 猪大骨 zhū dà gǔ.

猪鼻筋 zhū bí jīn [C1] Tendon nasal de porc.

猪肠 zhū cháng [C1] Intestins de porc; boyau de porc.

猪肠衣 zhū cháng yī [C3] Boyau de porc.

猪大肠 zhū dà cháng [C1] Gros intestins de porc.

猪大骨 zhū dà gǔ [C1] Fémur de porc.

猪大油 zhū dà yóu [H3] Voir 猪油 zhū yóu.

猪肚 zhū dǔ [C1] Estomac de porc.

猪肚包鸡 zhū dǔ bāo jī [N21] Pot à l'estomac de porc enveloppant un poulet.

猪肚煲鸡 zhū dǔ bāo jī [N21] Voir 猪肚包鸡 zhū dǔ bāo jī.

猪耳 zhū ěr [C1] Oreille de porc.

猪肺 zhū fèi [C1] Poumon de porc.

猪肝 zhū gān [C1] Foie de porc.

猪红 zhū hóng [C3] Voir 猪血 zhū xuè.

猪黄喉 zhū huáng hóu [C1] Aorte (proche du cœur) de porc.

猪脚 zhū jiǎo [C1] Voir 猪蹄 zhū tí.

猪颈 zhū jǐng [C1] Collet de porc.

猪脑 zhū nǎo [C1] Cervelle de porc.

猪脷 zhū lì [C1] Voir 猪舌 zhū shé.

猪皮冻 zhū pí dòng [N34] Terrine de couenne en gelée.

猪肉 zhū ròu [C1] (Viande de) porc.

猪肉炖粉条 zhū ròu dùn fěn tiáo [N13] Porc entrelardé braisé avec chou (ou choucroute mandchoue) et nouilles de fécule de patate douce.

猪润 zhū rùn [C1] Voir 猪肝 zhū gān.

猪舌 zhū shé [C1] Langue de porc.

猪手 zhū shǒu [C1] Voir 猪蹄 zhū tí.

猪蹄 zhū tí [C1] Pied de porc.

猪蹄筋 zhū tí jīn [C1] Tendon d'Achille de porc.

猪筒骨 zhū tǒng gǔ [C1] Voir 猪大骨 zhū dà gǔ.

猪头肉 zhū tóu ròu [C1] Hure.

猪尾 zhū wěi [C1] Queue de porc.

猪心 zhū xīn [C1] Cœur de porc.

猪血 zhū xuè [C1] Sang de porc coagulé.

猪血糕 zhū xuè gāo [N32] Pâté de sang de porc mélangée à du riz gluant violet (souvent découpé en tranche).

猪腰 zhū yāo [C1] Rognon de porc.

猪油 zhū yóu [H3] Saindoux.

猪肘 zhū zhǒu [C1] Voir 肘子 zhǒu zi.

猪嘴 zhū zuǐ [C1] Voir 猪头肉 zhū tóu ròu.

竹参 zhú shēn [B7] Voir 竹荪 zhú sūn.

竹蛏 zhú chēng [E4] *Solen strictus* (une variété de couteau (coquillage)).

竹姑娘 zhú gū niang [B7] Voir 竹荪 zhú sūn.

竹鲛 zhú jiāo [E2] Voir 鲅鱼 bà yú.

竹节虾 zhú jié xiā [E3] Crevette impériale; crevette kuruma; *Penaeus japonicus*; *Marsupenaeus japonicus*.

竹萌 zhú méng [B4] Voir 笋 sǔn.

竹升 zhú shēng [K1] Perche de bambou à frapper une pâte.

竹丝鸡 zhú sī jī [C2] Voir 乌鸡 wū jī.

竹荪 zhú sūn [B7] Bambou spongieux; Dictyophora indusiata (Vent.ex Pers) Fisch.; *Dictyophora phalloidea*.

竹笋 zhú sǔn [B4] Voir 笋 sǔn.

竹筒鸡 zhú tǒng jī [N22] Poulet cuit avec jambon chinois, shiitakes et pousses de bambou dans un tronçon de bambou.

竹筒米糕 zhú tǒng mǐ gāo [N16] Voir 甑儿糕 zèngr gāo.

竹象 zhú xiàng [D4] Voir 笋子虫 sǔn zi chóng.

竹叶菜 zhú yè cài [B1] Voir 空心菜 kōng xīn cài.

竹叶青 zhú yè qīng [J3] Eau-de-vie à feuille de bambou.

主食 zhǔ shí [M] Aliments de base.

煮 zhǔ [L2] Bouillir; faire bouillir; pocher.

煮蛋器 zhǔ dàn qì [K2] Œufrier; coquetière; molleteur.

煮鸡蛋 zhǔ jī dàn [N34] Voir 水煮蛋 shuǐ zhǔ dàn.

煮水器 zhǔ shuǐ qì [K6] Voir 工夫茶具 gōng fu chá jù.

zhuan

转基因 zhuǎn jī yīn [S] Transgénèse.

转基因产品 zhuǎn jī yīn chǎn pǐn [S] OGM (organisme génétiquement modifié).

转心莲 zhuǎn xīn lián [F5] Voir 西番莲 xī fān lián.

转枝莲 zhuǎn zhī lián [F5] Voir 西番莲 xī fān lián.

zhuang

壮阳草 zhuàng yáng cǎo [B1] Voir 韭菜 jiǔ cài.

状元蹄 zhuàng yuán tí [N10/N23] Jarret de porc mijoté aux herbes médicinales.

zhui

椎茸 zhuī róng [B7] Voir 冬菇 dōng gū.

zhuo

桌布 zhuō bù [K5] Nappe.

卓巴卡渣 zhuó bā kǎ zhā [N31] Lamelles de tripe de bœuf ébouillantées et épicées.

卓玛莫古 zhuó mǎ mò gǔ [N31] Poire-melon ébouillantée mélangée à du beurre de yak sucré.

卓学 zhuó xué [N31] Voir 人参果拌酸奶 rén shēn guǒ bàn suān nǎi.

着色剂 zhuó sè jì [R] Colorant.

zi

孜然 zī rán [B10] Cumin.

孜然粉 zī rán fěn [H1] Cumin en poudre.

孜然芹 zī rán qín [B10] Voir 孜然 zī rán.

鲻鱼 zī yú [E2] Mulet cabot; mulet à grosse tête; *Mugil cephalus*.

紫菜 zǐ cài [B8] Nori; *Porphyra*, *Pyropia*.

Z

紫菜鸡蛋汤 zǐ cài jī dàn tāng [N33] Potage au nori et aux œufs.

紫菜薹 zǐ cài tái [B1] Choy sum à pétiole pourpre.

紫甘蓝 zǐ gān lán [B1] Chou rouge.

紫红长茄 zǐ hóng cháng qié [B3] Voir 紫阳长茄 zǐ yáng cháng qié.

紫角叶 zǐ jiǎo yè [B1] Voir 木耳菜 mù ěr cài.

紫金草 zǐ jīn cǎo [B9] Voir 二月兰 èr yuè lán.

紫罗兰乳酒 zǐ luó lán rǔ jiǔ [J3] Crème de violette (boisson alcoolique).

紫米 zǐ mǐ [A] Riz noir gluant. (À comparer avec 黑米 hēi mǐ.)

紫萁 zǐ qí [B9] Voir 薇菜 wēi cài.

紫薯 zǐ shǔ [B4] Ube; *Dioscorea alata* (une variété d'igname en pourpre).

紫阳长茄 zǐ yáng cháng qié [B3] Aubergine allongée mince.

紫叶生菜 zǐ yè shēng cài [B1] Laitue rouge.

紫贻贝 zǐ yí bèi [E4] Voir 海虹 hǎi hóng.

渍肉 zì ròu [C3] Voir 咸肉 xián ròu.

自助餐 zì zhù cān [S] 1. Buffet à volonté; 2. (restaurant à) libre-service.

zong

总督豆腐 zǒng dū dòu fu [N18] Cubes de tofu sautés à la sauce épicée et pimentée avec œufs de crevette séchés et chair séchée de pétoncle émincée (apprécié par LI Hongzhang, ancien gouverneur du Zhili (le Hebei d'aujourd'hui)).

粽子 zòng zi [G4] Riz gluant enveloppé de feuille(s) verte(s) longue(s), typiquement en pyramide.

zou

走地鸡 zǒu dì jī [C2] Voir 土鸡 tǔ jī.

走油 zǒu yóu [L2/Q3] 1. Voir 过油 guò yóu; 2. voir 哈喇 hā la.

走油田鸡 zǒu yóu tián jī [N7] Grenouilles frites aux épices.

zu

组庵鱼翅 zǔ ān yú chì [N6] Ailerons de requin mijotés avec poulet et porc entrelardé au bouillon de poulet (plat traditionnel de chez TAN Zu'an, homme politique et grand gastronome à la fin de la Dynastie des Qing).

zui

醉 zùi [L1] Macérer dans de l'eau-de-vie ou du vin de riz. (À comparer avec 糟 zāo.)

醉排骨 zùi pái gǔ [N7] Entrecôte de porc frite et sautée avec châtaigne d'eau à la sauce brune aigre et épicée.

醉糟鸡 zùi zāo jī [N7] Poule ébouillantée et marinée dans la sauce de lie de vin de riz avec radis blanc.

zun

遵义红油米皮 zūn yì hóng yóu mǐ pí [N23] Nouilles de riz à l'huile pimentée, spécialité de Zunyi (Guizhou).

遵义鸡蛋糕 zūn yì jī dàn gāo [N23] Petit gâteau rond traditionel de Zunyi (Guizhou).

鳟鱼 zūn yú [E1] Truite.

Z

ZUO

左口鱼 zuǒ kǒu yú [E2] Voir 比目鱼 bǐ mù yú.

左宗棠鸡 zuǒ zōng táng jī [N34] Morceaux de cuisse de poulet désossés sautés à la sauce épicée, littéralement « poulet du Général Tso » (en fait, ce plat initié par un chef taïwanais en 1952 ne regarde point le Général Tso, haut officier de la Dynastie des Qing).

参考文献 Bibliographie

外文参考文献

[1] A. Ducasse. *Dictionnaire amoureux de la cuisine*. Paris: Plon, 2003.

[2] A. Dumas. *Grand Dictionnaire de Cuisine*. Chartres: Menu Fretin, 2017.

[3] B. Galliot. *Dictionnaire de restaurant*. Nanterre: Éditions BPI, 2011.

[4] E. Glatre. *Dictionnaire de la cuisine*. Nanterre: Editions BPI, 2009.

[5] T. Gringoire et L. Saulnier, *Le répertoire de la cuisine*. Paris: Flammarion, 2010 (1986).

[6] F. Longuepée et S. Girard. *Larousse de la cuisine*. Paris: Larousse, 2012.

[7] Ch. Millau. *Dictionnaire amoureux de la Gastronomie*. Paris: Plon, 2008.

[8] K. Stengel. *Le lexique culinaire de Ferrandi: Tout le vocabulaire de la cuisine et de la pâtisserie en 1500 définitions et 200 photographies*. Paris: Hachette Pratique, 2015.

[9] J. Vitaux et B. France. *Dictionnaire du Gastronome*. Paris: PUF, 2008.

[10] Association Ricci, *Ditionnaire RICCI des plantes de Chine*. Paris: Éditions du Cerf, 2005.

[11] *L'Encyclopédie visuelle des aliments*. Montréal: Éditions Québec Amérique, 2017.

[12] *Le grand Larousse gastronomique - nouvelle édition*. Paris: Larousse, 2012.

[13] *Le Nouveau Petit Robert*. Paris: Le Robert, 2002.

[14] *The Oxford-Hachette French Dictionary*. New York: Oxford University Press & Hachette Livre, 2001.

中文参考文献

[1] 陈丕琮．英汉餐饮词典．上海：上海译文出版社，2012．

[2] 大仲马．大仲马美食词典．李妍，译．苏州：古吴轩出版社，2014．

[3] 冯源．简明中餐餐饮汉英双解词典．北京：北京大学出版社，2009．

[4] 郭廉彰，黄成凤．汉英・英汉旅游餐饮分类词典．北京：化学工业出版社，2008．

[5] 黄建华．汉法大词典．北京：外语教学与研究出版社，2015．

[6] 克里斯蒂安・米约．美食私人词典．杨洁，等译．上海：华东师范大学出版社，2017．

[7] 李朝霞．中国烹饪技法辞典．太原：山西科学技术出版社，2014．

[8] 李朝霞．中国食材辞典．太原：山西科学技术出版社，2012．

[9] 徐继曾，郭麟阁．汉法词典．北京：商务印书馆，2003．

[10] 徐世阳．烹饪实用辞典（汉英对照）．北京：中国物资出版社，2005．

[11] 法国利氏辞典推展协会，商务印书馆辞书研究中心．利氏汉法辞典．北京：商务印书馆，2014．

词条分类

Index des entrées par champs sémantiques

注：出于简洁考虑，对个别类目（如“零食 Casse-croûte”）的法文释义做了删节处理，完整的释义见正文。

Note : Compte tenu de la concision, on abrège le nom traduit pour quelques « têtes » des entrées (e.g. 零食 Casse-croûte), veuillez consulter le présent dictionnaire pour en savoir l'interprétation complète.

谷物 Céréales

小麦（麸麦）；浮麦；面粉；精粉；粗小麦粉；大麦（牟麦、赤膊麦）；燕麦（雀麦、野麦子）；粗燕麦粉（库斯古斯、中东米）；莜麦（油麦、铃铛麦）；荞麦（甜荞、乌麦、三角麦、花荞、荞子）；黑麦；青稞（裸大麦、元麦、米大麦）；藜麦；面 1；麦片；燕麦片；面筋；大米（米）；白米；籼米；粳米；珍珠米；糙米（玄米）；糯米；江米（籼糯米）；圆江米（粳糯米）；泰国大米；香米；紫米；黑米；米粉；粗米粉；米线；河粉；玉米（玉蜀黍、番麦、御麦、西番麦、玉麦、玉蜀黍、红须麦、珍珠芦粟、苞芦、苞谷、陆谷、玉黍、西天麦、玉露秫秫、纡粟、粟米 2、苞米、六谷子 1）；玉米面（棒子面）；粗玉米粉（玉米糁子、棒子糁）；高粱（蜀黍）；高粱面；小米（黄米、糜子、谷子、黄小米、稷米、穄米、粟、粟米 1）；黍（软米）；薏仁（苡米、苡仁、薏米、薏珠子、草珠珠、回回米、米仁、六谷子 2、沟子米、草黍子）

B

蔬菜 Légumes

什锦蔬菜（欧式杂菜）

B1 叶菜 Feuilles

青菜；小青菜；小白菜；鸡毛菜；上海青（上海白菜、苏州青、大头青 1、青江白菜、小棠菜、青梗、汤匙菜）；油菜；油菜花（菜花、菜子花）1；菜薹 1（菜心、广东菜心）；菜薹 2；紫菜薹（红菜薹）；芥菜（春不老、春菜 2）；芥兰；大白菜（白菜、黄芽菜、黄芽白）；卷心菜（包菜、牛心菜）；生菜 1；生菜 2（嫩叶莴苣、唐生菜、春菜 1）；罗马生菜（萝蔓莴苣）；莜麦菜（油麦菜、台湾莴苣、本岛莴苣、莴苣叶）；球生菜（卷心莴苣、西生菜）；散叶生菜（松叶生菜、皱叶生菜）；橡叶生菜；紫叶生菜；水田芥（西洋菜、豆瓣菜）；芝麻菜；生菜 3；京水菜（水菜）；野苣（结业草、莴苣缬草）；意大利菊苣；抱子甘蓝；蒲公英；甘蓝；紫甘蓝；空心菜（瓮菜、蕹菜、竹叶菜、通菜、藤菜 1）；木耳菜（紫角叶、胭脂菜、蚕菜、皇宫菜、潺菜、藤菜 2）；韭菜（扁菜、长生韭、起阳草、壮阳草、草钟乳、懒人菜 2）；宽叶韭（大叶韭、茳菜）；韭黄（韭芽、黄韭芽、韭菜白）；蒜黄；葱黄；乌菜（乌塌菜、塌菜、太古菜、塔菜、黑菜）；茼蒿（皇帝菜、同蒿、蓬蒿、蒿菜、菊花菜 2、蒿子、桐花菜、鹅菜、义菜）；苋菜；红苋（三色苋、雁来红、老少年、老来少、红蘑虎、云香菜、云天菜）； 青苋（米苋、绿苋、白苋）；龙须菜 1；菊苣（比利时菊苣）；苦菊（绉叶苣）；非洲冰草（冰菜、冰叶日中花）；石莲花；藿香（苍告、山茴香）

B2 花菜 Fleurs

花菜（花椰菜、菜花）；西兰花（青花菜、绿花菜、绿菜花、美国花菜）；西兰苔；金针菜（黄花菜、柠檬萱草、忘忧草）；洋蓟（朝鲜蓟、菜蓟）

B3 茄果 Solanacées

辣椒（海椒、大椒 1、秦椒 1、辣子）；菜椒（灯笼椒、柿子椒、甜椒）；薄皮椒；杭椒；风铃辣椒；朝天椒；樱桃椒；番茄（西红柿）；茄子；紫阳长茄（紫红长茄）；杭茄（长茄）；青茄 ；秋葵（黄秋葵、咖啡黄葵、羊角豆、潺茄、洋辣椒）

B4 根茎 Tubercules, racines, tiges et rhizomes

萝卜；白萝卜（大根）；胡萝卜（红萝卜 2、甘荀、甘笋 2）；红萝卜 1；水果萝卜；心里美；樱桃萝卜（杨花萝卜、小萝卜、水萝卜 2）；水萝卜 1；青萝卜（卫青）；芜菁（蔓菁、圆菜头、圆根、大头菜 1、盘菜、诸葛菜 1）；芜菁甘蓝（土苤蓝、洋蔓菁、洋疙瘩、洋大头菜、卜留克、布留克、不留客）；苤蓝（肶兰、茄莲、苴莲、球茎甘蓝、甘蓝球、擘蓝、玉蔓菁、撇列、人头疙瘩）；仙人掌；山药 1（淮山、薯蓣）；牛蒡；红薯（甘薯、山芋、白芋 1、番薯、番芋、山药蛋 1、地瓜 1、红苕、线苕、白薯 1、金薯、甜薯、萌番薯）；豆薯（地瓜 2、凉薯、番葛、沙葛、土瓜、地萝卜、扯皮薯、葛薯）；地瓜粉；粉条；山芋粉丝；宽粉；芋头（青芋、芋艿、毛芋、白芋 2）；紫薯（黑薯、参薯）；木薯；木薯粉；魔芋（蒟蒻、磨芋、蒻头、鬼芋、花梗莲）；魔芋粉；马铃薯（土豆、山药蛋 2、山药 2、洋芋、洋山芋、白薯 2）；土豆粉；甜菜；芹菜（胡芹、青芹）；西芹（西洋芹菜）；土芹（本芹、药芹）；芹芽 ；洋葱（球葱、玉葱、葱头、荷兰葱、番葱、圆葱 2）；蒜薹（蒜毫、蒜苗 1）；韭菜花；莴笋（莴菜、莴笋、青笋）；芦笋（露笋）；白芦笋；笋（竹笋、竹萌）；冬笋；春笋；雷笋（雷公笋、旱园笋）；鞭笋；苦笋（甘笋 1）；玉兰片 1；山芋藤（地瓜叶）；南瓜藤（番瓜藤、盘肠草、南瓜苗、南瓜秧）；人参（参、圆参、黄参 1、棒槌、人衔、鬼盖 1、土精、海腴、人葠、高丽参）；西洋参（花旗参）；党参（黄参 2、防党参、上党参、狮头参、中灵草、黄党）；三七（田七）；当归（干归、秦哪、涵归尾）；天麻；川贝（贝母、勤母、空草）

B5 瓜类 Cucurbitacées

冬瓜；南瓜（金瓜、饭瓜、倭瓜、北瓜 3）；西葫芦（熊瓜、雄瓜、白瓜、番瓜、美洲南瓜、小瓜、荨瓜、熏瓜、笋瓜、北瓜 1、玉瓜、大洋瓜、东南瓜、生瓜、羊角瓜、越瓜）；金丝瓜（搅丝瓜、金丝搅瓜、鱼翅瓜）；葫芦（蒲芦）；黄瓜（胡瓜、刺瓜 1、王瓜、勤瓜、青瓜）；小黄瓜 1（乳瓜、荷兰瓜）；刺瓜 2；菜瓜 2（蛇甜瓜）；瓠子（甘瓠、甜瓠、净街槌、天瓜、长瓠、扁蒲、蒲瓜、菩子）；丝瓜（胜瓜、菜瓜 3）；苦瓜 （凉瓜）；菜瓜 1；佛手瓜（隼人瓜、安南瓜、丰收瓜、洋瓜、合手瓜、捧瓜、土耳瓜、虎儿瓜）；节瓜（毛瓜、北瓜 2）；蛇瓜（蛇王瓜、蛇豆、蛇丝瓜、大豆角）

B6 豆类和豆制品 Légumineuses et leurs produits

菽；四季豆；豇豆（豆角、长豇豆、带豆）；毛豆（枝豆）；蚕豆（胡豆、罗汉豆、发芽豆、兰花豆）；豌豆（青豆、麦豌豆、寒豆、麦豆、毕豆）；荷兰豆（甜豆、软荚豌豆、带荚豌豆）；扁豆（膨皮豆、藤豆、鹊豆、肉豆）；芸豆（刀豆、眉豆角、菜豆）；黄豆（大豆）；绿豆（青小豆、菉豆）；赤豆（红小豆、红豆、小豆、红饭豆、饭豆）；黑豆（橹豆、黑大豆）；黑小豆（黑饭豆）；雪豆；豆芽；黄豆芽；绿豆芽（银芽）；黑豆芽；豆苗（豌豆苗）；豆腐；豆腐皮（油皮）；油豆腐（豆卜、油泡、豆泡、豆腐果）；臭豆腐；冻豆腐；豆干（豆腐干、干子、香干）；茶干；素鸡（素鸭）；素火腿；千张 （百叶 2）；腐竹；豆脑（豆腐脑、豆腐涝、豆花）；花干；凉粉；粉丝；绿豆粉丝；豆腐渣（豆渣）；豆饼

B7 菌菇 Champignons comestibles

蘑菇；冬菇（香蕈、椎茸、冬菰、厚菇、花菇）；香菇；平菇（北风菌、侧耳、糙皮侧耳、蚝菇、黑牡丹菇、冻菌 1）；秀珍菇（袖珍菇、小平菇）；口蘑 1；口蘑 2（双孢菇、圆蘑菇、洋蘑菇、白蘑菇）；鸡腿菇（刺毛菇、毛头鬼伞）；海鲜菇（蟹味菇、玉蕈、斑玉蕈、真姬菇、白玉菇、玉龙菇）；金针菇（毛柄小火菇、构菌、冬菇、冻菌 2、金菇、智力菇）；杏鲍菇（刺芹菇）；大褐菇（牛排菇、香啡菇）；滑菇（滑子蘑）；草菇（美味苞脚菇、兰花菇、秆菇、麻菇、小包脚菇）；猴头菇（刺猬菌）；鸡㙡（雷公菇、鸡菌、蚁茸、鸡脚菇、斗鸡菇、蚁㙡、鸡肉丝菇）；鬼盖 2；牛肝菌；白牛肝菌（美味牛肝菌、大脚菇、白牛头、黄乔巴、大腿蘑、网纹牛肝菌）；松茸（松口蘑、松蕈）；松露（块菌、块菰）；黑松露；白松露；灵芝（赤芝、红

芝、丹芝、瑞草、木灵芝、菌灵芝、万年蕈、灵芝草）；干巴菌（牛牙齿菌）；鸡油菌；羊肚菌（编笠菌、羊肚菜）；木耳（黑木耳）；银耳（白木耳、雪耳）；石耳（岩菇、石壁花）；地皮（地木耳、地软、地踏菜、普通念珠藻）；竹荪（长裙竹荪、竹参、面纱菌、网纱菌、竹姑娘、僧笠蕈、雪裙仙子）；冬虫夏草（虫草、中华虫草）；虫草花（蛹虫草、北虫草）

B8 水生 Aquatiques et marines

藕（莲藕、莲菜）；荷梗（荷叶梗、莲蓬秆、藕带、藕秆莲蓬秆）；马蹄（南荠、乌芋、马荠、地栗、尾梨、地雷子、蒲须、地梨子）；茭白（美人腿、籧蔬、菰菜、茭笋、茭瓜、高笋、茭儿菜）；蒲菜（蒲笋、蒲芽、蒲白）；芦苇笋（南荻笋、荻笋）；芡实（鸡头米、卵菱、雁喙实、鸿头、刺莲蓬实、黄实）；水芹（水英、楚葵、刀芹、蜀芹）；莼菜（水葵）；菱角；慈姑（茨菰）；莲子（藕实、水芝丹、莲实、莲肉）；莲心（莲薏）；海带（江白菜、昆布）；海白菜（石莼、海菠菜、海莴苣、青苔菜）；紫菜（海苔 1）；海苔 2；鹿角菜（角叉菜）；羊栖菜（鹿尾菜）；裙带菜（海芥菜）；海发菜（龙须菜 4）

B9 野生 Plantes sauvages

荠菜（荠菜头、菱角菜）；马兰头（马兰）；香椿（香椿头、香桩头、椿天）；枸杞头；草头（苜蓿头）；豌豆尖（豌豆头、豌豆藤、龙须菜 3）；菊花脑（菊花菜 1）；野菊（山菊花、黄菊仔、苦薏）；马齿苋（五行草、长命菜、五方草、瓜子菜、麻绳菜、马齿菜、蚂蚱菜）；芦蒿（藜蒿、蒌蒿、水蒿、柳蒿、泥蒿）；二月兰（诸葛菜 2、菜子花 2、紫金草）；灰菜（藜）；苦苣菜（天香菜、苦菜、苦丁菜、苦定菜、苦买菜、苦麻菜、甘马菜、无香菜）；发菜（旃毛菜、地毛菜、龙须菜 2、头发藻）；沙葱（蒙古韭）；花椒芽；花生芽；蕨菜（拳头菜、猫爪菜、龙头菜）；薇菜（紫萁）；鱼腥草；折耳根（择耳根）；茅根（白茅根、甜草根）；柳芽；百合（山丹、重迈、强瞿、蒜脑薯）

B10 香料 Épices

葱；小葱（细香葱、绵葱）；大葱（圆葱 1）；分葱（四季葱、火葱、胡葱、冬葱）；葱白；姜（生姜、白姜、川姜）；姜芽；茗荷（阳荷、蘘荷、野姜）；蒜；蒜瓣（蒜籽）；青蒜（蒜苗 2）；野蒜（薤、薤白、害害、小蒜、野韭、贼蒜、野小蒜、小根蒜、山蒜、小根菜、细韭）；野葱 1（麦葱）；野葱 2（太白韭）；茖葱（山葱、寒葱）；野韭菜（熊葱、熊蒜）；藠头（荞头、薤白头、蕗荞）；花椒（藤椒、大椒 2、秦椒 2、蜀椒）；八角（八角茴香、大料）；小茴香（小茴香、茴香子、谷香）；茴香菜（香丝菜）；肉桂（桂皮、玉桂、牡桂、辣桂）；罗勒（甜罗勒）；九层塔（金不换 1）；莳萝（土茴香）；欧芹（香芹、法香、巴西利、洋香菜、洋芫荽）；香叶芹；龙蒿（蛇蒿、椒蒿）；香菜（胡荽、芫荽、香荽、芫茜、盐须）；胡椒（昧履支、披垒）；薄荷（银丹草、夜息香）；百里香（地椒、麝香草）；迷迭香（海洋之露、艾菊）；孜然（枯茗、孜然芹）；姜黄（莪术、蒁药、青姜、黑心姜）；甘草；香茅；丁香（支解香）；芸香（七里香、石灰草、臭草）；香草 1；香草 2；辣根（马萝卜）；山葵（瓦莎萆）；藏红花（番红花、西红花）

C

肉、禽、蛋 Viande, volaille, oeufs

C1 肉类 Viande

猪肉（大肉）；排骨；大排；小排（肋排）；里脊；五花肉；后腿；后座；肘子（猪肘）；前胛（梅肉、梅花肉）；猪颈（松板肉）；猪大骨；龙骨；拆骨肉；下水；猪肝（猪润）；猪腰；猪肺；猪肠；猪大肠（筒头）；猪肚；猪心；猪脑；猪蹄（猪手、猪脚）；猪耳；猪舌（猪脷）；猪尾；猪头肉（猪嘴）；猪血；猪蹄筋；猪黄喉；猪鼻筋；牛肉；牛排；牛小排；牛腩（牛霖）；黄瓜条；沙朗（西冷、牛外脊、纽约客牛排）；菲力（牛里脊、牛柳）；牛上脑；丁骨牛排（T骨牛排）；牛腱；牛头；肥牛；雪花牛肉；牛舌；牛尾；牛肚；毛肚；金钱肚；牛百叶（百叶 1）；牛板筋；牛肠；牛蹄筋；牛黄喉；和牛；羊肉；羊排；羊蝎子；羊上脑；羊腩；羊后腿；肥羊；羊肚；羊百叶（黑百叶、散丹）；羊肠；羊头；羊球；羊鞭；驴肉；驴皮；兔肉；兔头

C2 家禽类 Volaille

土鸡（草鸡、走地鸡、溜达鸡）；三黄鸡 1；肉鸡（洋鸡、品种鸡）；白羽鸡；白条鸡；鸡肉；鸡胸（鸡脯）；鸡腿；鸡翅（鸡翼）；鸡爪（凤爪）；掌中宝；鸡肝；鸡心；鸡小肚；鸡胗；鸡肠；鸡屁股（鸡尖）；鸡腰；鸡架；鸭肉；鸭胗；鸭肝；鸭肠；鸭架；鸭心；鸭脖；鸭头；鸭下巴；鸭掌（鸭爪）；鸭腰；填鸭；鹅肉；鹅头；鹅胗；鹅肝；鹅肠；鹅心；鹅掌（鹅爪）；鸽；乌鸡（乌骨鸡、竹丝鸡）；鹌鹑 （宛鹑、奔鹑）；火鸡（吐绶鸡、七面鸟）；珍珠鸡（珠鸡、几内亚鸟）；山鸡（七彩山鸡）；番鸭（阳新屯鸟、瘤头鸭、洋鸭、腾鸭、西洋鸭、麝香鸭）；鸵鸟

C3 肉、禽制品 Produits de viande et de volaille

猪肠衣；肠衣；香肠 1（中式香肠、腊肠）；香肠 2；咸肉（腌肉、渍肉、盐肉）；腌鹅（咸鹅）；火腿 ；腊味；腊肉；腊鸡；腊鹅；血肠；红肠；猪血（猪红）；鸡血；鸭血；鹅血；肉丸（肉圆）；牛丸（牛肉丸）、培根、汉堡肉；醢 1

C4 蛋和蛋制品 Œufs et produits d’oeuf

鸡蛋；土鸡蛋（草鸡蛋）；鸭蛋；咸鸭蛋（咸蛋）；咸蛋黄 （咸鸭蛋黄）；鹅蛋；鹌鹑蛋；皮蛋（松花蛋、变蛋）；旺蛋（毛蛋、照蛋、喜蛋）；喜蛋（红鸡蛋）

D

野味 Animaux sauvages comestibles

D1 野生鸟、兽类 Gibier

山鹑；野鸡（雉、环颈雉）；野鸭（绿头鸭、大绿头、大红腿鸭、大麻鸭）；斑鸠；石鸡 2；麻雀；燕窝；果子狸（花面狸、白鼻狗、毛老鼠、白眉子）；鹿；獐（河麂）；驼掌

D2 两栖、爬行类 Amphibie et reptile

蛇；蛇胆；蛇血；田鸡（青蛙）；牛蛙（菜蛙）；石鸡 1（石蛙、石蛤、山蛤）；雪蛤 1（东北林蛙、哈士蟆）；雪蛤 2（雪蛤膏、雪蛤油、林蛙油、哈士蟆油）

D3 昆虫类 Insectes

蚕蛹（小蜂儿、蚕茧）；蝗虫（蚂蚱、蚱蜢）；蝎子；龙虱（水鳖、水龟子、射尿龟）；豆丹（豆天蛾幼虫）；笋子虫（笋虫、笋蛹、竹

象）；黄蜂蛹（胡蜂蛹、蚂蜂蛹、马蜂蛹）；黄蜂幼虫（胡蜂幼虫、蚂蜂幼虫、马蜂幼虫）；蟋蟀（蛐蛐、夜鸣虫、将军虫、秋虫、促织、地喇叭、灶鸡子、孙旺、土蜇）；蜈蚣（百脚、吴公）；蛆（肉芽）

E

水产 Poissons et fruits de mer

E1 淡水鱼 Poissons d’eau douce

青鱼（青鲩、乌青、螺蛳青、黑鲩、乌鲩、黑鲭、青棒、乌溜、鰡仔）；草鱼（鲩鱼、油鲩、草鲩、白鲩、厚子鱼、海鲩、混子、黑青鱼）；鲢鱼（白鲢、鲢子、大头鲢子）；鳙鱼（花鲢、胖头鱼、包头鱼、黑鲢、麻鲢、雄鱼）；大头鱼；鲫鱼（鲫瓜子、鲋鱼、寒鲋）；罗非鱼（非洲鲫鱼、南鲫、福寿鱼）；鳊鱼（长身鳊、鳊花、油鳊）；鲇鱼（鲶鱼、塘虱、土虱、胡子鲢、黏鱼、梅鼠鱼）；黑鱼（蛇头鱼、乌鳢、乌鱼 1、乌棒、蛇头鱼、财鱼）；鲤鱼（鲤拐子）；笋壳鱼（云斑尖塘鳢）；鳜鱼（桂鱼、花鲫鱼、鯚花鱼）；鲈鱼；鲥鱼（迟鱼、三来鱼、三黎鱼）；刀鱼 1（长江刀鱼、刀鲚、长颌鲚、毛花鱼、野毛鱼、梅鲚、毛鱼）；白条鱼（白鲦、鰲鱼、餐条、川条子、青鳞子、尖嘴子、克氏鲦、奇力鱼、奇力仔、苦槽仔、苦初鱼）；鳇鱼（鲟鳇鱼）；武昌鱼（团头鲂、缩项鳊）；河豚（河鲀、气泡鱼、吹肚鱼、气鼓鱼、乖鱼、鸡泡鱼、鸡抱鱼、龟鱼、街鱼、蜡头、艇鲅鱼）；黄鳝（鳝鱼、鳣鱼、蛇鱼）；鳗鱼（白鳝、白鳗、河鳗、鳗鲡、青鳝）；泥鳅；沙塘鳢（土步鱼、虎头鲨、蒲鱼 2）；黄颡鱼（汪丫鱼、昂刺鱼、黄骨鱼、疯鲿、黄辣丁、黄牙头、嘎牙子）；鮰鱼

（长吻鮠、肥沱、白哑肥、江团）；银鱼（面丈鱼、面条鱼、帅鱼、白饭鱼）；白鱼；娃娃鱼（大鲵、海狗鱼）；鳟鱼；狗鱼

E2 海鱼 Poissons marins

带鱼（刀鱼 2、肥带、牙带鱼）；大黄鱼（黄鱼、大王鱼、大鲜、大黄花鱼、 红瓜、红口、石首鱼、石头鱼 2、黄瓜鱼）；小黄鱼（小黄瓜 2、黄鳞鱼、厚鳞仔、小黄花）；金龙；金枪鱼（鲔鱼、吞拿鱼）；沙丁鱼（鳁、鰯）；鲷鱼；真鲷（加吉鱼、班加吉、铜盆鱼）；鲑鱼（三文鱼）；鲳鱼（车扁鱼、镜鱼）；鲭鱼；鲐鱼（青花鱼、油胴鱼、花鳀、青占）；鲅鱼（马鲛、燕鱼、板鲅、竹鲛）；海鳗；石斑鱼（鲙鱼 2）；东兴斑；老虎斑（褐点石斑鱼）；鳓鱼（鲙鱼 1、白鳞鱼、白力鱼、曹白鱼）；石头鱼 1（石崇鱼、老虎鱼、玫瑰毒鲉）；黄鳍鲷（黄脚腊、鲛腊鱼）；比目鱼（左口鱼、平鱼、大地鱼）；龙利鱼（鳎沙鱼、鳎蟆、鳎目鱼、目鱼 2）；鲽鱼；多宝鱼（大菱鲆）；巴沙鱼（芒鲶）；鳕鱼（大头青 2、大口鱼、明太鱼、阔口鱼、大头腥）；柴鱼 2；鲣鱼（正鲣、柴鱼 1、烟仔虎、炸弹鱼）；鳀鱼（凤尾鱼、鲚）；鲈鱼；海鲈鱼；花鲈（七星鲈、青鲈、鲈板、中国花鲈、日本花鲈、日本真鲈）；鲟鱼；牙鳕；蓝鳕；虱目鱼（麻虱鱼、国圣鱼）；针良鱼（良鱼、颌针鱼）；鲻鱼（乌鱼 2）；鳐鱼（劳子鱼、老板鱼、蒲鱼 1）

E3 甲壳类 Crustacés

虾；淡水虾；河虾（青虾、沼虾、蚂虾 1）；海虾 1；大虾；基围虾（泥虾、麻虾、花虎虾、虎虾 2、砂虾、红爪虾、卢虾、刀额新对虾）；对虾（明虾、中国对虾）；斑节虾（草虾、黑虎虾、虎虾 1、老虎虾、鬼虾、花虾 1、九节虾、虎斑虾、大虎虾）；泰国虾（罗氏沼

虾、淡水长臂大虾）；白虾 1（南美白对虾、白肢虾、白对虾、万氏对虾、凡纳滨对虾）；白米虾（白虾 2、太湖白虾、秀丽白虾、太湖秀丽长臂虾）；樱花虾（正樱虾、国宝虾）；小龙虾（龙头虾、龙虾 3、红螯虾、美国螯虾、美洲螯虾、克氏螯虾、蚂虾 2、海虾 2）；龙虾 1/2（虾魁）；竹节虾（车虾、日本对虾、花虾 2）；皮皮虾（虾蛄、濑尿虾、虾婆、螳螂虾、虾爬子、虾狗弹、爬虾、扒虾、虾虎、口虾蛄、富贵虾、琵琶虾）；甜虾（甘虾、北极甜虾）；牡丹虾（大甜虾）；毛虾（中国毛虾）；蟹（螃蟹）；大闸蟹（河蟹、毛蟹、清水蟹、中华绒螯蟹）；青蟹（锯缘青蟹、黄甲蟹）；肉蟹；膏蟹；水蟹；黄油蟹；奄仔蟹；梭子蟹（枪蟹、海螃蟹、海蟹、小门子、三点蟹、飞蟹）；面包蟹；帝王蟹（阿拉斯加帝王蟹、鳕场蟹、堪察加拟石蟹）；皇帝蟹（澳洲巨蟹、巨大拟滨蟹 ）；雪蟹（皮匠蟹、皇后蟹、越前蟹、松叶蟹）

E4 贝类 Coquillages

蛤蜊（嘎啦）；花蛤（菲律宾蛤仔、杂色蛤、蚬子 2）；文蛤（丽文蛤、蚶仔、粉蛲）；西施舌（车蛤、沙蛤）；蛏子（缢蛏、小人仙）；竹蛏（长竹蛏）；扇贝（海扇）；牡蛎（蚝、生蚝、蚵仔、蛎黄、海蛎、青蚵、蛎蛤）；海瓜子（樱蛤）；海螺（峨螺）；花螺（凤螺、东风螺、海猪螺、南风螺）；田螺（螺坨）；象拔蚌（皇帝蚌、女神蛤、高雅海神蛤、皇蛤、太平洋潜泥蛤）；贻贝；海虹（紫贻贝、地中海贻贝）；淡菜（厚壳贻贝、壳菜）；青口（翡翠贻贝、绿壳菜蛤、孔雀蛤）；带子（栉江珧、牛角江珧蛤）；鲍鱼（石决明、腹鱼、海耳、九孔、白戟鱼）；将军帽；狗爪螺；鸟蛤（鸟贝）；河蚌（河歪、歪儿、河蛤蜊、背角无齿蚌、蚌壳）；义河蚶（砗螯、橄榄蛏蚌、蛏形蚌）；螺蛳（湖螺、石螺、豆田螺、蜗螺牛、丝螺）；蚬子 1；福寿螺

E5 其它 Autres

海蜇（石镜、水母鲜、面蜇、鲊鱼 1）；墨鱼（乌贼、墨斗鱼、目鱼 1）；鱿鱼（柔鱼、枪乌贼）；章鱼（八爪鱼）；海胆；海星；海参；甲鱼（鳖、老鳖、水鱼、王八、团鱼、脚鱼）；海肠；沙蚕（海虫、海蛆、海蜈蚣、海蚂蝗）

E6 水产制品 Produits de poisson et de fruits de mer

咸鱼（腌鱼）；腊鱼；虾米（干虾、开洋、大金钩）；干贝（瑶柱、干瑶柱、马甲柱、玉珧柱、江瑶柱、肉柱）；虾皮；鲣节；木鱼花（鲣鱼花）；鱼丸（鱼圆）；虾丸；墨鱼丸（花枝丸）；鱼头；鱼滑；虾滑；墨鱼滑；蟹棒；鱼糕；臭鲱鱼；鱼籽；鱼籽酱；虾籽；蟹粉；蟹黄；鱼翅；乌鱼卵（乌鱼钱、乌鱼子）；乌鱼蛋；白子（河豚精子）；黄鱼鲞 （白鲞、石首鱼鲞、鲞鱼、干大黄鱼）；鲊鱼 2；鱼肚（鱼胶、花胶、鳔胶、广肚、鱼鳔、干黄鱼鳔）

F

水果 Fruits

F1 仁果类 Fruits à pépins

苹果（平安果、智慧果、超凡子、天然子、苹婆、滔婆）；梨（鸭梨）；冻梨；蛇果（地厘蛇果）；海棠果（小苹果）；沙果（花红、柰子）；嘎啦果；柿子（红嘟嘟、朱果、红柿）；山竹（莽吉柿、倒捻子）；枇杷（芦橘、芦枝）；山楂（山里果、山里红）；无花果（映日果、蜜果、文仙果、奶浆果、品仙果）；罗汉果（神仙果、拉汗果、光果木鳖、金不换 2）；木瓜（榠楂）；莲雾（洋蒲桃、水蒲桃、水石榴）；番荔枝（释迦果、佛头果）；榅桲（金苹果、木梨）

F2 核果类 Fruits à noyau

桃（水蜜桃）；黄桃；油桃；蟠桃（扁桃）；李子（嘉应子、布霖）；黑布林（黑李子、黑布朗、黑琥珀李）；樱桃（车厘子、莺桃、荆桃、英桃、樱珠、含桃）；杏；梅子（青梅、酸梅）；杨梅（圣生梅、白蒂梅、树梅）；大枣（红枣）；椰枣（海枣、波斯枣、无漏子、番枣、伊拉克枣、枣椰子）；油橄榄（木犀榄、洋橄榄、齐墩果）；荔枝（离枝）；龙眼（桂圆、三尺农味）；红毛丹（毛荔枝、红毛果）；杧果（芒果、莽果、望果、蜜望、莽果）；槟榔（大腹子、宾门、青仔）；蛇皮果

F3 柑橘类 Agrumes

橘子（蜜橘、蜜柑）；砂糖橘；金橘（金柑）；丑橘（橘柚、凸顶柑、丑柑、不知火、丑八怪）；橙（香橙）；脐橙；血橙；酸橙；朱栾 2；柚子（柚、文旦、香栾、朱栾 1、碌柚、胡柑、大柑）；西柚（葡萄柚）

F4 瓜类 Cucurbitacées

西瓜（夏瓜、寒瓜）；甜瓜（香瓜）；蜜瓜（白兰瓜、华莱士瓜）；哈密瓜（甘瓜、贡瓜 1、网纹瓜）；癞葡萄；刺角瓜（火参果、火星果、海参果、火天桃、非洲蜜瓜）

F5 浆果类 Baies

草莓；蓝莓（笃柿、嘟噜、都柿、甸果、笃斯越橘）；越橘（温普、牙疙瘩）；黑莓；黑加仑；桑葚（桑果）；覆盆子（乌藨子）；蔓越莓（蔓越橘、小红莓、酸果蔓、鹤莓）；葡萄（提子 1、蒲陶、草龙珠、赐紫樱桃）；提子 2；沙棘（醋柳果、黄酸刺、酸刺）；醋栗（灯笼果）；枸杞（狗奶子、地骨子、枸茄茄、红耳坠、血枸子、枸地芽子）；酸浆（红姑娘、黄姑娘、挂金灯、金灯、锦灯笼、泡泡草、菇蔫儿、姑娘儿、鬼灯球、小菇蔫儿、龙珠果）；桃金娘（哆尼、岗菍、山菍、稔子、多莲、豆稔、乌肚子、当泥）；猕猴桃（羊桃 2、阳

桃 2、奇异果、 狐狸桃、藤梨、猴仔梨、杨汤梨）；石榴（安石榴、丹若、金罂、金庞、天浆）；番石榴（芭乐、鸡屎果、拔子）；火龙果（仙蜜果、玉龙果）；杨桃 （五敛子、羊桃 1、阳桃 1）；西番莲（百香果、鸡蛋果、受难果、巴西果、藤桃、热情果、转心莲、转枝莲）

F6 其他 Autres

菠萝（凤梨）；椰子（可可椰子）；椰青；椰皇；椰肉；榴梿（榴莲）；波罗蜜（苞萝、木菠萝、树菠萝、大树菠萝、蜜冬瓜、牛肚子果）；香蕉（弓蕉）；甘蔗（薯蔗、糖蔗）；圣女果（小番茄）；人参果（茄瓜、香瓜茄、香艳梨、艳果）；牛油果（油梨、鳄梨、酪梨、奶油果）

G

零食 Casse-croûte

G1 坚果 Fruits à coque

花生（落花生、长生果、泥豆、番豆、地豆）；瓜子；西瓜子（寒瓜子）；葵瓜子；南瓜子（北瓜子、窝瓜子）；大核桃（核桃 1、胡桃、羌桃）；山核桃（核桃 2、小核桃、核桃楸、胡桃楸）；杏仁（甜杏仁、南杏仁、杏核仁、木落子）；苦杏仁（北杏仁）；桃仁；巴旦木（扁桃仁）；五香豆（茴香豆）；开花豆（兰花豆）；鹰嘴豆（回鹘豆、桃豆、诺胡提）；开心果（阿月浑子、必思答、绿仁果、胡棒子、无名子）；腰果（鸡腰果、介寿果）；榛子（平榛、棰子、山板栗）；香榧；板栗（栗子、毛栗、风栗）；糖炒板栗；魁栗；松子（海松子）；碧根果（长寿果）；夏威夷果（澳洲胡桃、昆士兰果）；白果（银杏子、公孙树子）

G2 蜜饯 Fruits confits

果脯；杏脯；李干；苹果脯；海棠脯；梨脯；蜜枣；橄榄（青果、山榄子、谏果、忠果）；话梅；西梅；乌梅（梅实、熏梅、橘梅肉）；

梅干；陈皮；葡萄干；青红丝；椰干

G3 肉类休闲食品 Prêt-à-manger de viande et de poisson

火腿肠；肉脯（肉干）；肉松；鱼松；牛肉干；牛肉棒；鱼干片（烤鱼片）

G4 糕点 Gâteaux, pâtisserie, brioches…

馓子；麻花；沙琪玛（萨其马）；方片糕（大糕、雪片糕、云片糕、步步糕）；烘糕 1；桃酥 （核桃酥）；蝴蝶酥；马蹄酥（梅花酥）；绿豆糕；麻糬；青团；羊羹；栗羊羹（栗子羹 1）；糖三角；油京果；瓜仁酥；椰丝球；蛋黄饼；龙须酥（龙须糖）；米糕；糍粑（粑粑）；椰蓉糯米糍；打糕；年糕；粽子；月饼；阿胶；甜点 （西点）；面包 ；法棍面包；牛角面包（羊角面包、可颂）；派 1（挞）；派 2；蛋挞；苹果派 1（苹果挞）；苹果派 2；曲奇；千层酥皮；薄烤饼；签语饼；水信玄饼

G5 膨化食品 Aliments soufflés

薯片；虾条；虾片（玉兰片 2）；爆米花；康乐果；小米锅巴；小小酥

G6 糖果和巧克力 Confiserie et chocolat

硬糖；软糖；夹心糖；巧克力糖；巧克力；巧克力豆；麦丽素；糖衣果仁；牛轧糖；花生糖；芝麻糖；姜糖；麦芽糖 2（饴糖、糖稀）；酥

糖（堇糖）；药糖（茶膏糖、茶糖、梨膏糖、凉糖）；萝卜糖；糖人；糖葫芦；棒棒糖；棉花糖；口香糖；薄荷糖；泡泡糖

G7 甜品 Soupes (bouillies, gelées) sucré(e)s

元宵（汤圆）；小圆子；龟苓膏；杏仁豆腐；酒酿（醪糟、米酒 2、甜酒、甜米酒、糯米酒、酒糟 2、江米甜酒）；八宝莲子粥；栗子羹 2；木瓜银耳糖水；莲子百合红豆沙；莲子百合银耳汤；西米；水果西米露；芝麻糊；冰糖燕窝；冰糖炖雪梨；杨枝甘露；老酸奶；果泥

G8 冷饮 Glaces

冰激凌（冰淇淋；雪葩）；圣代（新地）；冰棍（冰棒、棒冰、雪糕）；冰砖；棒棒冰；冰沙；刨冰

H

调味 Condiments

H1 粉状调味 Condiments en poudre

盐（食盐）；粗盐；精盐；井盐；岩盐（石盐）；海盐；湖盐（池盐）；卤水 1；蔗糖；白糖（糖、白砂糖、砂糖）；绵白糖；红糖；黑糖；黄糖；冰糖；方糖；糖粉；味精；鸡精；蘑菇精；生粉（淀粉）；干淀粉；玉米粉（玉米淀粉）；土豆淀粉（太白粉）；葛粉（葛根粉）；嫩肉粉；面包糠；胡椒粉（胡椒面）；辣椒粉（辣椒面）；咖喱粉；孜然粉；椒盐；海苔碎；蓬灰；酵母；纯碱（苏打粉、碱面）；小苏打

H2 液态调味 Condiments liquides

酱油；生抽；老抽；草菇老抽；头抽；酱油膏；凉拌汁；豉油；豉汁；卤水 2；醋（食醋）；白醋；料酒；麻油（胡麻油 1、香油）；三合汁（酱油、醋、麻油）；辣椒油（红油）；花椒油 （藤椒油）；蒜汁；姜汁；蚝油；鱼露（鱼酱油、鱼汤 2、虾油）；虾油卤；辣酱油；鸡汁；浓汤宝；鲍汁；蜂蜜 ；碱水；湿淀粉（水淀粉）；糟卤；腌泡汁

H3 油脂 Huiles et graisses

植物油；菜籽油；花生油；大豆油；玉米油（粟米油、玉米胚芽油）；色拉油；葵花籽油；橄榄油；茶油（茶籽油、油茶籽油）；棉籽油；红花籽油；亚麻油（胡麻油 2）；调和油（高合油）；猪油（荤油、猪大油、大油）；板油；牛油 1；黄油 （白脱、奶油 2、牛油 2）；人造黄油；奶油 1；羊油；鸡油；鸭油；鹅油；鱼油；酥油；起酥油（白油、氢化植物油）；油渣

H4 酱料 Beurres, sauces, confitures

辣椒酱；豆瓣酱（郫县豆瓣）；黄豆酱（大酱、黄酱）；花生酱；芝麻酱 （麻酱）；甜面酱（甜酱）；腐乳（豆腐乳、南乳、臭豆腐 3）；豆豉；醢 2；剁椒（剁辣子、坛子辣椒）；泡椒（鱼辣子）；蛋黄酱（沙拉酱、美乃滋）；番茄酱；千岛酱；桂花糖（糖桂花）；韭花酱；鱼酱（永乐鱼酱、糟辣鱼酱）；虾酱；虾膏 1（虾头膏）；虾膏 2（南洋虾膏、虾糕）；虾头油；沙茶酱（沙爹酱）；咨拉煎；味噌；炼乳；豆沙（红豆沙）；莲蓉；奶酪（芝士、起司）；果酱；草莓酱；苹果酱；杏子酱；桃酱；橙子酱；蓝莓酱；桑葚酱；黑加仑酱；覆盆子酱；蔓越莓酱；醋栗酱；接骨木酱；枫糖（枫树糖浆）

H5 酱菜 Légumes fermentés

咸菜 1；雪菜（咸菜 2、雪里红）；酸菜 1；梅干菜（霉干菜、梅菜、干菜）；榨菜；酱瓜（贡瓜 2）；萝卜干（菜脯）；大头菜 2；宝塔菜；腌生姜（腌仔姜）；腌萝卜（泡萝卜）；辣萝卜；泡菜 1（四川泡菜）；泡菜 2（韩国泡菜）；糖蒜；糖醋藠头（腌藠头、酸甜藠头）；纳豆；红姜

J

饮品 Boissons

J1 蒸馏酒 Alcools par distillation

烈酒；烧酒；白酒（中国白酒）；酒曲；酒糟 1；奶酒（马奶酒）；伏特加；威士忌；白兰地；金酒（杜松子酒、琴酒）；龙舌兰酒（塔奇拉、特奎拉）；朗姆酒（糖酒、兰姆酒）

J2 酿造酒 Alcools par fermentation

发酵酒（原汁酒）；葡萄酒；葡萄品种 ；酒庄；红葡萄酒（红酒）；白葡萄酒；玫瑰红葡萄酒；冰葡萄酒（冰酒、冰霜酒）；干葡萄酒；半干葡萄酒；半甜葡萄酒；甜葡萄酒；干红葡萄酒（干红）；干白葡萄酒（干白）；起泡酒（含汽葡萄酒）；香槟酒；苹果酒；梨子酒；石榴酒；猕猴桃酒；荔枝酒；蓝莓酒；黄酒（花雕酒、绍酒、老酒）；啤酒；麦芽；啤酒花（酒花）；黑啤酒；黄啤酒；白啤酒；熟啤；生啤（扎啤）；米酒 1；日本酒（清酒）

J3 配制酒 Boissons alcoolisées préparées

调制酒；竹叶青；蛇酒；麝香酒；参茸酒；虎骨酒；梅酒（青梅酒）；鸡尾酒；利口酒（甜烧酒）；开胃酒（餐前酒）；餐后酒；味美思；比特酒；热酒；甜食酒；波尔图酒；雪利酒；玛德拉酒；马拉加酒；马尔萨拉酒；大马尼尔酒；君度酒（冠特浩酒）；马拉希奴酒；果类利口酒；利口杏酒；杏仁利口酒；种料利口酒；黑加仑酒（卡悉酒）；修道院酒（荨麻酒、查尔特勒酒）；修道院绿酒；修道院黄酒；陈酿绿酒；陈酿黄酒；驰酒；修士酒；衣扎拉酒；马鞭草酒；杜林标酒（涓必酒）；利口乳酒；薄荷乳酒；玫瑰乳酒；香草乳酒；紫罗兰乳酒；桂皮乳酒；咖啡乳酒；可可乳酒；茴香酒 （茴香利口酒）；顾美露；荷兰蛋黄酒；爱尔兰咖啡

J4 软饮 Boissons non-alcoolisées

矿泉水；纯净水；饮用水；玄酒；含汽饮用水；不含汽饮用水；苏打水；汤力水；奎宁（金鸡纳霜）；柠檬水；碳酸饮料；可乐；雪碧；七喜；芬达；美年达；果汁；橙汁；苹果汁；梨汁；西瓜汁；哈密瓜汁；桃汁；葡萄汁；椰汁；玉米汁；酸梅汤；牛奶；羊奶；骆驼奶；酸奶；奶制品（乳制品）；醋饮；格瓦斯；功能饮料

J5 热饮 Boissons chaudes

绿茶；红茶；黑茶；黄茶；白茶；花茶（茉莉花茶）；乌龙茶（青茶）；碧螺春；信阳毛尖；西湖龙井；君山银针；黄山毛峰；武夷岩茶；祁门红茶；都匀毛尖；安溪铁观音；六安瓜片；南京雨花茶；太平猴魁；庐山云雾茶；峨眉雪芽；普洱茶；滇红；果香茶；花草茶；凉茶；菊花茶；大麦茶；玄米茶；熏豆茶（豆茶）；参茶；姜茶（姜

汤）；薄荷茶；莲心茶；石斛；绞股蓝；苦丁茶（富丁茶、皋卢茶）；柚子茶；大枣茶；咖啡；浓缩咖啡；玛奇朵（马琪雅朵）；焦糖玛琪朵；美式咖啡；拿铁咖啡；卡布奇诺；摩卡咖啡；维也纳咖啡；白咖啡；浓咖啡；淡咖啡；含奶咖啡（欧蕾咖啡、奶咖）；速溶咖啡；低咖啡因咖啡；热巧克力；奶茶；豆浆；杏仁露（杏仁茶、杏仁奶）；杏仁霜

K

餐厨用具 Ustensiles de cuisine et vaisselle

K1 工具 Ustensiles de prétraitement

菜刀；案板（菜板）；厨用剪刀；去皮刀；筛子；篮筐；漏斗；开罐器；扳子（瓶起子）；瓶塞钻（开瓶器）；胡椒研磨罐；擀面杖；竹升；蒜臼（蒜罐）；压蒜器；压柠檬器；胡桃钳（胡桃夹子）；松肉器（敲肉锤）；磨刀石；垃圾桶

K2 烹具 Ustensiles de cuisson

锅；锅铲；铁锅；炒锅（中式炒锅、中式铁锅）；煎锅；不粘锅；炖锅；焖烧锅；焖烧杯；汤锅；砂锅；瓦罐；汽锅；蒸锅；蒸笼（蒸屉）；煮蛋器；压力锅（高压锅）；火锅 1（京式火锅、铜火锅、铜锅）；鸳鸯锅；锅仔；煲仔；铫子；瓦缸；漏勺；烤架（炙子）；端子；饼铛；鏊子；铁板 1/2

K3 厨电 Électroménagers

电饭锅（电饭煲）；电磁炉；电炖锅（煨炖炉、文火煲、电焐煲）；电火锅（火锅 2）；咖啡机；咖啡胶囊；面包机；烤箱；烤面包机（多士炉）；蒸箱；微波炉；绞肉机；电搅拌器；洗碗机；冰激凌桶；咖啡磨子；灶具；喷枪

K4 盛具 Récipients

成套瓷质餐具；碗；汤碗；汤勺；盘；鱼盘；餐盘（菜碟）；汤盘；骨碟；餐具滤干架；咸菜缸；搪瓷缸；坛子；调味汁壶；托盘；盘垫；糖果盒；餐盒（饭盒）

K5 食具 Couvert

筷子；勺子；汤匙（调羹、汤勺）；茶匙 1；餐刀；餐叉；筷架；蟹八件（腰圆锤、长柄斧、签子、长柄勺、镊子、剔凳）；牙签；牙签罐；餐巾；餐巾纸；擦手巾；餐巾环；桌布；席卡

K6 饮具 Récipients de boisson

茶杯；茶缸（搪瓷茶缸）；玻璃杯；茶壶；滤茶器（茶滤）；茶具；工夫茶具（煮水器、茶盘、茶壶、茶船、茶罐、茶则、茶海、茶漏、茶盂 、水盂、茶匙 2）；咖啡杯；茶托（茶碟）；咖啡壶；牛奶罐（牛奶壶）；方糖夹；纸杯（一次性纸杯）；塑料水杯；吸管；马克杯；葡萄酒杯；香槟杯；冰激凌杯；冰桶；醒酒器；啤酒杯；白酒杯（酒盅）；酒壶；酒瓶；茶室四宝；水壶 1；水壶 2（军用水壶）；热水瓶（热水壶、保温瓶、暖瓶、茶瓶）；保温杯；电热水壶；冷水瓶

L

技法 Techniques culinaires

L1 “冷技法” Techniques culinaires sans feu

治净；切；剁；拍（砸、压）；捣碎；研磨；刀工（刀法）；去骨；剥皮；去壳；拆；呛；醉；糟；腌；浆；拌；裹；擀；风干；蘸；胀发；水发；油发；盐发；醒；鲊；糖渍；醋泡；油浸；配；撒；浇；淹

L2 “热技法” Techniques culinaires à feu

炒；烧；炸；烤；煎；爆；炝；贴；塌；烹；熬；煮；蒸；炖；煨（炆）；焖；熘；烩；扒；氽；焐；烙；烫；熏；卤；白灼；盐焗；酱；铁板 3/4；焯；涮；渌；过油（走油 1）

M

主食 Aliments de base

M1 面食 Aliments à base de la farine de blé

面 1；面条（面 2）；汤面；炒面；拌面（凉面、干拌面、干捞面、捞面）；冷面；炸酱面；阳春面；菜码；烩面；焖面；挂面；手擀面；拉面；乌冬；荞麦面；切面；刀削面；发面；烫面；死面；饺子；馅；水饺；蒸饺；煎饺；锅贴；包子；小笼包；汤包；蟹粉小笼；馄饨（云吞、包面）；生煎馄饨；烧卖（烧麦、稍美、肖米、稍麦、烧梅、鬼蓬头）；面皮；馒头（蛮头、馍 1、淡包）；馍 2；饼；烧饼；薄煎饼；葱油饼（螺丝转烧饼、盘丝饼）；蛋饼；煎饼；烙饼；肉合饼；驴蹄烧饼（马蹄烧饼）；酒酿饼；油条（馃子）；春卷 1；面鱼（面疙瘩）；片儿汤；韭菜盒子

M2 米食 Aliments à base du riz ou de la farine de riz

米饭（白米饭、大米饭）；小米饭；炒饭；煲仔饭；锅巴；荷叶饭；粥（稀饭）；白粥；小米粥；菜泡饭；米糊；玉米糊；米汤（米油）；汤粉；炒粉；饭团（日式饭团）；寿司；石锅拌饭（韩式拌饭）；越南粉；檬粉；越南春卷（春卷 2）；炒米；粢饭（糍饭团）；泡饭

N

菜式 Spécialités provinciales et régionales

八大菜系；四大菜系

N1 鲁菜 Spécialités du Shandong

葱烧海参；三丝鱼翅；白扒四宝；扒肘子；糖醋鲤鱼；九转大肠；油爆双脆；扒原壳鲍鱼；油焖大虾 1；醋椒鱼；糟熘鱼片；芫爆鱿鱼卷；木樨肉（木须肉）；糖醋里脊；清蒸加吉鱼；葱椒鱼；油泼豆莛；诗礼银杏；奶汤蒲菜；乌鱼蛋汤；香酥鸡；黄鱼豆腐羹；蜜汁梨球；砂锅散丹；德州扒鸡；布袋鸡；芙蓉鸡片；汆芙蓉黄管；阳关三叠；雨前虾仁；乌云托月；黄焖鸡块；锅塌黄鱼；奶汤鲫鱼；烧二冬（炒双冬）；泰山三美汤；清汤西施舌；烩两鸡丝；象眼鸽蛋；云片猴头；油爆鱼芹；酥炸全蝎（油炸全蝎）；腐乳炸肉；漏鱼（蛙鱼、娃鱼）；蜜三刀；煎灌肠；烹虾段（炸烹虾段）；扒海羊；京酱肉丝；奶汤鲫鱼；蟹黄鱼翅

N2 川菜 Spécialités du Sichuan

上河帮；下河帮；小河帮；鱼香肉丝；宫保鸡丁；水煮鱼；酸菜鱼；水煮肉片；夫妻肺片；麻婆豆腐；回锅肉；东坡肘子；棒棒鸡；泡椒凤爪；灯影牛肉；口水鸡；酸辣土豆丝；香辣虾；尖椒炒牛肉；四川火锅；麻辣香水鱼；板栗烧鸡；辣子鸡（麻辣子鸡）；酸辣海蜇头；椒麻浸鲈鱼；麻辣牛柳；冒菜；担担面；广汉缠丝兔；锅魁（锅盔）；蒜泥白肉（李庄白肉）；白炒三七花田鸡；钵钵鸡；米豆腐；一品香酥鸭；鲊鱼 3；纳溪泡糖；三大炮；芋儿鸡；芙蓉鸡片；抄手；燃面；冰粉

N3 淮扬菜 Spécialités de la région Huai'an-Yangzhou

清炖蟹粉狮子头；大煮干丝；三套鸭；软兜长鱼（软兜鳝鱼、淮扬软兜）；水晶肴肉（水晶肴蹄）；松仁玉米；扬州炒饭；黄桥烧饼；香菇油菜；红烧狮子头；文思豆腐；红烧鳝段（火烧马鞍桥、焖张飞）；芙蓉鸡片；焦屑；牛皮糖

N4 浙菜 Spécialités du Zhejiang

杭帮菜；西湖醋鱼；宋嫂鱼羹；东坡肉（滚肉）；干炸响铃（炸响铃）；荷叶粉蒸肉；西湖莼菜汤；龙井虾仁；叫化鸡（杭州煨鸡）；虎跑素火腿；梅干菜烧肉 （干菜焖肉）；蛤蜊黄鱼羹；香酥焖肉；丝瓜黄鱼汤（丝瓜炖黄鱼、小黄鱼丝瓜汤）；三丝拌蛏；油焖春笋；虾爆鳝；雪笋大黄鱼（雪菜大汤黄鱼）；冰糖甲鱼；糟鸡；红烧划水（红烧甩水）；锅烧河鳗；蜜汁灌藕（桂花糯米藕、蜜汁糯米藕）；嘉兴粽子；宁波汤团；湖州千张包子；黄鱼鲞烧肉；黄鱼豆腐羹；南风肉（家乡南肉）；葱包桧；蒸双臭（臭味相投）；翡翠虾仁；片儿

川；蜜汁火方；清汤鸡把；松糕；黄元米果（黄米果、黄粿、黄粄）

N5 粤菜 Spécialités du Guangdong

广式烧鹅（深井烧鹅）；广式烧鸭（烧鸭）；白切鸡（白斩鸡）；鲍汁鹅掌；叉烧；叉烧包；香芋扣肉（中秋叠肉）；南乳粗斋煲（温公斋、温公粗斋煲、南乳温公斋煲）；萝卜炖牛腩；避风塘炒虾；避风塘炒蟹；广式羊肉煲；珍珠肉丸；广式脆皮烧肉（烧肉）；铁板黑椒牛柳；菠萝咕老肉；香煎芙蓉蛋；铁板鲳鱼；鲍汁瑶柱扒生菜胆；花菇蒸鸡；花雕醉鸡；盆菜；满坛香；濑粉；酥皮叉烧角；顺德鱼豆腐；皮蛋瘦肉粥；生滚粥；生滚鱼片粥；生滚牛肉粥；艇仔粥；星洲炒米粉（星洲炒粉）；星洲炒米；干炒牛河；肠粉（布拉肠）；牛肉肠粉；鱼片肠粉；叉烧肠粉；虾仁肠粉；滑蛋虾仁（虾仁滑蛋）；海带绿豆糖水；鸡蛋腐竹糖水；双皮奶；姜撞奶；鲜奶炖蛋；番薯糖水

N6 湘菜 Spécialités du Hunan

组庵鱼翅（红煨鱼翅）；冰糖湘莲；东安子鸡；腊味合蒸；红椒腊牛肉；发丝牛百叶；火宫殿臭豆腐；换心蛋；酱汁肘子；辣子鸡（麻辣子鸡）；板栗烧鸡；擂辣椒皮蛋；荷叶软蒸鱼；珍珠肉丸；油辣冬笋尖；米豆腐；湘西酸肉；菊花鱿鱼；一品香酥鸭；酿豆腐

N7 闽菜 Spécialités du Fujian

佛跳墙（福寿全）；醉排骨；荔枝肉；扳指干贝；尤溪卜鸭；煎糟鳗鱼；炸蛎黄；赛蟹羹；八宝红鲟饭；香露河鳗；走油田鸡；酿豆腐；莆田卤面；醉糟鸡；三杯鸭；海蛎煎；土笋冻 ；石码五香；面线糊；

福州海鲜面

N8 徽菜 Spécialités de l'Anhui

全家福；杨梅丸子；沙地鲫鱼（沙滩鲫鱼）；红烧划水（红烧甩水）；五色绣球（五彩绣球）；三虾豆腐；火腿炖鞭笋；砂锅鸭馄饨（馄饨鸭子）；胡适一品锅（一品锅）；刀板香；臭鳜鱼（臭桂鱼、桶鲜鱼 1）；虎皮毛豆腐（毛豆腐）；问政山笋；火腿炖甲鱼；清蒸石鸡；黄山双石（石耳炖石鸡）；凤炖牡丹；青螺炖鸭；中和汤 ；皖北油茶；吴山贡鹅；李鸿章大杂烩；阜阳枕头馍；软炸石鸡；烘糕 2；麻饼；寸金；白切

N9 金陵菜 Spécialités de Nanjing (Nankin)

盐水鸭（金陵鸭）；炒鸭胰（美人肝）；鸭血粉丝；金陵鲜；长江四大名旦；凤尾虾；宫灯大玉；桂花虾饼；金陵草；素什锦；罗汉观斋；南京烤鸭；一品香酥鸭 ；蟹黄鱼翅；藕盒（藕夹、 藕端子、藕饼）；皮肚；皮肚面

N10 苏锡菜 Spécialités de la région Suzhou-Wuxi

梁溪脆鳝（无锡脆鳝）；松鼠鳜鱼（松鼠黄鱼）；碧螺虾仁；响油鳝糊；樱桃肉；扒方肉；无锡酱排骨；油面筋；面筋塞肉（肉酿面筋）；银鱼炒蛋；镜箱豆腐；奶汤鲫鱼；鸡茸蛋；清炒虾仁（炒虾仁、炒青虾仁）；腐乳汁肉；董肉（虎皮肉）；熏鱼（爆鱼）；秃黄油；南风肉（家乡南肉）；蟹壳黄烧饼；苏州卤汁豆腐干；状元蹄（同里状元蹄）；红烧划水（红烧甩水）；苏菜

N11 本帮菜 Spécialités de Shanghai

锅烧河鳗；油酱毛蟹；油爆河虾；红烧回鱼；红烧划水（红烧甩水）；冰糖甲鱼；黄焖栗子鸡；糟鸡；糟猪爪；糟门腔；糟毛豆；糟茭白；荠菜春笋；水晶虾仁；扣三丝；三黄鸡 2

N12 潮菜 Spécialités de la région Chaozhou-Shantou

潮式打冷；厚菇芥菜；麒麟鲍片；归参熬猪腰；龟裙点点红；七彩金盏；潮州冻肉；豆角炒肉松；麒麟送子；芹菜吊片；清炖鳗鲡汤；清冽橄榄肺；酸辣青蚝；七彩冻鸭丝；千层肉；清蒸海上鲜；牛肉炒芥兰；沙茶牛肉；翻沙芋头（反砂芋）；苦瓜排骨汤；白果甜芋泥；蚝烙

N13 东北菜 Spécialités de la Mandchourie

白肉血肠；猪肉炖粉条；酸菜 2；锅包肉（锅爆肉）；东北乱炖；小鸡炖蘑菇；熘肉段；地三鲜；扒三白；赛熊掌；拔丝地瓜；酱骨架；杀猪菜；青椒童子鸡；板栗烧鸡

N14 赣菜 Spécialités du Jiangxi

豫章酥鸡；五元龙凤汤；瓦罐煨汤（瓦罐汤）；香质肉；藜蒿炒腊肉；原笼船板肉；浔阳鱼片；兴国豆腐；米粉牛肉；金线吊葫芦；信丰萝卜饺；樟树清汤（樟树包面）；井冈烟笋；南安板鸭；贵溪捺菜；鄱湖胖鱼头；庐山石鸡；余干辣椒炒肉；萍乡烟熏肉；莲花血鸭；永和豆腐；瓦罐煨鸡；烩虾仁；三杯鸡；四星望月；米豆腐

N15 鄂菜（楚菜） Spécialités du Hubei

清蒸武昌鱼；排骨藕汤（莲藕炖排骨、排骨炖藕）；红菜薹炒腊肉；武汉鸭脖；沔阳珍珠丸子；沔阳三蒸；黄陂三鲜（黄陂三合）；黄陂糖蒸肉；红烧回鱼；龙凤配；蟹黄鱼翅；黄焖牛肉 1；油焖大虾 2；三鲜豆皮；米豆腐；东坡饼；热干面

N16 京菜 Spécialités de Beijing (Pékin)

北京烤鸭；鸭架蒸蛋羹；京葱扒鸭；鸭架熬白菜；涮羊肉（羊肉火锅）；羊蝎子火锅；京酱肉丝；松肉；荷包里脊；红扒整鸡；葱扒整鸡；芙蓉鸡片；漏鱼（蛙鱼、娃鱼）；扒海羊；罐焖鹿肉（瓦罐鹿肉）；豌豆黄；驴打滚；艾窝窝（江米糕）；炸三角；炸回头；扒糕；栗子糕；蜜麻花（糖耳朵）；面茶；北京油茶；打卤面；盆儿糕；白水羊头；羊肉杂面；豆汁；茯苓饼；甑儿糕（竹筒米糕）；蜜三刀

N17 津菜 Spécialités de Tianjin

熘鱼片；桂花鱼骨；烩滑鱼；川大丸子；烩鸡丝；拆烩鸡；四大扒；七星紫蟹；生菜大虾；软熘黄鱼扇（软熘鱼扇）；鸡丝银针；扒海羊；煎饼果子；面茶；

N18 冀菜 Spécialités du Hebei

李家狮子头；烹虾段（炸烹虾段）；荷包里脊；鸡里蹦；锅包肘子；总督豆腐；阳春白雪；桂花鱼翅；直隶海参；煎灌肠；炸三角

N19 豫菜 Spécialités du Henan

糖醋软熘鱼焙面（熘鱼焙面、鲤鱼焙面）；煎扒青鱼头尾；炸紫酥肉；牡丹燕；扒广肚；汴京烤鸭（东京烤鸭）；炸八块；清汤鲍鱼；葱扒羊肉；锅烧鸭；腐乳肉；筒鲜鱼（桶鲜鱼 2）；铁锅蛋；煎灌肠；红袍莲子；洛阳水席

N20 徐海菜 Spécialités de la région Xuzhou-Lianyungang

霸王别姬；彭城鱼丸；羊方藏鱼；红烧沙光鱼；漏鱼（蛙鱼、娃鱼）；蜜三刀；烙馍；盐豆

N21 客家菜 Spécialités des Hakka

梅菜扣肉；盐焗鸡；客家酿豆腐；猪肚包鸡（凤凰投胎、猪肚煲鸡）；酿苦瓜；酿豆腐；白斩河田鸡；兜汤；长汀泡猪腰；仙人冻；麒麟脱胎；四星望月；芋子包；芋子饺；黄元米果（黄米果、黄粿、黄粄）

N22 滇菜 Spécialités du Yunnan

云南春卷；彝乡锅仔；酿雪梨；沙爹鲜鱿；烧云腿；火腿月饼；过桥米线；腾冲坛子鸡；虎掌金丝面；什锦凉米线；三七汽锅鸡；鳝鱼凉米线；三丝干巴菌；丽江粑粑；饵块；滇味炒面；竹筒鸡；炒苞谷；撒撇；吹肝；弥渡卷蹄；头脑 2

N23 黔菜 Spécialités du Guizhou

糟辣脆皮鱼；泡椒板筋；独山盐酸菜；汽锅脚鱼；乌江豆腐鱼；天麻鸳鸯鸽；折耳根炒腊肉；凯里酸汤鱼；息烽阳朗鸡（阳郎鸡）；鱿鱼炖土鸡；罐罐鸡；盗汗鸡；小米鲊；软哨面；遵义鸡蛋糕；大方臭豆腐；遵义红油米皮（和尚米皮）；丝娃娃（素春卷）；肠旺面；贵阳素粉；雷家豆腐园子；花溪牛肉粉；虾子羊肉粉；贞丰糯米饭；贵阳鸡肉饼；包谷粑；糕粑稀饭；状元蹄（同里状元蹄）；冰浆；玫瑰冰粉；米豆腐；青岩豆腐果

N24 桂菜 Spécialités du Guangxi

虫草炖海狗鱼；桂乳荔芋扣；梧州纸包鸡；邕州鱼角；马肉米粉；桂北油茶（打油茶）；螺蛳粉

N25 琼菜（海派菜） Spécialités du Hainan

加积鸭；东山羊；和乐蟹；斋菜煲；海南粉；海南粽；海南鸡饭（文昌鸡饭）；黎家竹筒饭；黎族甜糟；苗族五色饭；椰丝糯米粑；锦山煎堆

N26 晋菜 Spécialités du Shanxi

锅烧羊肉；葱爆柏籽羊肉；过油肉；酱梅肉；老大同什锦火锅；黄芪羊肉；罐焖鹿肉（瓦罐鹿肉）；鹌鹑茄子；蜜汁开口笑；凉粉炒馍；晋城十大碗；高平十大碗；烧大葱；阳城烧肝；高平烧豆腐；陵川党参炖土鸡；地皮菜烩丝丝；蒲棒长山药；打卤面；莜面鱼鱼；莜面

（莜麦面）；平遥牛肉；定襄蒸肉；扒海羊；晋中压花肉；头脑 1；拨鱼儿；猫耳朵；莜面栲栳；闻喜煮饼；寿阳油柿子；阳泉压饼；面茶

N27 陕菜（秦菜） Spécialités du Shaanxi

肉夹馍；葫芦鸡；鸡米海参；温拌腰丝；口蘑桃仁汆双脆（秦味汆双脆、擀双丞）；奶汤锅子鱼；酿金钱发菜；莲蓬鸡；三皮丝；鱼羊烧鲜；带把肘子；水磨丝；蜜汁轱辘；羊肉冻豆腐；商芝肉；薇菜里脊丝；羊肉泡馍；酸汤面；biángbiáng 面；漏鱼（蛙鱼、娃鱼）

N28 陇菜 Spécialités du Gansu

雪山驼掌（丝路驼掌）；玛瑙海参；兰州烤乳猪；金鱼发菜；天水浆水面；热冬果；兰州拉面；蜜汁百合；甜胚子；荞麦蔬菜卷；敦煌佛跳墙；夏河蹄筋

N29 清真菜 Spécialités halal

葱爆羊肉；黄焖牛肉 2；爆肚（水爆肚、清水爆肚）；油爆肚仁；头脑 3；它似蜜（蜜汁羊肉）；松肉

N30 新疆菜 Spécialités du Xinjiang

烤全羊；新疆大盘鸡（沙湾大盘鸡）；馕；馕包肉；羊肉串；切糕（玛仁糖）

N31 藏菜 Spécialités du Tibet

糌粑；氽灌肠；青稞酒；酥油茶；凉拌牦牛肉；藏式甜茶；风干肉；藏式血肠（久玛）；索康必喜；折当果折；隆果卡查；卓巴卡渣；人参果拌酸奶（卓学）；米饭拌酸奶（哲学）；哲色莫古；帕杂莫古；卓玛莫古；土豆馍馍（学果馍馍）；共阿馍馍；甲不热；蒸牛舌（杰郎最）；麻森；归丹；曲端

N32 台菜 Spécialités du Taïwan

担仔面（切仔面）；卤肉饭；虱目鱼肚粥；大饼包小饼；大肠包小肠；万峦猪脚；大肠蚵仔面线；蚵仔煎；甜不辣；润饼；烧仙草；柠檬爱玉；筒仔米糕；棺材板；大雕烧；花枝羹；鱼酥羹；肉羹；猪血糕；豆花布丁（布丁豆花）；药炖排骨；药炖土虱；虱目鱼肚粥；三杯鸡

N33 家常菜 Fricots

盐水毛豆；盐水花生；凉拌苦菊；拌萝卜丝；皮蛋拌豆腐；咸鸭蛋拌豆腐；豆腐皮拌菠菜；糖拌西红柿；拍黄瓜；大拌菜；卤菜（卤味）；卤鸡爪；卤牛肉；卤鸭胗；卤鸭肠；卤鸭肝；卤猪舌（卤口条）；卤猪肠；卤猪肚；卤猪尾；卤猪头肉；赛螃蟹；麻辣鳝鱼；鸡蛋罐饼；大葱炒蛋；香椿炒蛋；韭菜炒蛋；韭黄炒蛋；番茄炒蛋；洋葱炒蛋；青椒炒蛋；蛋羹（蒸蛋）；肉末蒸蛋；小葱蒸蛋；米粉肉（粉蒸肉、鲊肉）；蛋饺；萝卜烧肉；笋干烧肉；韭菜炒肉丝；韭黄炒肉丝；芹菜香干炒肉丝；青椒炒肉丝；青椒土豆丝；蟹黄蛋羹（蟹粉蛋羹、蟹黄蒸蛋）；鸡汤（老鸡汤、老母鸡汤）；鞭笋老鸭汤 ；红烧鲤鱼（家常烧鲤鱼）；红烧鲫鱼；清蒸鳜鱼（清蒸桂鱼）；清蒸鲈鱼；红烧大排；红烧大肠；红烧仔鸡；糖醋鱼；油泼鲤鱼；汪丫鱼烧豆腐；酸汤羊肉；金针菇肥牛；土豆烧牛肉；肉末茄子；鱼香茄子；红烧茄子；豆角烧茄条；干锅花菜；干锅包菜；醋熘白菜；开洋白菜；蒜蓉娃娃菜；蒜蓉空心菜；香菇青菜（香菇菜心）；上汤时蔬；西红柿鸡蛋汤（番茄蛋花汤）；菠菜猪肝汤；榨菜肉丝汤；丝瓜鸡蛋汤；紫菜鸡蛋汤；冬瓜海带汤；海带排骨汤；萝卜排骨汤；鱼汤 1；蛤蜊汤

N34 其他 Autres mets de restaurant/snack

黑椒牛仔骨；烤羊排（烤羊脊）；烤羊腿；黄酒焖肉；熏鸡；元宝肉；虎皮豆腐；菌油豆腐；家常豆腐（家乡豆腐）；铁板土豆片；铁板鱿鱼；蚂蚁上树；扦瓜皮（凉拌薄片黄瓜）；芋泥肉饼（肉夹芋泥）；炒肉芽；薄饼；胡辣汤（糊辣汤）；澈汤（啥汤）；干烧比目鱼 （干烧平鱼）；芙蓉鲜贝；海参丸子；尖椒炒苦肠；红油花仁肚丁；猪皮冻；牛皮冻；荷包蛋；煎蛋；水煮蛋（煮鸡蛋）；溏心蛋；童子尿煮鸡蛋；八大碗；虫草炖乳鸽；拔丝山药；烤白薯（烤红薯）；三明治；汉堡包；比萨饼（披萨、意大利馅饼）；土耳其烤肉；肉骨茶；左宗棠鸡

P

老字号 Marques réputées de la restauration et/ou de l'alimentation

P1 华北·东北 Marques de la Chine du Nord et du Nord-Est

北京稻香村；六必居；烤肉宛；烤肉季；便宜坊；都一处；王致和；全聚德；丰泽园；牛栏山；百花；红星；东来顺；谭家菜；狗不理；桂发祥十八街；果仁张；刘伶醉；衡水老白干；冠云；河套；大众肉联；甘露

P2 华东 Marques de la Chine de l'Est

老大同；杏花楼；老正兴菜馆；上海小绍兴；功德林；上海老饭店；南翔馒头店；沧浪亭；绿杨村酒家；新长发；老大房；冠生园；恒顺；富春茶社；马祥兴；得月楼；宴春酒楼；松鹤楼；三和四美；绿柳居；韩复兴；苏州稻香村；朱鸿兴；奥灶馆；张裕；德州；又一村；青岛啤酒；崂山；口子；同庆楼；胡玉美；耿福兴；屯溪徽菜馆；五芳斋；咸亨酒店；雪舫蒋；女儿红；楼外楼；知味观；会稽山；山外山；黄则和；陈有香；南普陀

P3 华中・华南 Marques de la Chine du Midi

孝感麻糖；楚河鱼面；火宫殿；海天；广州酒家；莲香楼；陶陶居；皇上皇；李锦记；淘大

P4 西南・西北 Marques de la Chine de l’Ouest

龙抄手；赖汤圆；钟水饺；夫妻肺片；五粮液；泸州老窖；剑南春；郎酒；鹃城；茅台；贾三包子；西凤酒；老四川

Q

评价 Appréciations

Q1 味道 Par la langue

酸；甜；苦；辣；咸；鲜；醇；浓（厚）

Q2 口感 Par les dents

涩；麻；嫩；焦；脆；面 3；酥；软；硬；糯（粘牙）；筋道；干

Q3 气味 Par le nez

香（清香 1）；腥；馊；膻；骚；镬气；哈喇（走油 2）

Q4 香型 Par le nez pour l'alcool

白酒香型（香型）；酱香（茅香）；浓香（泸香）；清香 2（汾香）；米香；凤香；芝香（芝麻香）；药香；馥郁香；兼香

R

营养成分和添加剂 Nutriments et additifs alimentaires

蛋白质；脂肪；碳水化合物；维生素（维他命）；矿物质；水；葡萄糖；果糖；乳糖；麦芽糖 1；膳食纤维；胶原蛋白；叶酸；酸度调节剂；抗结剂；消泡剂；抗氧化剂；膨松剂；着色剂；酶抑制剂；增味剂；防腐剂；甜味剂；增稠剂；卡拉胶；色素（食用色素）；香精（食用香精、香料 2、香味剂）

S

杂项 Inclassables

餐馆（饭店、酒楼、酒家、菜馆、馆子、饭庄）；咖啡馆；茶馆（茶楼）；茶餐厅；快餐店；面馆；大排档；美食广场；酒吧；酒馆；菜单；套餐；单点；招牌菜；特价菜；自助餐；食堂；西餐；法餐；意餐；俄餐；日本料理（料理、日料）；韩国料理（韩餐）；怀石料理；茶道；一期一会；满汉全席；青楼菜（堂子菜）；食堂菜；懒人菜 1；开门菜；大锅饭；小灶；红案；白案；火候；清汤；高汤；泔水（刷锅水）；渣滓；洗手水；绿色食品；有机食品；无公害蔬菜；转基因（基因改造）；转基因产品；食用金箔；利乐包（无菌包装盒）；营养学；食疗（饮食疗法）；贴秋膘

图书在版编目（CIP）数据

汉法餐饮美食词典 / 孙越著. 一杭州：浙江大学出版社，2019.7

ISBN 978-7-308-19248-4

I. ①汉… II. ①孙… III. ①中式菜肴一词典一汉、法 IV. ①TS972.117-61

中国版本图书馆 CIP 数据核字(2019)第 125291 号

中華譯學館 莫言題

汉法餐饮美食词典

Dictionnaire culinaire et gastronomique chinois-français

孙 越 著

责任编辑 包灵灵

责任校对 吴水燕

封面设计 周 灵

出版发行 浙江大学出版社
（杭州天目山路 148 号 邮政编码 310007）
（网址：http://www.zjupress.com）

排　　版 浙江时代服务出版有限公司

印　　刷 杭州杭新印务有限公司

开　　本 880mm×1230mm 1/32

印　　张 10

插　　页 8

字　　数 360 千

版 印 次 2019 年 7 月第 1 版 2019 年 7 月第 1 次印刷

书　　号 ISBN 978-7-308-19248-4

定　　价 48.00 元

浙江大学出版社市场运营中心联系方式：（0571）88925591；http://zjdxcbs.tmall.com